S7 – 1200PLC 编程与应用

主　编　孙永芳　吕栋腾　孙　富

参　编　师锦航　任源博　杨　维

　　　　李俊雨　张　刚

主　审　李俊涛

北京理工大学出版社

BEIJING INSTITUTE OF TECHNOLOGY PRESS

内 容 简 介

本书以西门子 S7 – 1200 PLC 为学习机型，以实际应用为主线，解析 S7 – 1200 PLC 在工业生产当中的实际应用。本书共 8 个项目，20 个任务，系统介绍了 S7 – 1200 PLC 组成、工作原理、TIA 博途软件、指令系统、PID 应用、通信技术、PLC 控制系统的设计和调试方法等内容。

本书所有的项目均来源于工业现场典型控制案例，对接可编程控制器集成应用、可编程控制器系统应用编程职业技能等级标准，结合职业技能大赛技术要求，融入"大国工匠"相关内容，以任务为单位组织教学，每个任务遵循工程项目实施过程，包含任务导入、任务分析、知识链接、任务实施，层层递进，使教、学、做环环相扣。读者通过学习本书，既能积累专业知识，提升工程应用能力，又能培养团队协作能力和精益求精的大国工匠精神。本书提供课程教学的微课、习题及答案、模拟测试卷及答案，学生随时可以扫码查看。

本书可作为高等院校、高职院校机电类相关专业的教材，也可供工程技术人员使用。

图书在版编目（CIP）数据

S7 – 1200PLC 编程与应用 / 孙永芳，吕栋腾，孙富主编. -- 北京：北京理工大学出版社，2024. 6.

ISBN 978 – 7 – 5763 – 4319 – 9

Ⅰ. TM571. 61

中国国家版本馆 CIP 数据核字第 20244CN827 号

责任编辑：王梦春　　　文案编辑：辛丽莉
责任校对：周瑞红　　　责任印制：李志强

出版发行 / 北京理工大学出版社有限责任公司
社　　址 / 北京市丰台区四合庄路 6 号
邮　　编 / 100070
电　　话 / (010) 68914026（教材售后服务热线）
　　　　　　 (010) 68944437（课件资源服务热线）
网　　址 / http://www.bitpress.com.cn

版 印 次 / 2024 年 6 月第 1 版第 1 次印刷
印　　刷 / 涿州市新华印刷有限公司
开　　本 / 787 mm × 1092 mm　1/16
印　　张 / 19
字　　数 / 407 千字
定　　价 / 89. 90 元

前　言

Qianyan

智能制造时代，信息技术与制造业深度融合，PLC 作为工业自动化领域的控制核心，在实现工厂数字化转型、提高生产效率、降低成本和优化资源中起到关键作用，在各大型企业的生产中广泛应用。

本书采用西门子 S7 – 1200 PLC 为学习机型，以实际应用为主线，对接可编程控制器集成应用、可编程控制器系统应用编程职业技能等级标准，结合职业技能大赛技术要求，融入"大国工匠"相关内容，以典型的工业控制实例为基础，讲解 PLC 的编程方法和技巧、系统设计、调试和实施，由浅入深、循序渐进实现知识传授、能力培养、价值塑造的目标。

本书突出技术技能应用的训练，各项目中的职业能力图谱提供了知识要点和能力要求，便于学生明确学习目标、把握知识要点、注重能力培养。本书考虑人才岗位（群）特点，以企业典型实例为教学案例，突出实用性。拓展阅读增加"大国工匠"内容，提升学生爱国敬业、精益求精、服务奉献的荣誉感和使命感。

本书可借助现代信息技术，利用手机等移动终端扫描教材中的二维码，观看配套的视频、微课等教学资源，让学习变得方便快捷。

本书共 8 个项目。项目 1 ~ 项目 3 讲解了西门子 S7 – 1200 PLC 的硬件结构、选型、编程，以及 TIA 博途软件的使用、程序结构和编程指令；项目 4 ~ 项目 6 讲解了西门子 S7 – 1200 PLC 在 TIA 博途软件中的运动控制、PID 等应用技术；项目 7 ~ 项目 8 讲解了西门子 S7 – 1200 PLC 通信、伺服驱动、工艺功能等综合应用技术。每个项目下面分为若干个小任务，每个任务都采用任务导入、任务分析、知识链接、任务实施来安排，实战性强，有很好的实践指导性。本书用丰富的实例解析西门子 S7 – 1200 PLC 在工业生产中的应用，重应用、重动手能力的培养。

全书由陕西国防工业职业技术学院孙永芳、吕栋腾和新疆生产建设兵团兴新职业技术学院孙富任主编，陕西国防工业职业技术学院李俊涛担任主审。陕西国防工业职业技术学院的师锦航、任源博、杨维、李俊雨和航天推进技术研究院张刚参与编写。其中，孙永芳负责项目一、项目二的编写和全书统稿，吕栋腾负责项目四和项目六的编写，任源博负责项目三和项目五的编写，师锦航负责项目七和项目八的编写，孙福负责全书校核与定稿，李俊雨负责习题编写并参与编写项目五的部分内容，杨维参与编写项目七部分内容。张刚负责为全书提供企业的应用素材，并完成拓展内容的编写。教材配套资源由孙永芳、吕栋腾、任源博、师锦航、杨维共同完成。

在本书的编写过程中，参考了有关资料和文献，在此向相关的作者表示衷心的感谢。由于编者水平有限，书中不足之处在所难免，恳请广大读者对本书提出宝贵的意见和建议。

编　者

2024 年 7 月

目 录

目 录

目 录

Contents

目 录

项目 1　西门子 S7 – 1200 PLC

项目引入

　　某企业以数字化、智能化、绿色化为宗旨，实施设备智能化改造工程，其中需要将生产设备上的控制器升级为 S7 – 1200 PLC。现在准备对工作人员进行 S7 – 1200 PLC 的培训，要求工作人员通过培训，并能熟悉 S7 – 1200 PLC 的组成、性能指标、特性、软件系统的使用，为后续的工作奠定良好的基础。

项目目标

知识目标

（1）熟悉 S7 – 1200 PLC 的概念和特点。

（2）熟悉 S7 – 1200 PLC 的工作原理。

（3）掌握 S7 – 1200 PLC 的系统组成、接线方法。

（4）熟悉 TIA 博途软件的功能及基本组成。

（5）掌握 TIA 博途软件项目的创建、硬件组态及程序的开发方法。

（6）掌握 TIA 博途软件项目的编译和下载。

能力目标

（1）能够正确认识 S7 – 1200 PLC 的硬件构成。

（2）能够分析工程需求并选取合适的 S7 – 1200 PLC。

（3）能够正确进行 S7 – 1200 PLC 本体的线路连接。

（4）能够正确使用 TIA 博途软件进行项目创建、硬件组态。

（5）能够正确使用 TIA 博途软件进行程序的开发。

（6）能够正确使用 TIA 博途软件进行程序的编译和下载。

职业能力图谱

　　职业能力图谱如图 1–1 所示。

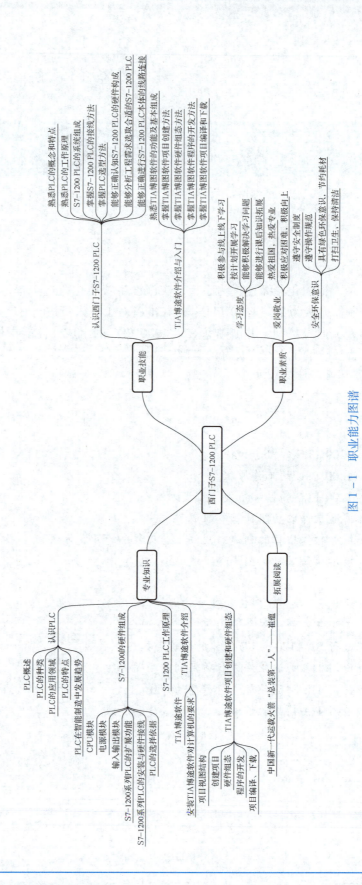

图1-1 职业能力图谱

任务1.1　认识西门子S7-1200 PLC

任务导入 NEWS

　　智能制造飞速发展，智能化和网络化成为可编程逻辑控制器（programmable logic controller，PLC）未来发展的重要方向。随着物联网、人工智能和大数据等技术的不断发展，PLC 产品将更加注重智能化功能的开发和应用，实现更高效、更精确的控制。德国西门子（Siemens）PLC 以其极高的性价比，在国内外得到了广泛应用。西门子 S7 – 1200 PLC 作为中小型 PLC 的佼佼者，在硬件配置和软件编程方面都具有强大的优势，尤其是基于以太网编程和通信的特点，给西门子 S7 – 1200 PLC 的应用带来无限的发展空间。西门子 S7 – 1200 PLC 的不同 CPU 模块提供了各种各样的特征和功能，可以帮助用户针对不同的应用创建有效的解决方案。本任务将介绍西门子 S7 – 1200 PLC 的硬件结构、工作原理等，S7 – 1200 PLC 外形如图 1 – 2 所示。

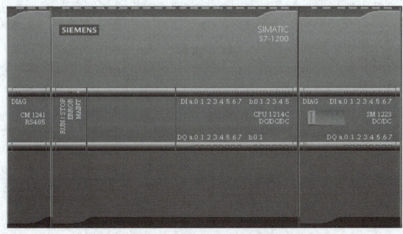

图 1 – 2　S7 – 1200 PLC 外形

任务分析

　　要认识 PLC，首先要知道什么是 PLC，它是如何发展起来的，具体的应用领域有哪些，西门子 S7 – 1200 PLC 具有哪些特性使它应用广泛，接下来将带着这些问题一一学习。

知识链接

1.1.1　认识 PLC

1. PLC 概述

早期的 PLC 仅有逻辑运算、定时、计数等顺序控制功能，只是用来取代传统的继电器控制功能。随着微电子技术和计算机技术的发展，20 世纪 70 年代中后期，微处理器技术被应用到 PLC 作为中央处理单元，使 PLC 不仅具有逻辑控制功能，还增加了算术运算、数据传送和数据处理等功能，可以用于定位、过程控制、PID 控制等领域。美国电气制造商协会（National Electrical Manufactures Association，NEMA）将可编程逻辑控制器正式命名为可编程控制器（programmable controller，PC）。但由于 PC 容易与个人计算机（personal computer，PC）混淆，人们仍习惯将 PLC 作为可编程控制器的简称。

20 世纪 80 年代以后，随着大规模、超大规模集成电路等微电子技术的迅速发展，16 位和 32 位微处理器被应用于 PLC 中，使 PLC 得到迅速发展。PLC 不仅能增强控制功能，也能提高可靠性，减小功耗、体积，降低成本，同时也使得编程和故障检测更加灵活方便，而且具有通信和联网、数据处理和图像显示等功能，因此，PLC 真正成为了具有逻辑控制、过程控制、运动控制、数据处理、联网通信等多功能的控制器。

1987 年 2 月，国际电工委员会（International Electrotechnical Commission，IEC）在可编程控制器标准草案第三稿中对 PLC 做了如下定义：PLC 是一种数字运算操作的电子系统，专为在工业环境下应用而设计。它采用一类可编程的存储器，具有用于其内部存储程序、执行逻辑运算、顺序控制、定时、计数和算术操作等面向用户的指令，并通过数字式和模拟式的输入/输出（input/output，I/O），控制各种类型的机械或生产过程。PLC 及其有关外部设备，都应按易于与工业系统连成一个整体，易于扩充其功能的原则设计。

美国电气制造协会 1987 年对 PLC 的定义如下：它是一种带有指令存储器、数字或模拟 I/O 接口，以位运算为主，能完成逻辑、顺序、定时、计数和算术运算功能，用于控制机器或生产过程的自动控制装置。

由以上定义可知，PLC 是专门用于工业控制的计算机，以微处理器、嵌入式芯片为基础，综合计算机技术、自动控制技术及通信技术发展而来的一种新型工业控制装置，常用于连续监视输入设备的状态并根据自定义程序进行决策以控制输出设备的动作，从而代替传统工业控制中的继电器控制系统，实现逻辑控制。它是工业控制的主要手段和重要基础设备之一，与机器人、计算机辅助设计（computer aided design，CAD）/计算机辅助制造（computer aided manufacturing，CAM）并称为工业生产的三大支柱。

自 1960 年第一台 PLC 问世以来，它很快被应用到汽车制造、机械加工、冶金、矿业、轻工业等各个领域，并大大加快了工业 2.0 到工业 4.0 的进程。

经过长时间的发展和完善，PLC 的编程概念和控制思想已被广大的自动化行业人员所熟悉，是一个目前任何其他工业控制器（包括现场总线控制系统和集散控制系统等）都无法与其相提并论的巨大知识资源。实践也进一步证明，PLC 系统的硬件技术成熟，性价比较高，运行稳定可靠，开发过程简单方便，运行维护成本很低，因此，PLC 具有旺盛的生命力，并且持续快速地升级换代。

2. PLC 的种类

PLC 产品种类繁多，其规格和性能也各不相同，通常根据其结构形式的不同、功能的差异和I/O点数的多少等进行大致分类。

（1）按结构形式分类。根据 PLC 的结构形式，可将 PLC 分为整体式、模块式和叠装式三类。

1）整体式 PLC。整体式 PLC 是将电源、中央处理器（central processing unit，CPU）、I/O 接口等部件都集中装在一个机箱内，如图 1-3 所示，具有结构紧凑、体积小、价格低的特点，小型 PLC 一般采用这种结构。整体式 PLC 由不同 I/O 点数的基本单元（又称主机）和扩展单元组成，基本单元内有 CPU、I/O 接口、与 I/O 扩展单元相连的扩展口，以及与编程器或可擦除可编程只读存储器（erasable programmable read only memory，EPROM）写入器相连的接口等；扩展单元内只有 I/O 接口和电源等，而没有 CPU。基本单元和扩展单元之间一般用扁平电缆连接。整体式 PLC 一般还配备特殊功能单元，如模拟量单元、位置控制单元等，使其功能得以扩展。

西门子的 S7-200 系列 PLC 和 S7-1200 系列 PLC、日本三菱（Mitsubishi）FX2 系列 PLC、日本欧姆龙（Omron）C 系列 PLC 等都属于整体式 PLC，如图 1-3 所示。

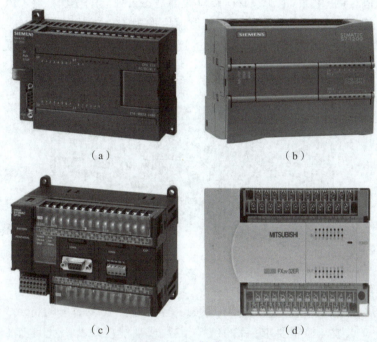

（a）　　　　　　　　　　（b）

（c）　　　　　　　　　　（d）

图 1-3　整体式 PLC
(a) 西门子 S7-200；(b) 西门子 S7-1200；(c) 欧姆龙 CP1H；(d) 三菱 FX2

2）模块式 PLC。模块式 PLC 将 PLC 的各组成部分做成若干个单独的模块，如 CPU 模块、I/O 模块、电源模块（有的在 CPU 模块中）及各种功能模块。模块式 PLC 由框架或基板和各种模块组成，模块装在框架或基板的插座上，如图 1-4 所示。这种模块式 PLC 的特点是配置灵活，可以根据需要选配不同规模的系统，而且装配方便，便于扩展和维修。大型 PLC、中型 PLC 一般采用模块式结构。

西门子的 S7-1500 PLC 和 S7-300/400 PLC、三菱 Q 系列 PLC 等都属于模块式结构，如图 1-4 所示。

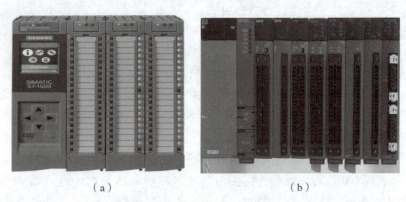

图 1-4　模块式 PLC

（a）S7-1500 PLC；（b）三菱 Q 系列 PLC

3）叠装式 PLC。叠装式 PLC 是将整体式 PLC 和模块式 PLC 的特点结合起来的 PLC。叠装式 PLC 的 CPU、电源、I/O 接口等都是各自独立的模块。将 CPU（及其一定的 I/O 接口）独立出来作为基本单元，其他模块作为 I/O 模块的扩展单元，各单元可以一层层地叠装，使用电缆进行单元之间的连接。这种叠装式 PLC 的系统可以灵活配置，还可以做得体积小巧，如 S7-1200 PLC 扩展时属于叠装式，如图 1-5 所示。

图 1-5　叠装式 PLC

叠装式 PLC 既具有整体式 PLC 结构紧凑、体积小、安装简单的特点，同时又可以根据设备的 I/O 点数与控制要求，增加 I/O 点数或功能模块，因此具有 I/O 点数可变与功能扩展容易的特点，可以灵活适应控制要求的变化。

叠装式 PLC 的主要特点如下。

①叠装式 PLC 的基本单元具有集成、固定点数的 I/O，基本单元可以独立使用。

②叠装式 PLC 自成单元不需要安装基板（或机架），因此在控制要求变化时，可以在原有基础上，很方便地改变 PLC 的配置。

③叠装式 PLC 可以使用功能模块，由于基本单元具有扩展接口，因此可以连接其他功能模块。

叠装式 PLC 的最大 I/O 点数通常可以达到 256 以上，功能模块的规格与品种也较多，有拟量 I/O 模块、位置控制模块、温度测量与调节模块、网络通信模块等。这类

PLC 在机电一体化产品中的用量最大，大部分生产厂家的小型 PLC 都采用了这种结构形式，如西门子公司的 S7 – 200 系列 CPU222/224/224XP/226、三菱公司的 FX1N/FXLNC/FX2N/FX2NC/FX3UC 系列等。

（2）PLC 根据 I/O 点数分为大型机、中型机、小型机三类。

1）小型 PLC 的 I/O 点数小于 256，具有单 CPU 及 8 位或 16 位处理器，用户存储器容量为 4 KB 以下。

2）中型 PLC 的 I/O 点数为 256 ~ 2 048，具有双 CPU，用户存储器容量为 2 ~ 8 KB。如西门子 S7 – 1500 系列、S7 – 300 系列。

3）大型 PLC 的 I/O 点数大于 2 048，具有多 CPU 及 16 位或 32 位处理器，用户存储器容量为 8 ~ 16 KB。如西门子 S7 – 400 系列、罗克韦尔 SLC5/05 系列等。大型机具有强大的计算、网络结构和通信联网能力，适用于设备自动化控制、过程自动化控制和过程监控系统等。

当然，也有 I/O 点数低于 32 的 PLC，称为微型或超小型 PLC，而 I/O 点数超过 1×10^4 的 PLC 称为超大型 PLC。

一般来说，PLC 功能的强弱与其 I/O 点数的多少是相互关联的，即 PLC 的功能越强，其可配置的 I/O 点数越多。因此，通常所说的小型 PLC、中型 PLC、大型 PLC，除了指其 I/O 点数不同外，同时也表示其对应的功能为低档、中档、高档。

（3）按照功能分类，PLC 大致可以分为低档机、中档机和高档机。

1）低档机。它具有逻辑运算、定时、计数、移位、自诊断、监控等基本功能，也可能具有少量模拟 I/O 通道、算术运算、数据传输与比较、远程 I/O、通信等功能。

2）中档机。它除了具有低档机的功能外，还具有强大的模拟 I/O 通道、算术运算、数据传输与比较、数据转换、远程 I/O、子程序、通信组网等功能，有些还可以增设中断控制、PID 控制等功能，可以用于复杂控制系统。

3）高档机。它除了具有中档 PLC 的功能外，还增加了带符号算术运算、矩阵运算、位逻辑运算、平方根运算、制表及表格传送功能及其他特殊功能函数的运算等。高档 PLC 具有更强的通信联网功能，可以用于大规模过程控制或分布式网络控制系统，实现工厂自动化。

（4）按生产厂家分类。PLC 的生产厂家很多，遍布国内外，其点数、容量、功能各有差异，自成系列，其中影响力较大的厂家如下。

1）德国西门子公司的 S7 系列 PLC。

2）美国罗克韦尔自动化公司的 Micro800 系列、MicroLogix 系列和 CompactLogix 系列 PLC。

3）日本三菱公司的 F、F1、F2、FX2 系列 PLC。

4）美国通用电气公司的 GE 系列 PLC。

5）日本欧姆龙公司的 C 系列 PLC。

6）日本松下（Panasonic）电工公司的 FP 系列 PLC。

7）日本日立（Hitachi Limited）公司的箱体式 E 系列和模块式 EM 系列 PLC。

8）法国施耐德（Schneider）公司的 TM218、TWD、TM2、BMX、M340/258/238

系列 PLC。

9）中国 PLC 主要有台湾的台达、永宏、丰炜，以及北京的和利时、无锡信捷、上海正航、南大傲拓 PLC 等。

3. PLC 的应用领域

目前，PLC 在国内外已广泛应用于钢铁、石油、化工、电力、建材、机械制造、汽车、轻纺、交通运输、环保及文化娱乐等各个行业，使用情况大致可归纳为以下几类。

（1）中小型单机电气控制系统。

中小型单机电气控制系统是 PLC 应用最广泛的领域，如注塑机、印刷机、订书机械、组合机床、磨床、包装生产线、电镀流水线及电梯控制等。这些设备对控制系统的要求大都属于逻辑顺序控制，所以也是最适合 PLC 使用的领域。在这些应用领域，PLC 用来取代传统的继电器顺序控制，应用于单机控制、多机群控等。

（2）制造业自动化。

制造业是典型的工业类型之一，PLC 在该领域的主要应用为对物体进行品质处理、形状加工、组装，以位置、形状、力、速度等机械量和逻辑控制为主。PLC 在电气自动控制系统中的应用很广泛，但开关量控制应用占绝大多数，在有些场合，数十台、上百台单机控制设备组合在一起形成大规模的生产流水线，如汽车制造和装配生产线等。由于 PLC 性能的提高和通信功能的增强，使得它在制造业领域的大中型控制系统中也占绝对主导的地位。

（3）运动控制。

PLC 可以用于对圆周运动或直线运动的控制。从控制机构配置来说，早期直接用开关量 I/O 模块连接位置传感器和执行机构，现在一般使用专用的运动控制模块，如可驱动步进电机或伺服电机的单轴或多轴位置控制模块。世界上各 PLC 厂家的产品基本都有运动控制功能，PLC 的运动控制功能可以用于精密金属切削机床、机械手、机器人等设备的控制。PLC 具有逻辑运算、函数运算、矩阵运算等数学运算，数据传输、转换、排序、检索和移位，以及数制转换、位操作编码、译码等功能，能够完成数据的采集、分析和处理，可以应用于大中型控制系统，如数控机床、柔性制造系统、机器人控制系统。总之，PLC 运动控制技术的应用领域非常广泛，遍及国民经济的各个行业，举例如下。

1）冶金行业中的电弧炉控制、轧机轧辊控制、产品定尺控制等。

2）机械行业中的机床定位控制和加工轨迹控制等。

3）制造业中各种生产线和机械手的控制等。

4）信息产业中的绘图机、打印机的控制，磁盘驱动器的磁头定位控制等。

5）军事领域中的雷达天线和各种火炮的控制等。

6）其他各种行业中的智能立体仓库和立体车库的控制等。

（4）过程控制。

过程控制是指对温度、压力、流量等模拟量的闭环控制，从而实现这些参数的自动调节功能。作为工业控制计算机，PLC 能编制各种各样的控制算法程序，完成闭环控制。从 20 世纪 90 年代以后，PLC 具有了控制大量过程参数的能力，对多路参数进行

PID 调节也变得非常容易和方便。因为大型 PLC、中型 PLC 都有 PID 模块，目前许多小型 PLC 也具有此功能模块。PID 处理一般是运行专用的 PID 子程序。另外，和传统的集散控制系统相比，PLC 控制系统在价格方面也具有较大优势，再加上在人机界面（human machine interface，HMI）和联网通信性能方面的完善和提高，PLC 控制系统在过程控制领域也占据了相当大的市场份额。

目前，世界上有 200 多个厂家生产 300 多种 PLC 产品，主要应用在汽车、粮食加工、化学/制药、金属/矿山、纸浆/造纸等行业。在我国应用的 PLC 几乎涵盖了世界所有品牌，但从行业上划分，有各自的适用范围。大中型集控系统采用欧美的 PLC 居多，小型控制系统、机床、单体自动化设备及定点生产产品采用日本的 PLC 居多。欧美 PLC 在网络和软件方面具有优势，而日本 PLC 在灵活性和价格方面占有优势。

（5）数据处理。

现代 PLC 控制器具有数学运算（含矩阵运算、函数运算、逻辑运算）、数据传送、数据转换、排序、查表、位操作等功能，可以完成数据的采集、分析及处理。这些数据可以与存储器中的参考值比较，完成一定的控制操作，也可以利用通信功能传送到其他的智能装置，或将它们打印制表。数据处理一般用于大型控制系统，如无人控制的柔性制造系统；也可以用于过程控制系统，如造纸、冶金、食品工业中的一些过程控制系统。

4. PLC 的特点

PLC 技术之所以能高速发展，除了工业自动化的客观需求外，主要是因为它具有许多独特的优点，较好地解决了工业领域中普遍关心的可靠、安全、灵活、方便、经济等问题。PLC 主要有以下优点。

（1）可靠性高、抗干扰能力强。

可靠性高、抗干扰能力强是 PLC 最重要的特点之一。PLC 的平均无故障工作时间可达几十万小时，之所以有这么高的可靠性，是由于它采用了一系列硬件和软件的抗干扰措施。

硬件方面抗干扰措施：对所有的 I/O 接口电路均采用光电隔离，有效地抑制了外部干扰源对 PLC 的影响；对供电电源及线路采用多种形式的滤波，从而消除或抑制了高频干扰；对 CPU 等重要部件采用良好的导电、导磁材料进行屏蔽，以减少空间电磁干扰；对有些模块设置了联锁保护、自诊断电路等。

软件方面抗干扰措施：PLC 采用扫描工作方式，减少了由外界环境干扰引起的故障；在 PLC 系统程序中设有故障检测和自诊断程序，能对系统硬件电路故障进行检测和判断；当由外界干扰引起故障时，能够立即将当前重要信息加以封存，禁止任何不稳定的读/写操作，一旦外界环境正常后，便可以恢复到故障发生前的状态，继续原来的工作。

对于大型 PLC 系统，还可以采用双 CPU 构成冗余系统或三 CPU 构成表决系统，使系统的可靠性更进一步提高。

（2）控制系统结构简单、通用性强。

为了适应各种工业控制的需求，除了单元式的小型 PLC 以外，绝大多数 PLC 均采用模块化结构。PLC 的各个部件，包括 CPU、电源、I/O 等均采用模块化设计，由机架及电缆将各模块连接起来，系统的规模和功能可以根据用户的需求自行组合。用户在硬件设计方面，只需要确定 PLC 的硬件配置和 I/O 通道的外部接线即可，在 PLC 构成的控制系统中，只需要在 PLC 的端子上接入相应的 I/O 信号，不需要诸如继电器之类的物理电子器件和大量繁杂的硬件接线线路。PLC 的 I/O 接口可以直接与 220 V AC、24 V DC 等负载相连，并具有较强的带负载能力。

（3）丰富的 I/O 模块。

PLC 针对不同的工业现场信号，如交流或直流、开关量或模拟量、电压或电流、脉冲或电位、强电或弱电等，都能选择相应的 I/O 模块与之匹配。对于工业现场的元器件或设备，如按钮、行程开关、接近开关、传感器及变送器、电磁线圈、控制阀等，都能选择相应的 I/O 模块与之相连接。

另外，为了提高操作性能，它还有多种人－机对话的接口模块；为了组成工业局部网络，它还有多种通信联网的接口模块等。

（4）编程简单、使用方便。

目前，大多数 PLC 采用的编程语言是梯形图语言（ladder diagram，LAD），它是一种面向生产、面向用户的编程语言。梯形图与电气控制电路图相似，形象、直观，易于广大工程技术人员掌握。当生产流程需求改变时，可以现场改变程序，使用方便、灵活。同时，PLC 编程软件的操作和使用也很简单，这也是 PLC 获得普及和推广的主要原因之一。许多 PLC 还针对具体问题，设计了各种专用编程指令及编程方法，进一步简化了编程。

（5）设计安装简单、维修方便。

由于 PLC 用软件代替了传统电气控制系统的硬件，控制柜的设计、安装、接线工作量大大减少。PLC 的用户程序大部分可以在实验室进行模拟调试，缩短了应用设计和调试周期。在维修方面，PLC 的故障率极低，维修工作量很小；同时，PLC 具有很强的自诊断功能，如果出现故障，可以根据 PLC 上的指示或编程器上提供的故障信息，迅速查明原因，方便维修。

（6）体积小、重量轻、能耗低。

由于 PLC 采用了半导体集成电路，其设计结构紧凑、体积小、能耗低，易于装入机械设备内部。对于复杂的控制系统，使用 PLC 后，可以减少大量的中间继电器和时间继电器。小型 PLC 的体积仅相当于几个继电器的大小，可以将开关柜的体积缩小到原来的 1/2～1/10，因此它是实现机电一体化的理想控制设备。

（7）功能完善、适应面广、性价比高。

PLC 有丰富的指令系统、I/O 接口、通信接口和可靠的监控系统，不仅能完成逻辑运算、计数、定时和算术运算功能，还可以配合特殊功能模块实现定位控制、过程控制和数字控制等功能。PLC 既可以控制一台单机、一条生产线，也可以控制多个机群、多条生产线；既可以现场控制，也可以远距离控制。在大系统控制中，PLC 可以在下位机与上位机或同级的 PLC 之间进行通信，完成数据处理和信息交换，实现对整个生产过程的信息控制和管理。与相同功能的继电器－接触器控制系统相比，具有更高的性价比。

5. PLC 在智能制造中的发展趋势

PLC 是工业 3.0 时代的产物，在工业 3.0 时代，PLC 作为设备和装置的控制器，具有传统的逻辑控制、顺序控制、运动控制、安全控制功能。

在工业 4.0 大背景下，工厂网络从封闭的局域网，走向与外部互联互通的网络，那么 PLC 的通信模式也需要改变。PLC 的通信系统可以通过 PROFINET、CC - Link、DeviceNet 等组网构成更加复杂的控制系统；同时 PLC 与智能工厂所需的条码扫描器、RFID 阅读器、智能传感器、工业机器人、工业相机等设备进行连接，然后进行数据采集，并将采集的数据送到制造执行系统、企业资源计划系统、云端，这样才能为企业实现生产制造、物流仓储、营销管理的全面数字化提供更强大的硬件基础。

PLC 是工业自动化控制领域的常青树，即使是在工业转型升级的智能制造时代，或者是工业 4.0 时代，它仍然能够胜任各种控制要求和通信要求。但它早已不再是三四十年前只能完成逻辑控制、顺序控制的继电器逻辑系统的替代物，它已完成了由经典 PLC 向现代 PLC 的蜕变，继承了高性价比、高可靠性、高易用性的特点，新增了分布式 I/O 模块、嵌入式智能控制和无线连接的功能，尤其是 5G 对工业自动化发展的影响，使 PLC 的通信网络化成为未来的发展趋势。

1.1.2　S7 – 1200 PLC 的硬件组成

西门子 SIMATIC 系列 PLC 诞生于 1958 年，经历了 C3、S3、S5、S7 系列，已成为应用非常广泛的可编程控制器。S7 系列作为西门子的明星产品，耳熟能详的型号有 S7 – 200、S7 – 1200、S7 – 300、S7 – 400 和 S7 – 1500 等。S7 系列包括小型（S7 – 200）系列、中低性能系列（S7 – 300）和中高性能系列（S7 – 400）。近年来，随着技术不断发展，西门子公司不断推出 PLC 系列新产品，例如，S7 – 1200/1500 是西门子新一代的 PLC，S7 – 1200 是 S7 – 200 的升级换代产品，S7 – 1500 是 S7 – 300/400 的升级换代产品。S7 – 1200/1500 的 CPU 均有 PROFINET 以太网接口，通过该接口可以与计算机、HMI、PROFINET I/O 设备和其他 PLC 通信。S7 – 1200 与 S7 – 200 价格差不多，S7 – 1500 的性价比高于 S7 – 300/400，所以 S7 – 1500 已成为新设备控制系统的首选。LOGO!是西门子公司研制的通用逻辑模块，属于微型 PLC，只有定时器、计数器、时钟等功能，可以在家庭和安装工程中使用，亦可以在开关柜和机电设备中使用。西门子系列 PLC 如图 1 – 6 所示。

S7 – 1200 PLC 是西门子公司新一代模块化小型机。S7 – 1200 PLC 实现了模块化和紧凑型设计，且功能强大、可扩展性强、灵活度高，具有可以实现最高标准工业通信的通信接口及一整套强大的集成技术功能，使得该控制器成为完整、全面的自动化解决方案的重要组成部分。

本书以西门子公司新一代模块化小型 S7 – 1200 PLC 为主要讲授对象。S7 – 1200 PLC 主要由 CPU 模块、电源模块、I/O 模块、信号板（signal board, SB）、信号模块

西门子 S7 – 1200PLC 简介

S7 – 1200 PLC 硬件系统

（signal module，SM）、通信模块（communication module，CM）和编程软件组成，各模块安装在标准 DIN 导轨上。S7 – 1200 PLC 的硬件组成具有高度的灵活性，用户可以根据自身需求确定 PLC 的结构，系统扩展也十分方便。S7 – 1200 PLC 结构如图 1 – 7 所示。

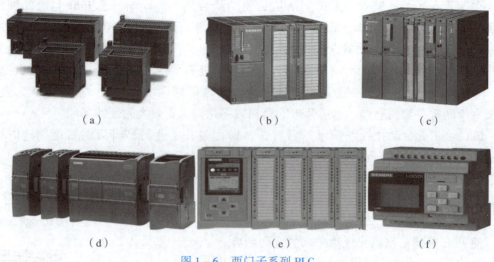

（a）　　　　　　　　　　（b）　　　　　　　　　　（c）

（d）　　　　　　　　　　（e）　　　　　　　　　　（f）

图 1 – 6　西门子系列 PLC

（a）S7 – 200 PLC；（b）S7 – 300 PLC；（c）S7 – 400 PLC；
（d）S7 – 1200 PLC；（e）S7 – 1500 PLC；（f）LOGO!

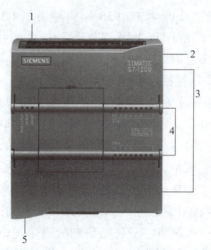

图 1 – 7　西门子 S7 – 1200 PLC 结构示意图

1—电源接口；2—存储卡插槽（在上部保护盖下面）；3—可拆卸用户接线连接器（在保护盖下面）；
4—板载 I/O 的状态 LED；5—PROFINET 连接器（CPU 的底部）

1. CPU 模块

CPU 是 S7 – 1200 PLC 的硬件核心，主要由微处理器系统、系统程序存储器及用户程序存储器组成。微处理器系统相当于人的大脑和心脏，它不断地采集输入信号，执行用户程序，刷新系统的输出。存储器用来储存程序和数据。CPU 的内部结构如图 1 – 8 所示。

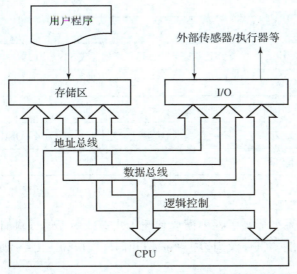

图 1 - 8　西门子 S7 - 1200 PLC CPU 的内部结构示意图

S7 - 1200 PLC 集成的 PROFINET 接口用于与编程计算机、HMI、其他 PLC 或其他设备通信。此外，它还通过开放的以太网协议支持与第三方设备的通信。

（1）CPU 的技术规范。

S7 - 1200 PLC 现在有 5 种型号的 CPU，分别为 CPU 1211C、CPU 1212C、CPU 1214C、CPU 1215C、CPU 1217C，其技术规范如表 1 - 1 所示。

表 1 - 1　S7 - 1200 PLC 系列 CPU 技术规范

特征		CPU 1211C	CPU 1212C	CPU 1214C	CPU 1215C	CPU 1217C
本地板载 I/O	数字量	6 个输入、4 个输出	8 个输入、6 个输出	14 个输入、10 个输出		
	模拟量		2 个输入		2 个输入、2 个输出	
SM		无	最多 2 个	最多 8 个		
SB、电池板（battery board, BB）或通信板（communication board, CB）		最多 1 个				
CM、左侧安装		最多 3 个				
高速计数器	总计	最多可组态 6 个使用任意内置或 SB 输入的高速计数器（high speed counter, HSC）				
	1 MHz		—		Ib. 2 ~ Ib. 5	
	100/80 kHz	Ia. 0 ~ Ia. 5				
	30/20 kHz	—	Ia. 6 ~ Ia. 7	Ia. 6 ~ Ib. 5		Ia. 6 ~ Ib. 1
	200 kHz	与 SB 1221 4DI, 24 V DC 200 kHz 和 SB 1221 4DI, 5 V DC 200 kHz 一起使用时				

特征		CPU 1211C	CPU 1212C	CPU 1214C	CPU 1215C	CPU 1217C
脉冲输出	总计	最多可组态4个使用任意内置或SB输出的脉冲输出				
	1 MHz	—				Qa. 0 ~ Qa. 3
	100 kHz	Qa. 0 ~ Qa. 3				Qa. 4 ~ Qb. 1
	30 kHz	—	Qa. 4 ~ Qa. 5	Qa. 4 ~ Qb. 1		—
PROFINET 以太网通信端口		1			2	

（2）CPU 的特性。

S7 - 1200 PLC 系列提供了各种模块和插入式板，用于通过附加 I/O 或其他通信协议来扩展 CPU 的功能。CPU 及周边扩展通信和信号模块如图 1 - 9 所示。

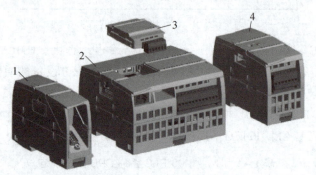

图 1 - 9　SM、SB、CPU 与 CM

1—CM 或通信处理器；2—CPU（CPU 1211C、CPU 1212C、CPU 1214C、
CPU 1215C、CPU 1217C）；3—SB（数字或模拟）、CB 或 BB；4—SM（数字、模拟、热电偶、RTD、工艺等）

1）集成输出的 24 V 电源可供传感器和编码器使用，也可以作为输入回路的电源使用。

2）每个 CPU 都有集成的 2 个模拟量输入（0 ~ 10 V），输入电阻 100 kΩ，10 位分辨率。其中 CPU 1215C 有 2 个模拟量输入，2 个模拟量输出。

3）每一种都可以根据需要进行扩展，CPU 的正面可增加 1 个 SB，左侧可扩展 3 个 CM，右侧可最多扩展 8 个 SM。注意 CPU 1211C 右侧不能扩展。

4）4 个时间延迟与循环中断，分辨率为 1 ms。

5）可以扩展 3 个 CM 和 1 个 SB，CPU 可以用一个 SB 扩展模拟量输出或高速数字量 I/O。

（3）CPU 的内部存储器。

存储器分为系统存储器和用户存储器。

只读存储器（read - only memory，ROM），它的特点是其内部的数据只能读，不能写，断电后可以保存数据，一般用来存放系统程序。

随机存取存储器（random access memory，RAM），它的特点是访问速度快、价格低、可读可写，但是断电后数据无法保存。

闪存/可擦除存储器（Flash EPROM），它的特点是数据可读可写，访问速度慢，并且具有非易失性，断电后可以保存数据。闪存存储器一般用来存放用户程序和数据，SIMATC 的存储卡 MC 就属于这一类存储器。MC 卡的作用是传送程序、清除密码、更新硬件等。S7 - 1200 PLC 中的 MC 卡是选用件，不是必用件，无 MC 卡时，PLC 用户程序存在装载存储器中。

装载存储器相当于内存，用于保存用户程序、数据和组态。

工作存储器相当于硬盘，用于存储 CPU 运行时的用户程序和数据。

保持存储器，用于在 CPU 断电时存储单元的过程数据，保证断电后不丢失数据。CPU 内存参数如表 1 - 2 所示。

表 1 - 2　CPU 内存参数

型号	CPU 1211C	CPU 1212C	CPU 1214C	CPU 1215C	CPU 1217C
工作存储器容量/KB	30	50	75	100	125
装载存储器容量/MB	1	1	4	4	4
保持存储器容量/KB	10	10	10	10	10

S7 - 1200 PLC 的存储卡（相当于 U 盘）如图 1 - 10 所示，其具备以下三种功能。

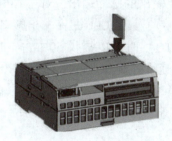

图 1 - 10　S7 - 1200 PLC 的存储卡

1）可以作为外部装载存储器使用。

2）利用该存储卡可将某一个 CPU 内部的程序复制到一个或多个 CPU 内部的装载存储区。

3）24 MB 存储卡可以作为固件更新卡，并升级 S7 - 1200 PLC 的固件。

注意以下几点。

①S7 - 1200 PLC 内部有装载存储器，所以该存储卡并不是必需的。

②将存储卡插到一个正在运行的 CPU 中，会造成 CPU 停机。

③插入存储卡并不能增加装载存储器的空间。CPU 提供了各种专用存储区，如输入存储区（如 I 区）、输出存储区（如 Q 区）、位存储区（如 M 区）、数据块（data block，DB）存储区（如 DB 区）等。

（4）CPU 的集成工艺。

S7 - 1200 PLC 集成了高速计数与频率测量、高速脉冲输出、脉冲宽度调制（pulse width modulation，PWM）、运动控制和 PID 控制功能。

1）高速计数器。

S7 – 1200 PLC 最多可组态 6 个使用任意内置或 SB 输入的高速计数器，用于对来自增量式编码器和其他设备的频率信号计数，或对过程事件进行高速计数。对于 CPU 1217C DC/DC/DC 来说，其最高计数频率可达 1 MHz（Ib. 2 ~ Ib. 5），其他 CPU 的最高计数频率可达 100 kHz。当高速计数器组态为正交工作模式时，可应用较慢的速度（80 kHz 或 20 kHz）计数。S7 – 1200 PLC 系列高速计数器特性如表 1 – 3 所示。

表 1 – 3　S7 – 1200 PLC 系列高速计数器特性

特征		CPU 1211C	CPU 1212C	CPU 1214C	CPU 1215C	CPU 1217C
高速计数器	1 MHz			—		Ib. 2 ~ Ib. 5
	100/80 kHz			Ia. 0 ~ Ia. 5		
	30/20 kHz	—	Ia. 6 ~ Ia. 7		Ia. 6 ~ Ib. 5	Ia. 6 ~ Ib. 1
	200 kHz	与 SB1221 DI 4x24 V DC 200 kHz 和 SB1221 DI 4x5 V DC 200 kHz 一起使用时				

2）脉冲输出。

最多可组态 4 个使用任意内置或 SB 输出的脉冲输出，对于 CPU 1217C DC/DC/DC，其最高输出频率可达 1 MHz（Qa. 0 ~ Qa. 3），其他 CPU 最高输出频率可达到 100 kHz。组态为脉冲串输出（pulse train output，PTO）时可以提供 50% 占空比的高速脉冲输出，可以对步进电机或伺服驱动器进行开环速度控制和定位控制。

组态为 PWM 输出时将生成一个具有可变占空比、周期固定的输出信号，经滤波后得到与占空比成正比的模拟量，可以用来控制电机速度和阀门位置等。S7 – 1200 PLC 系列脉冲输出特性如表 1 – 4 所示。

表 1 – 4　S7 – 1200 PLC 系列脉冲输出特性

特征		CPU 1211C	CPU 1212C	CPU 1214C	CPU 1215C	CPU 1217C
脉冲输出	1 MHz			—		Qa. 0 ~ Qa. 3
	100 kHz		Qa. 0 ~ Qa. 3			Qa. 4 ~ Qb. 1
	30 kHz	—	Qa. 4 ~ Qa. 5		Qa. 4 ~ Qb. 1	—

3）运动控制。

CPU 通过脉冲接口为步进电机和伺服电机的运行提供运动控制功能。运动控制功能负责对驱动器进行监控。"轴"工艺对象用于组态机械驱动器的数据、驱动器的接口、动态参数及其他驱动器属性。

4）PID 功能。

S7 – 1200 PLC 支持多达 16 个用于闭环过程控制的 PID 控制回路，这些控制回路可以通过一个 PID 控制器工艺对象和编程软件的编辑器轻松地进行组态。S7 – 1200 PLC

还支持 PID 参数自调整功能，可以自动计算增益、积分时间和微分时间的最佳调节值。

2. 电源模块

电源模块不仅可以为西门子 S7-1200 PLC 的运行提供内部工作电源，有的还可以为 I/O 信号提供电源，如图 1-11 所示。

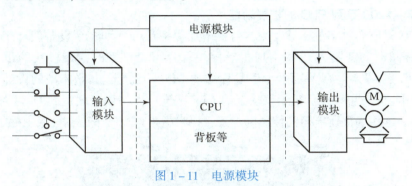

图 1-11　电源模块

西门子 S7-1200 PLC 的工作电源一般为交流单相电源或直流 24 V 电源，电源电压必须与额定电压相符，如 110 V AC、220 V AC、24 V DC。西门子 S7-1200 PLC 对电源的稳定性要求不高，一般允许电源电压在额定值的 ±15% 范围内波动。

3. I/O 模块

I/O 模块包括输入部分和输出部分，根据类型可划分为不同规格的模块，如图 1-12 所示。

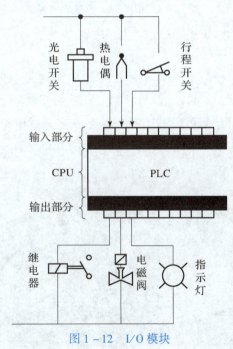

图 1-12　I/O 模块

（1）输入部分。

输入部分是西门子 S7-1200 PLC 与生产过程相连接的输入通道，可以接收来自生产现场的各种信号，如行程开关、热电偶、光电开关及按钮等信号。

（2）输出部分。

输出部分是西门子 S7 – 1200 PLC 与生产过程相连接的输出通道，可以将 CPU 的处理输出转换为被控设备所能接收的电压、电流信号，以驱动被控设备，如继电器、电磁阀及指示灯等。

4. S7 –1200 系列 PLC 的扩展功能

当 CPU 集成的数字量不够使用，需要增加模拟量 I/O 和多台设备间网络通信或有其他特殊需求时，需要为 CPU 增加扩展模块。S7 – 1200 PLC 扩展模块的设计非常方便、易于安装，无论安装在面板上还是标准的 DIN 导轨上，其紧凑型的设计都有利于有效地利用空间，可以使用扩展模块上的 DIN 导轨卡夹将设备固定到 DIN 导轨上（见图 1 – 13）。这些卡夹还能掰到伸出的位置，使设备可以直接安装到面板上螺钉的位置。

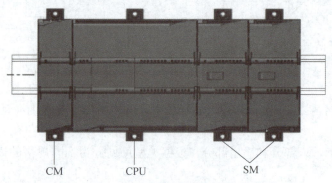

CM   CPU   SM

图 1 – 13　扩展模块的安装位置

S7 –1200 PLC 扩展模块主要包括以下几种。

（1）信号板。

信号板设计是 S7 – 1200 PLC 的一个亮点，使用嵌入式安装，能够扩展少量的 I/O 点（数字量 DI、DO 和模拟量 AI、AO 等），如 2 点 DI 输入，2 点 DO 输出，提高控制系统的性价比。每一个 CPU 都可以添加一个具有数字量或模拟量 I/O 的信号板。信号板仅可以为 CPU 提供几个附加的 I/O 点，安装在 CPU 的前端，信号板安装如图 1 – 14 所示。

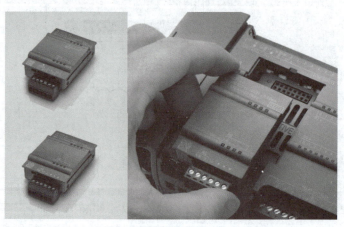

图 1 – 14　信号板安装

（2）信号模块。

1）数字量 I/O 模块。可以选用 8 点、16 点 DI 或 DQ 模块，以及 8DI/8DQ、16DI/16DQ 模块。DQ 模块有继电器输出和 24 V DC 输出两种方式。

2）模拟量 I/O 模块。在工业控制中，某些输入量（如压力、温度、流量、转速等）是模拟量，某些执行机构（如电动调节阀和变频器等）要求 PLC 输出模拟量信号，而 PLC 的 CPU 只能处理数字量。模拟量首先被传感器和变送器转换为标准量程的电流或电压，如 DC 4~20 mA 和 DC ±10 V，PLC 用模拟量输入模块的 A/D 转换器将它们转换成数字量。模拟量输出模块的 D/A 转换器将 PLC 中的数字量转换为模拟量电压或电流，再去控制执行机构。模拟量 I/O 模块的主要任务就是实现 A/D 转换（模拟量输入）和 D/A 转换（模拟量输出）。

A/D 转换器和 D/A 转换器的二进制位数反映了它们的分辨率，位数越多，分辨率越高。模拟量 I/O 模块的另一个重要任务是转换时间。

AI 模块用于 A/D 转换，AQ 模块用于 D/A 转换。有 4 个、8 个的 12 位 AI 模块和 4 路的 16 位 AI 模块；双极性模拟量满量程转换后对应的数字为 -27 648~27 648，单极性模拟量转换后为 0~27 648；有 4 个、8 个的热电偶模块和热电阻模块；可以选择多种量程的传感器，分辨率为 0.1 ℃/0.1 下，15 位 + 符号位；有 2 个和 4 个的 AQ 模块和 4AI/2AQ 模块。

（3）通信模块。

1）PROFIBUS 通信与通信模块：有 PROFIBUS - DP 主站模块 CM1243 - 5 和 PROFIBUS - DP 从站模块 CM1242 - 5。

2）点对点通信（point - to - point delivery，PTP）与通信模块：点对点串行通信模块 CM1241 可执行 ASCII 协议及 Modbus RTU 主站协议和从站协议。

3）执行器传感器接口（actuator sensor interface，AS - i）通信与通信模块：AS - i 是指执行器传感器接口，CM1243 - 2 为 AS - i 主站模块。

4）远程控制通信与通信模块：使用 GPRS 通信处理器 CP1242 - 7，可以实现监视和控制的简单远程控制。

5）I/O - Link 主站模块：I/O - Link 是 IEC61131 - 9 中定义的用于传感器/执行器领域的点对点通信接口。I/O - Link 主站模块 SM 1278 用于连接 I/O - Link 设备，它有 4 个 I/O - Link 端口。

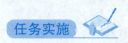
任务实施

1.1.3　S7 - 1200 PLC 的安装与硬件接线

1. S7 - 1200 PLC 的安装

S7 - 1200 PLC 的 CPU、SM 和 CM 模块可以方便地安装到标准 DIN 导轨上，安装和接线时要注意以下几点。

（1）可以将 S7 - 1200 PLC 水平或垂直安装在面板或标准 DIN 导轨上。垂直安装时，允许的最大环境温度要比水平安装时降低 10 ℃，要确保 CPU 安装在最下面。

（2）S7－1200 PLC 采用自然冷却方式。安装时要确保其安装位置的上、下部分与临近设备之间至少留出 25 mm 的空间，并且 S7－1200 PLC 与控制柜外壳之间的距离至少为 25 mm（安装深度）。

（3）在安装和移动 S7－1200 PLC 模块及其相关设备时，一定要切断所有的电源。

（4）使用正确的导线规格，采用 0.50～1.50 mm² 的导线。

（5）尽量使用短导线（最长为 500 m 屏蔽线或 300 m 非屏蔽线），导线尽量成对使用，用一根中性或公共导线与一根热线或信号线相配对。

（6）将交流线和高能量快速开关的直流线与低能量的信号线隔开。

（7）针对闪电式浪涌，安装合适的浪涌抑制设备。

（8）外部电源不要与直流输出点并联用作输出负载，这可能导致反向电流冲击输出，除非在安装时使用二极管或其他隔离栅。

2. S7－1200 PLC 的硬件接线

根据电源电压和输出电压的不同，S7－1200 PLC 的 CPU 基本可分为 DC/DC/DC、DC/DC/Relay、AC/DC/Relay 三种型号规格。如表 1－5 所示，前两个字母表示 CPU 的供电方式，AC 表示交流电供电，DC 表示直流电供电；中间的字母表示数字量的输入方式，只有 DC 一种，表示直流电输入；最后的字母表示数字量输出方式，RLY 表示继电器输出（relay），DC 表示晶体管输出。S7－1200 PLC 系列电源电压和输出电压规格如表 1－5 所示。

表 1－5　S7－1200 PLC 系列电源电压和输出电压规格

DC/DC/DC	直流电源（24 V DC）、直流输入电压（24 V DC）、直流输出（24 V DC）
DC/DC/RLY	直流电源（24 V DC）、直流输入电压（24 V DC）、继电器输出（5～30 V DC 或 5～250 V AC）
AC/DC/RLY	交流电源（85～264 V AC）、直流输入电压（24 V DC）、继电器输出（5～30 V DC 或 5～250 V AC）

CPU 三种型号规格的接线端子和外部接线基本类似，下面以 CPU 1214C 为例介绍 S7－1200 PLC 的端子排构成及外部接线。如图 1－15、图 1－16、图 1－17 所示。

（1）电源端子。

AC/DC/RLY 型的 CPU 1214C 为交流供电，L1、N 端子是电源输入端子，一般直接使用 120～240 V AC，L1 端子接交流电源的相线，N 端子接交流电源的中性线。DC/DC/RLY 与 DC/DC/DC 型为直流供电，标有朝里箭头的 L＋、M 端子是电源输入端子，一般使用 24 V DC。

（2）PLC 自身提供的电源端子。

CPU 上标有朝外箭头的 L＋、M 端子为输出 24 V DC，为输入电气元件和扩展模块供电。注意不要将外部电源接至此端子，以免损坏设备。

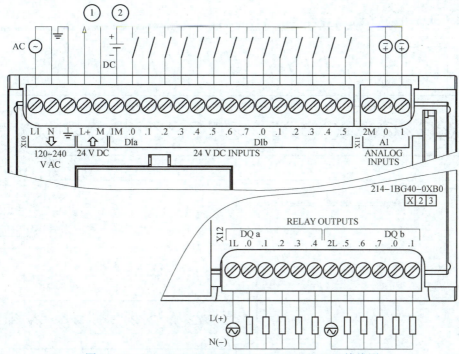

图 1 − 15　S7 − 1200 PLC CPU 1214C AC/DC/RLY 接线图

注：①24 V DC 传感器电源输出要获得更好的抗噪声效果，即使未使用传感器电源，也可以将"M"连接到机壳接地；②对于漏型输入，将"−"连接到"M"。对于源型输入，将"＋"连接到"M"。

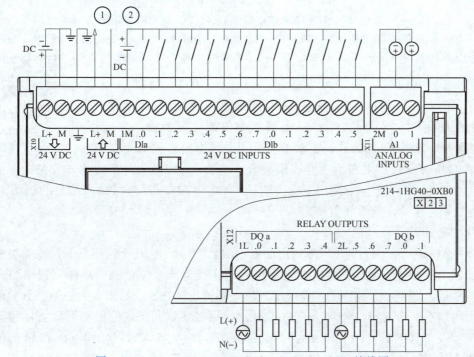

图 1 − 16　S7 − 1200 PLC CPU 1214C DC/DC/RLY 接线图

注：①24 V DC 传感器电源输出要获得更好的抗噪声效果，即使未使用传感器电源，也可以将"M"连接到机壳接地；②对于漏型输入，将"−"连接到"M"。对于源型输入，将"＋"连接到"M"。

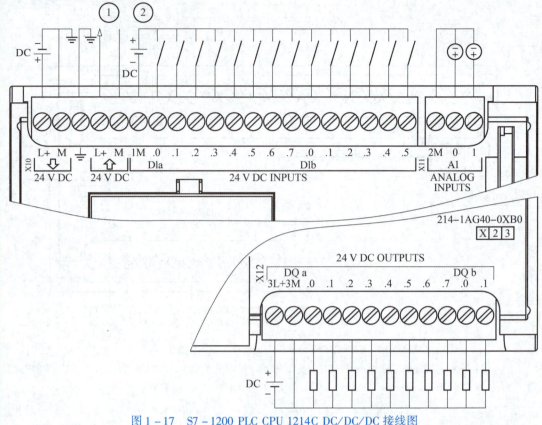

图 1-17　S7-1200 PLC CPU 1214C DC/DC/DC 接线图

注：①24 V DC 传感器电源输出要获得更好的抗噪声效果，即使未使用传感器电源，也可以将"M"连接到机壳接地；②对于漏型输入，将"－"连接到"M"。对于源型输入，将"＋"连接到"M"。

数字量输入信号的接线

（3）输入端子。

DI（0～7）、DI（0～5）为输入端子，CPU 1214C 共 14 个输入点。1M 为输入端子的公共端，可以接直流电源负端（源型输入）或正端（漏型输入）。DC 输入端子若连接交流电源，则将会损坏 PLC。S7-1200 PLC 所有型号 CPU 都有 2 路模拟量输入端子，可以接收外部传感器或变送器输入的 0～10 V 电压信号或 4～20 mA 电流信号，AI0 和 AI1 端子连接输入信号的正端，2M 或 3M 端子连接输入信号的负端。

（4）输出端子。

DQ（0～7）、DQ（0～1）为输出端子，CPU 1214C 共 10 个输出点，输出类型分为继电器输出和晶体管输出，继电器输出型可以接交流或直流负载，晶体管输出型只能接直流负载。图 1-15 和图 1-16 所示为继电器输出，每 5 个输出点为一组，分为两组输出，每组有一个对应的公共端子 1L、2L。使用时注意同组的输出端子只能使用同一种电压等级，其中 DQ（0～4）的公共端子为 1L，DQ（5～7）和 DQ（0～1）的公共端子为 2L。图 1-17 所示为晶体管输出，3L＋连接外部 24 V DC 电源正端，3M 连接公共端 24 V DC 电源负端，由于连接外部 PLC 输出端子的驱动负载能力有限，因此要注意相应的技术指标。CPU 1215C、CPU 1217C 还有 2 路模拟量输出端子，可以输出 2 路

$0 \sim 20$ mA 的电流，其中 AQ0 和 AQ1 端子连接输出信号的正端，2M 端子连接输出信号的负端。

3. S7 - 1200 PLC 的选择依据

（1）生产厂家：进口还是国产。

（2）I/O 点数：指 S7 - 1200 PLC 可以接收的 I/O 信号的总和，是衡量 PLC 性能的重要指标。I/O 点数越多，外部可接的输入设备和输出设备就越多，控制规模就越大。PLC 的 I/O 点数应该有适当的余量，通常根据统计的 I/O 点数，再增加 10% ~ 20% 的可扩展余量后，作为 I/O 点数的估算数据。

（3）S7 - 1200 PLC 电源：有 220 V AC，24 V DC，电源模块的电流必须大于 CPU 模块、I/O 模块及其他模块消耗电流的总和。

（4）主机输出形式（继电器、晶体管、晶闸管）。

（5）通信方式（CC - Link/LT、RS232、RS485、PROFINET、PROFIBUS 等）可以根据使用者要求参考 PLC 的选型样本。

（6）功能：可扩展能力大小。

S7 - 1200PLC
工作原理和
用户程序结构

（7）存储容量：PLC 的存储器由工作存储区、装载存储区（存用户程序、数据）和保持性存储区三部分组成，表征系统提供给用户的可用资源，是系统性能的重要技术指标。CPU 1214C 工作存储区的容量是 75 KB，装载存储区的容量是 4 MB，保持性存储区的容量是 10 KB。

1.1.4 S7 - 1200 PLC 的工作原理

S7 - 1200 PLC 是一种工业控制计算机，它的工作原理是建立在计算机工作原理基础之上的，即通过执行反映控制要求的用户程序来实现控制逻辑。CPU 是以分时操作方式来处理各项任务的，计算机在每一瞬间只能做一件事，所以程序的执行是按程序顺序依次完成相应各存储器单元的写操作，属于串行工作方式。

PLC 通电后，首先对硬件和软件做一些初始化操作。为了使 PLC 的输出及时响应各种输入信号，初始化后 PLC 反复不停地分阶段处理各种不同的任务，如图 1 - 18 所示。这种周而复始的循环工作模式称为循环扫描。

PLC 的工作流程如图 1 - 18 所示，其整个扫描工作过程可分为以下三部分。

第一部分是上电处理。PLC 上电后对 PLC 系统进行一次初始化工作，包括硬件初始化、I/O 模块配置运行方式检查、停电保持范围设置及其他初始化处理等。

第二部分是主要工作过程。PLC 上电处理完成以后进入主要工作过程，先完成输入处理，其次完成与其他外设的通信处理，最后进行时钟、特殊寄存器更新。当 CPU 处于 STOP 方式时，转入执行自诊断检查。当 CPU 处于 RUN 方式时，完成用户程序的执行和输出处理后，再转入执行自诊断检查。

第三部分是出错处理。PLC 每扫描一次，执行一次自诊断检查，确定 PLC 自身的动作是否正常，如 CPU、电池电压、程序存储器、I/O、通信等是否异常或出错，当检查出异常时，CPU 面板上的 LED 及异常继电器会接通，在特殊寄存器中会存入出错代码。当出现致命错误时 CPU 被强制为 STOP 方式，所有的扫描停止。

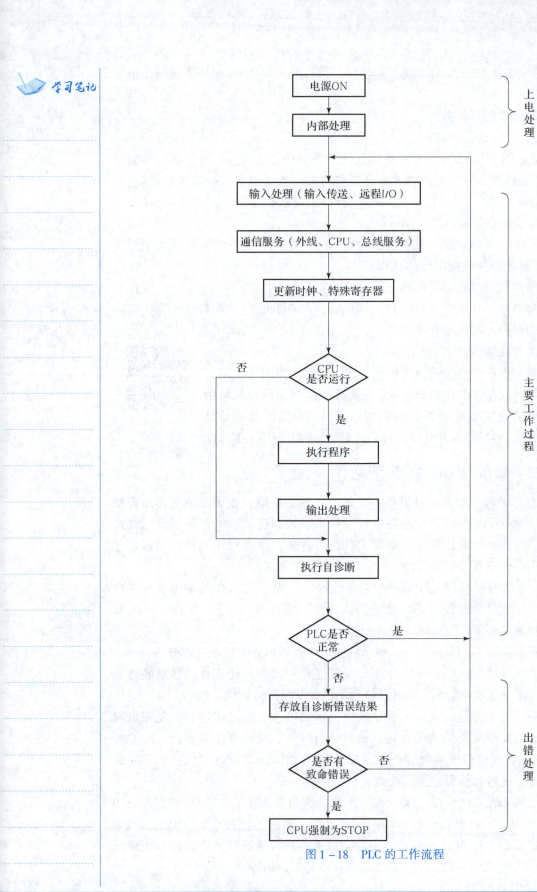

图 1 - 18 PLC 的工作流程

PLC 运行正常时，扫描周期的长短与 CPU 的运算速度、I/O 点的情况、用户应用程序的长短及编程情况等均有关。通常用 PLC 执行 1 KB 指令所需要的时间来说明其扫描速度（一般为 1～10 ms/KB）。值得注意的是，不同指令其执行时间是不同的，从零点几微秒到上百微秒不等，因此选用不同指令所用的扫描时间将会不同。若用于高速系统要缩短扫描周期时，可以从软件和硬件上考虑实现。

PLC 只有在 RUN 方式下才执行用户程序，下面对 RUN 方式下执行用户程序的过程进行详细介绍，以便对 PLC 循环扫描的工作方式有更深入的理解。当 PLC 上电后，处于正常工作运行状态时，将不断循环重复执行图 1-18 中的各项任务。分析其主要工作过程，如果对远程 I/O、特殊模块、更新时钟和其他通信服务等内容暂不考虑，则只剩下输入采样、用户程序执行和输出刷新三个阶段，如图 1-19 所示。这三个阶段是 PLC 工作过程的核心内容，也是 PLC 工作原理的本质所在，透彻理解 PLC 工作过程的这三个阶段是学习好 PLC 的基础。

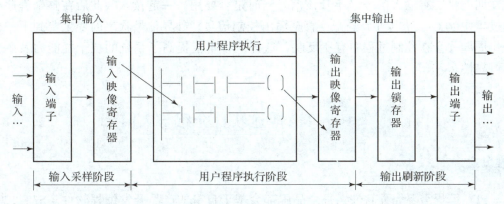

图 1-19　PLC 的主要工作过程

1. 输入采样阶段

PLC 在输入采样阶段，PLC 把所有外部数字量输入电路的 I/O 状态（或称 ON/OFF 状态）读入至输入映像寄存器中，此时输入映像寄存器被刷新。接着系统进入用户程序执行阶段，在此阶段和输出刷新阶段，输入映像寄存器与外界隔离，无论输入信号如何变化，其内容保持不变，直到下一个扫描周期的输入采样阶段，才能重新写入输入端子的新内容。所以，一般来说，输入信号的宽度要大于一个扫描周期，或者说输入信号的频率不能太高，否则很可能造成信号的丢失。

2. 用户程序执行阶段

PLC 在用户程序执行阶段，在无中断或跳转指令的情况下，根据梯形图程序从首地址开始按自左向右、自上而下的顺序，对每条指令逐句进行扫描（即按存储器地址递增的方向进行），扫描一条，执行一条。当指令中涉及输入、输出状态时，PLC 就从输入映像寄存器中读入对应输入端子的状态，从元件映像寄存器中读入对应元件（软继电器）的当前状态，然后进行相应的运算，最新的运算结果立即存入元件映像寄存器中。对除了输入映像寄存器以外的其他元件映像寄存器来说，将随着程序的执行过程而刷新。

PLC 的用户程序执行既可以按固定的顺序进行，也可以按用户程序所指定的可变顺序进行。这不仅仅因为有的程序不需要每个扫描周期都执行，也因为在一个大控制系统中需要处理的 I/O 点数较多，通过不同的组织模块安排，采用分时分批扫描执行的办法，可以缩短循环扫描的周期和提高控制的实时响应性能。

3. 输出刷新阶段

CPU 执行完用户程序后，将输出映像寄存器中所有输出继电器的状态（I/O），在输出刷新阶段一起转存到输出锁存器中。在下一个输出刷新阶段开始之前，输出锁存器的状态不会改变，相应输出端子的状态也不会改变。

输出锁存器的状态为"1"时，输出信号经输出模块隔离和功率放大后，接通外部电路使负载通电工作。输出锁存器的状态为"0"时，断开对应的外部电路使负载断电，停止工作。

用户程序执行的过程中，集中输入与集中输出的工作方式是 PLC 的一个特点，在采样期间将所有输入信号（不管该信号当时是否要用）一起读入，此后在整个程序处理过程中 PLC 系统与外界隔开，直至输出控制信号。外界信号状态的变化要到下一个工作周期才会在控制过程中有所反映，这样从根本上提高了系统的抗干扰能力及工作的可靠性。

任务1.2　TIA博途软件介绍与入门

任务导入 NEWST

PLC 编程需要编程软件，每个品牌都会基于自身的产品开发编程软件。S7 – 1200 PLC 的编程"神器"为 TIA 博途软件。TIA 博途软件是西门子公司发布的全新工程设计软件平台，它将所有自动化软件工具集成在统一的开发环境中。TIA 博途软件通过统一的控制、显示和驱动机制，实现高效的组态、编程和公共数据存储，极大地简化了工厂内所有组态阶段的工程组态过程。

任务分析 🧑‍🤝‍🧑

用 TIA 博途软件编写程序，那就需要了解该软件如何安装，软件的功能及基本组成，软件的项目创建、硬件组态及程序的开发方法，以及软件中项目编译和下载等。本任务将解决这些问题。

知识链接 🖥️

1.2.1　TIA 博途软件介绍

1. TIA 博途软件

SIMATIC 是西门子自动化系列产品品牌统称，来源于 Siemens + automatic（西门子 +

自动化），随着西门子公司产品的迭代更新，西门子 PLC 编程软件也在不断发展。

（1）早期西门子 PLC 系列软件如下。

1）西门子 S7 – 200 PLC 编程软件：STEP7 – Micro/WIN 4.0。

2）西门子 S7 – 200 SMART 编程软件：STEP7 – Micro/WIN SMART。

3）西门子 S7 – 300/400 PLC 编程软件：STEP7 V5.5 + SP3.1 Chinese。

（2）TIA 博途软件。

TIA Portal 是西门子重新定义自动化的概念、平台及标准的软件工具。它分为两个部分：STEP7 和视窗控制中心（Windows controlcenter，WinCC）。TIA 是 totally integrated automation 的英文简称，即全集成自动化；portal 的意思是入口，即开始的地方。TIA Portal 称为博途，寓意为全集成自动化的入口。

TIA Portal 体系是一款注重用户体验的工业工程工具，可以在一个平台上完成从过程控制到离散控制、从驱动到自动化的任务，是包括 HMI、数据采集与监控系统（supervisory control and data acquisition，SCADA）等在内的工业控制相关软件的工具集合，就像中文名字博途一样，前途是非常广阔的。

TIA Portal 自 2009 年发布第一款 SIMATIC STEP7 V10.5（STEP7 Basic）以来，已经有 V10.5、V11、V12、V13、V14、V15、V16 等版本，包含 PLC、HMI 和驱动器的编程软件。支持西门子最新的硬件 SIMATIC S7 – 1200/1500 系列 PLC，并向下兼容 S7 – 300/400 等系列 PLC 和自动化控制中心（Windows automation center，WinAC）控制器。

TIA 博途包含了如下软件系统。

1）SIMATIC STEP7：用于 PLC 与分布式设备的组态和编程。

2）SIMATIC WinCC：用于 HMI 的组态。

3）SIMATIC Safety：用于安全控制器（Safety PLC）的组态和编程。

4）SINAMICS Startdrive：用于驱动设备的组态与配置。

5）SIMOTION SCOUT：用于运动控制的配置、编程与调试。

2. 安装 TIA 博途软件对计算机的要求

计算机硬件的最低配置是处理器主频为 2.3 GHz，内存为 8 GB，硬盘有 20 GB 的可用空间，屏幕分辨率为 1 024 × 768 px。建议的计算机硬件是处理器主频为 3.4 GHz，内存为 16 GB 或更多，硬盘至少有 50 GB 的可用空间，屏幕分辨率为 1 920 × 1 080 px 或更高。

TIA 博途 V15 SP1 要求的计算机操作系统为非家用版的 64 位 Windows7 SP1、非家用版的 64 位 Windows10 和某些 Windows 服务器。

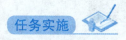
任务实施

博图集成软件
介绍与入门

1.2.2　TIA 博途软件项目创建和硬件组态

1. 项目视图结构

TIA 博途软件为用户提供了一个友好的环境，供用户开发、编辑和监视控制应用所需的逻辑，其中包括用于管理和组态项目中所有设备（如控制器和 HMI 等设备）的工具。为了帮助用户查找需要的信息，TIA 博途软件提供了内容丰富的在线帮助系统。

为帮助用户提高生产率，TIA 博途软件提供了两种不同的视图，即根据工具功能组织的面向任务的 Portal 视图和由项目各元素组成的面向项目的项目视图。

打开 TIA 博途软件后，首先打开的是"Portal 视图"窗口，如图 1－20 所示，可以单击左下角的"项目视图"按钮，切换到"项目视图"窗口，如图 1－21 所示。

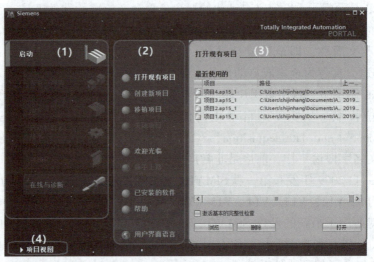

图 1－20　启动窗口（Portal 视图）

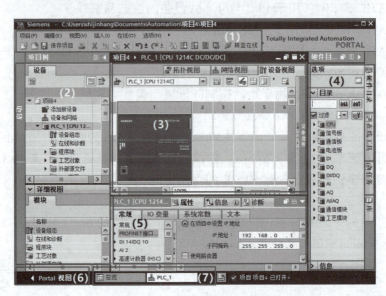

图 1－21　"项目视图"窗口

Portal 视图主要包括以下几个部分。

（1）不同任务的门户。

（2）所选门户的任务。

（3）所选操作的选择面板。

（4）切换到项目视图。

"项目视图"窗口是用户使用最频繁的窗口，所有的软硬件配置、诊断及编程等工作都在此视图内完成，其主要包括以下组件。

（1）菜单栏和工具栏。

（2）项目树。

（3）工作区。

（4）任务卡。

（5）巡视窗口。

（6）切换到 Portal 视图。

（7）编辑器栏。

由于这些组件组织在一个视图中，因此可以方便地访问项目的各种信息。

工作区由三个选项卡形式的视图组成，具体如下。

（1）设备视图：显示已添加或已选择的设备及其相关模块。

（2）网络视图：显示网络中的 CPU 和网络连接。

（3）拓扑视图：显示网络的以太网拓扑，包括设备、无源组件、端口互连及端口诊断。

项目视图还可以用于执行组态任务。巡视窗口显示用户在工作区中所选对象的属性和信息。当用户选择不同的对象时，巡视窗口会显示用户可以组态的属性。巡视窗口包含用户查看诊断信息和其他消息的选项卡。

编辑器栏会显示所有打开的编辑器，从而帮助用户更快速和高效地工作。要在打开的编辑器之间切换，只需单击不同的编辑器即可。还可以将两个编辑器垂直或水平排列在一起显示，通过该功能可以在编辑器之间进行拖动操作。

2. 创建项目

可以通过以下两种方式创建新项目。

（1）在 TIA 博途软件的"Portal 视图"窗口内创建新项目，这是比较常用的方式，如图 1 – 22 所示，单击左侧的"创建新项目"按钮，在弹出的"创建新项目"对话框中输入项目信息（如项目名称、存储路径等），再单击"创建"按钮即可。

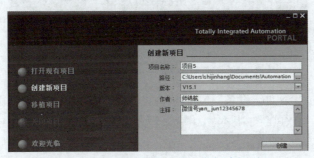

图 1 – 22 "Portal 视图"窗口内创建新项目

（2）在 TIA 博途软件的"项目视图"窗口内创建新项目，如图 1 – 23 所示，进入"项目视图"窗口后，选择"项目"→"新建"选项，弹出"创建新项目"对话框，输入项目信息后，再单击"创建"按钮即可完成新项目的创建。

图 1-23 "项目视图"窗口内创建新项目

3. 硬件组态

项目创建完成后，首先需要进行硬件组态，完成 CPU 及相关模块的添加，各模块的型号与版本应与实际相符。

（1）在"项目视图"窗口，双击项目树下的"项目 5"→"添加新设备"选项，弹出"添加新设备"对话框。也可以在"Portal 视图"窗口内，选择"设备和网络"→"添加新设备"选项即可，如图 1-24 所示。

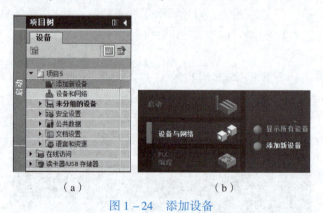

（a）　　　　　　　　　　　（b）

图 1-24　添加设备

（a）"项目视图"窗口添加设备；（b）Portal 视图窗口添加设备

（2）在弹出的"添加新设备"对话框内，选择与实际 CPU 模块相符的订货号（如 6ES7 214-1HG40-0XB0）、版本，并输入设备名称（默认为 PLC_1），单击"确定"按钮退出，如图 1-25 所示。

（3）CPU 模块添加完成之后，再根据实际情况安装其他模块，可以在右侧的"硬件目录"任务卡内以拖动的方式将 SM、SB 等硬件模块添加到"设备视图"选项卡内，如图 1-26 所示。

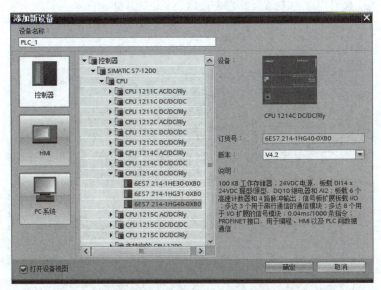

图 1 - 25   添加 CPU 模块

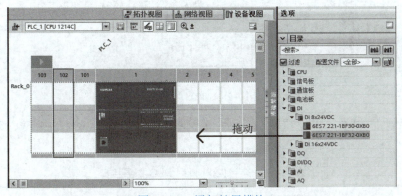

图 1 - 26   添加扩展模块

在图 1 - 27 示例中，除 CPU 模块外，在"设备视图"选项卡内还添加了 2 个 CM 模块、1 个 CB 板（CB1241）和 2 个 SM 模块。

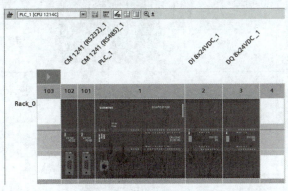

图 1 - 27   扩展模块已添加

选择数字量或模拟量模块后，可以通过选择"属性"→"IO 变量"标签，在"IO 变量"选项卡下查看模块的输入或输出地址分配情况（软件自动分配），如图 1 – 28 所示。

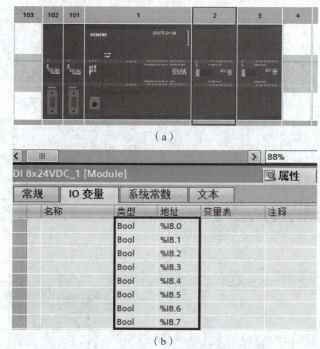

（a）

（b）

图 1 – 28 I/O 模块地址

在进行硬件组态时可以发现，不同的模块可扩展的模块数量不同，如表 1 – 6 所示。

表 1 – 6 S7 – 1200 系列 PLC 扩展接口

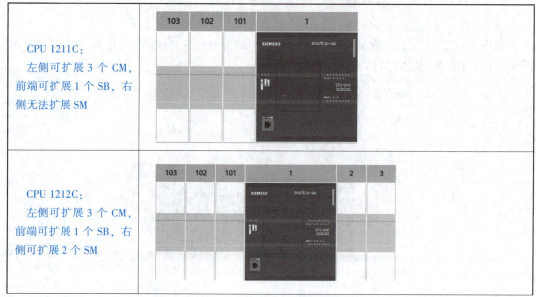

CPU 1211C： 左侧可扩展 3 个 CM，前端可扩展 1 个 SB，右侧无法扩展 SM	
CPU 1212C： 左侧可扩展 3 个 CM，前端可扩展 1 个 SB，右侧可扩展 2 个 SM	

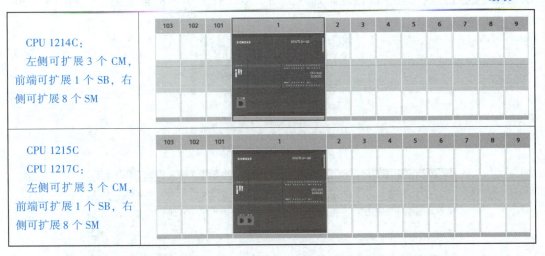

CPU 1214C： 左侧可扩展 3 个 CM，前端可扩展 1 个 SB，右侧可扩展 8 个 SM	
CPU 1215C CPU 1217C： 左侧可扩展 3 个 CM，前端可扩展 1 个 SB，右侧可扩展 8 个 SM	

（4）在"设备视图"选项卡内选择 CPU 模块后，在巡视窗口中选择"属性"→"常规"标签，进入"常规"选项卡，选择"PROFINET 接口 ［X1］"→"IP 协议"选项，设置 CPU 以太网接口的 IP 地址，注意该 IP 地址应与计算机的 IP 地址应属于同一个子网内，如图 1－29 所示。

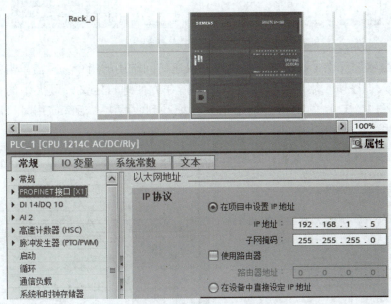

图 1－29　CPU 模块的 IP 地址设置

1.2.3　TIA 博途软件程序编写和调试

1. 程序的开发

在"项目视图"窗口左侧的项目树内依次选择 PLC_1→"程序块"→Main ［OB1］选项，则在工作区打开程序编辑窗口及指令任务卡。任务卡内的指令按照功能分组，如"基本指令""扩展指令""工艺"指令等。在编程时可以采用拖动的方式将指令拖动到程序段内，或在程序段内选择插入点后，双击任务卡内的指令图标，如图1-30、图1-31所示。

图1-30　打开程序编辑窗口

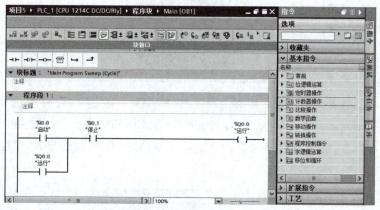

图1-31　程序编辑窗口

TIA博途软件提供了收藏夹，可供用户快速访问常用的指令，只需单击指令的按钮即可将其插入程序段。用户可以通过添加新指令方便地自定义收藏夹中的指令，只需将指令（见图1-32中的TON定时器指令）拖动到收藏夹，后续使用时只需选择指令即可插入该指令。

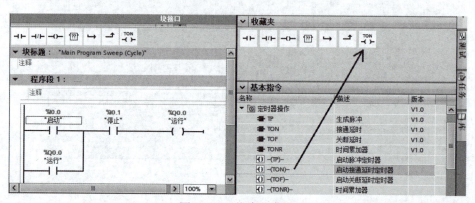

图1-32　指令收藏夹

用户可以在收藏夹内右击，在弹出的快捷菜单内勾选"在编辑器中显示收藏"复选框，使收藏夹内的指令显示在程序编辑器上方，如图1-33所示，这样用户在编程时可快速的选取指令。

默认情况下收藏夹包含如表1-7中所示的元素。

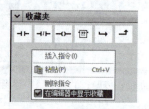

图1-33　显示指令收藏夹

表 1-7　收藏夹默认包含的元素

元素	功能
─┤├─	常开触点，查询的操作数等于"1"时闭合
─┤/├─	常闭触点，查询的操作数等于"0"时闭合
─()─	赋值线圈，设置指定操作数的位
[??]	空功能框，插入 LAD 元素
↦	打开分支，用于创建并联电路
↰	嵌套闭合，用于将并联电路闭合

程序是由若干个程序段组成的，而包含了电路图的元件（如常闭触点、常开触点和线圈）相互连接构成程序段，程序段具有简单的逻辑功能，如图 1-34 所示的启保停程序段。

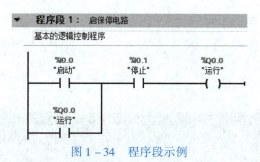

图 1-34　程序段示例

要创建复杂的运算逻辑，可以插入分支以创建并行电路的逻辑。并行分支向下打开或直接连接到电源线。用户可以向上终止分支。LAD 程序向多种功能（如数学、定时器、计数器和移动）提供功能框指令。TIA 博途软件不限制 LAD 程序段中的指令（行和列）数。

注意：每个 LAD 程序段都必须使用线圈或功能框指令来终止。

2. 项目编译、下载

（1）编译。

只有编译无误的项目才可以下载至 PLC。硬件组态数据和软件数据（如程序、DB等）可以分别编译或一起编译，可以同时编译一个或多个目标系统的项目数据。

编译项目数据时，根据所涉及的设备可选择以下选项：硬件和软件（仅更改）、硬件（仅更改）、硬件（完全重建）、软件（仅更改）、软件（全部重建）、软件（复位存储器预留区域）。如图 1-35 所示，在项目树内右击设备名称（如 PLC_1），在弹出的快捷菜单内选择"编译"选项，可以选择 6 种编译模式。

也可以在项目树内选择需要的选项（如"程序块"选项）后，单击工具栏的"编译"按钮 🔩，或选择"编辑"→"编译"选项。

（2）下载。

完成前面的工作后开始进行项目下载，对于新的 CPU 模块，还没有 IP 地址，只有 MAC 地址。选择"项目视图"窗口左侧项目树内的设备名称（如 PLC_1），单击工具栏中的"下载到设备"按钮 ⬇，在弹出的图 1-36 所示的"扩展下载到设备"对话框中，设置 PG/PC 接口的类型为 PN/IE，PG/PC 接口选择实际与 PLC 连接的计算机网卡接口，目标设备选择"显示可访问的设备"选项，单击"开始搜索"按钮。

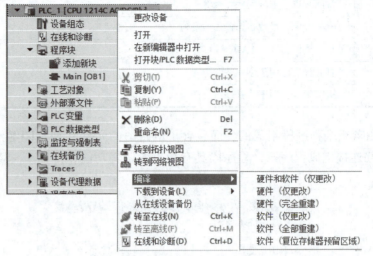

图 1-35　程序编译

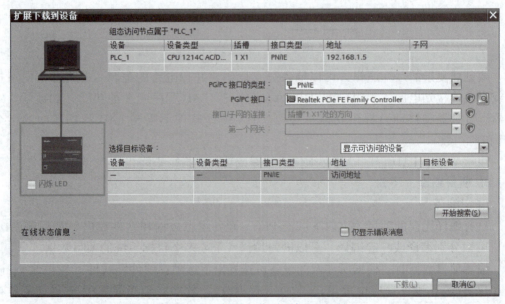

图 1-36　"扩展下载到设备"对话框

在搜索到 PLC 之后，如果网络上有多台 PLC，为了确认搜索列表中的 PLC 与实际 PLC 的对应关系，先选择列表中的某个 PLC，再勾选左侧的"闪烁 LED"复选框，则实际对应 CPU 上的 LED 会闪烁。在搜索列表中选择需要下载程序的 S7-1200（包含 MAC 地址），单击"下载"按钮，如图 1-37 和图 1-38 所示。

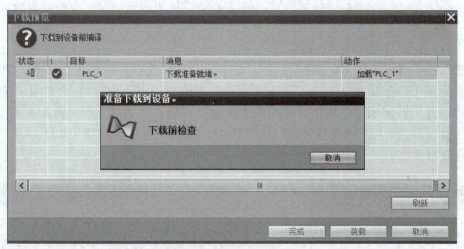

图1-37 选择需要下载程序的设备

图1-38 下载程序前检查

编译成功后,单击"装载"按钮,开始下载,如图1-39所示。

图1-39 下载程序

下载结束后，在“动作”列的下拉列表框中选择“启动模块”选项，再单击“完成”按钮，则下载完成，如图 1-40 所示。

图 1-40　程序下载完成

程序下载完成后，PLC 为运行状态，给定输入，查看输出信号，整个项目完成。

3. 调试程序

虽然在下载 PLC 的程序与配置后，就可以将 PLC 切换到运行状态，但是很多时候用户需要详细了解 PLC 的实际运行情况，在需要对程序进行一步一步的调试时，就要进入“PLC 在线与程序调试”阶段。

首先在工具栏中单击“转到在线”按钮，项目树就会显示黄色的图符，其动画过程就是表示在线状态，如图 1-41 所示。这时可以从项目树的各个选项后面了解各自的情况，若出现蓝色的图符则表示为正常，否则必须进行诊断或重新下载。

依次单击工具栏中“转到在线”“启用/禁用监视”按钮，如图 1-42 所示，则显示在线监视状态。

图 1-41　项目树在线状态

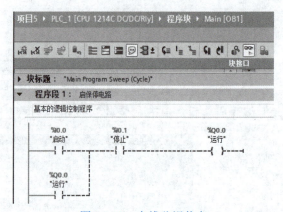

图 1-42　在线监视状态

程序编辑器中的网络以绿色显示能流。在线监控状态中实线表示接通，虚线表示断开。在硬件设备上，按下启动键 I0.0，常开触点 I0.0 闭合，有能流流过 Q0.0 线圈，Q0.0 为“1”；当释放 I0.0，常开触点断开，但能流通过与之并联的常开触点 Q0.0，使 Q0.0 保持停电状态。

当然，PLC 的变量还可以进行在线仿真，查看最新的监视值。在项目树中选择

"在线访问"选项，即可看到诊断状态、循环时间、存储器、分配 IP 地址等各种信息。

大国工匠：中国新一代运载火箭总装第一人——崔蕴

大国工匠案例

运载火箭的能力有多大，中国航天的舞台就有多大。崔蕴是航天一院运载火箭总装总测技能大师，被称为中国新一代运载火箭总装第一人。他曾为火箭命悬一线，痴迷火箭 40 多年，把打造世界顶级火箭作为终生事业；他从一名普通的火箭装配工成长为国家级技能大师，更锻造出一支过硬的队伍，助力我国航天事业发展。

"再晚一个小时就肯定没命了！"

1990 年 7 月 13 日，我国首枚长二捆火箭准备在西昌发射，千钧一发之际，火箭四个助推器的氧化剂输送管路上的密封圈忽然出现泄漏，需要紧急排除故障。此时，火箭助推器里已经充满了四氧化二氮，这种燃料在外会烧伤皮肤，吸入肺里会破坏肺泡，使人窒息而亡。29 岁的崔蕴是当时抢险队员里最年轻的一个员工，他和另一名同事是第一梯队的成员，他们戴上滤毒罐，简单地在身上洒了些防护用的碱水，就冲了上去。

很快，熟悉火箭结构的崔蕴找到了"惹祸"的密封圈，按照既定方案，他用扳手去拧紧传感器本体，想压紧密封圈。没想到，密封圈竟然已经被腐蚀透了，稍微一拧，里面的四氧化二氮竟像水柱一样喷出来。刹那间，液态的四氧化二氮汽化为橘红色的烟雾，舱内的有毒气体浓度急剧上升，瞬间达到了滤毒罐可过滤浓度的 100 倍，死亡的魔爪迅速扼住了崔蕴他们的生命通道。

为了多解决些问题，崔蕴一边强忍着痛苦，一边坚持在舱内操作，与死神赛跑。时间一分一秒地过去……忽然，崔蕴感到眼前一黑，他还想在晕倒前再抓紧干点什么，可终究体力不支，一头晕倒过去。

崔蕴被连夜送进医院抢救。此时，他肺部 75% 的面积已经被四氧化二氮侵蚀，只剩下一小部分肺还在艰难地工作，生命危在旦夕。医生一边紧张地把解毒药注入崔蕴的身体，一边感叹："再晚一个小时就肯定没命了！"他吸入的有毒气体太多，医书上记载的正常用药剂量对他根本无济于事，医生不得不冒险加大用药剂量，最后竟一直加到正常人能承受剂量极限值的 10 倍，才把他从死亡的边缘拉回来。

高超技艺，创新引领

"工欲善其事，必先利其器"，扎根一线三十余年的崔蕴深深明白这个道理。为了提高工作效率，保证产品质量，他先后设计并制造各类工装三十多台（套）。此外，崔蕴不断推进车间的信息化、自动化、标准化进程，紧跟时代步伐，积极引入了数字化全析教学方式、大部段自动对接装置、一体化工艺技术文件等，有效地提高了劳动生产率和产品质量。2017 年，崔蕴携发明专利"一种液体控量节流装置"参加德国纽伦堡国际发明展，获得银奖。

因技术精湛，崔蕴多次被委派代表中方与国外技术人员合作发射铱星。在发射铱星的八发火箭靶场操作过程中，他一直担任星箭对接中美联合操作中方指挥，他自己编写了吊装、对接、测量和测试操作流程，圆满地完成了任务，美方在评价时说："中国、美国和俄罗斯三方发射铱星，中国的对接操作技术是第一流的，用时也是最短的!" 崔蕴为我国航天人争得了荣誉!

思考与练习

1. 填空题

（1）CPU 1212C 最多可以扩展_____个信号模块、_____个通信模块。信号模块安装在 CPU 的_____边，通信模块安装在 CPU 的_____边。

（2）CPU 1212C 有集成的_____点数字量输入、_____点数字量输出、_____点模拟量输入，_____点高速输出、_____点高速输入。

（3）模拟量输入模块输入的 − 10 ~ 10 V 电压转换后对应的数字为_____ ~ _____。

2. 简答题

（1）S7 − 1200 的硬件主要由哪些部件组成？

（2）信号模块是哪些模块的总称？

（3）怎样设置才能在打开 TIA 博途软件时用"项目视图"方式自动打开最近的项目？

（4）硬件组态有哪些任务？

项目2　三相交流异步电机的 PLC 控制

项目引入

在智能制造领域，设备大多是由一台或者多台三相异步电机带动，现在因技术升级，对原有设备的继电器控制系统进行 PLC 改造，身为技术人员，请根据相关的技术资料，按照要求完成设备的设计、安装、编程、调试，实现设备的自动控制。

项目目标

知识目标

（1）掌握 S7 – 1200 PLC 的数据类型。

（2）掌握 S7 – 1200 PLC 的基本指令、定时器指令以及计数器指令。

（3）掌握 S7 – 1200 PLC 编程的方法。

（4）掌握 S7 – 1200 PLC 编程的步骤。

能力目标

（1）能够正确使用 S7 – 1200 PLC 的数据类型。

（2）能够正确使用 S7 – 1200 PLC 的基本指令、定时器指令及计数器指令。

（3）能够熟练编写简单的 S7 – 1200 PLC 程序。

职业能力图谱

职业能力图谱如图 2 – 1 所示。

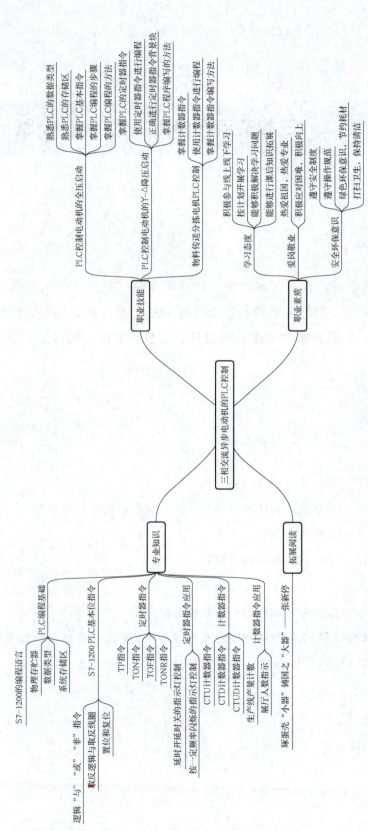

图 2-1 职业能力图谱

任务2.1　PLC控制电机的全压启动

任务导入

　　某车间有条物料传送带，由电机拖动运转，现在对其进行 PLC 改造。要求无论在什么位置按下启动按钮，电机必须启动并自动进入稳定运行状态；一旦按下停止按钮，电机应自动停止。即要求当按下启动按钮时，电机通电运转；松开启动按钮时，电机保持运转；按下停止按钮时，电机停止运转。

任务分析

　　在本任务中控制运输物料的传送带运动就是控制电机启停，电机启停控制线路如图 2-2 所示，要用 PLC 进行技术升级改造，方法是保留主电路，用 PLC 代替控制电路，编写梯形图，进行相关的调试运行。实现 PLC 控制电机启停的主要方法是用指令编写梯形图。

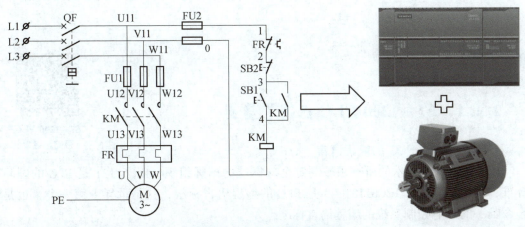

图 2-2　电气控制线路改造

　　PLC 程序设计法分为经验设计法和逻辑设计法两种。经验设计法没有固定的方法和步骤可以遵循，设计者依据各自的经验和习惯进行设计，具有很大的试探性和随意性，设计周期长，易于出现考虑不周的现象，程序可读性差，常常给维护和改造带来不便。针对设计复杂程序，尤其是设计开关量控制程序和时序控制程序时，逻辑设计法具有明显的优越性。逻辑设计法是以逻辑组合或逻辑时序的方法和形式来设计 PLC 程序的，可分为组合逻辑设计法和时序逻辑设计法两种。这些逻辑设计方法既具有严密可循的规律性和明确可行的设计步骤，又具有简便、直观和十分规范的特点。

　　组合逻辑设计法适合设计开关量控制程序，它是对控制任务进行逻辑分析和综合，将元件的通电、断电状态视为以触点通、断状态为逻辑变量的逻辑函数，对经过简化的逻辑函数，利用 PLC 逻辑指令可以顺利地设计出满足要求且较为简练的程序。这种方法设计思路清晰，所编写的程序易于优化。

用组合逻辑设计法进行程序设计一般可分为以下几个步骤。

（1）明确控制任务和控制要求，通过分析控制过程，绘制出系统工作循环的 I/O 元件分布图，确定 I/O 元件，并分配 I/O 点。

（2）详细地绘制系统功能表。根据对控制过程的分析，确定必要的中间线圈的开关边界线，并据此设置中间线圈，制作 I/O 元件功能表。功能表能够全面、完整地展示系统各部分、各时刻的状态，以及状态之间的联系与转换，非常直观，是进行系统分析和设计的有效工具。

（3）根据系统功能表进行系统逻辑设计，此步骤的工作主要是列写中间记忆元件的逻辑函数式和执行元件（输出量）的逻辑函数式。这两个函数式，既是生产机械或生产过程内部逻辑关系和变化规律的表达形式，又是构成控制系统并实现控制目标的具体程序。

（4）将逻辑设计的结果转化为 PLC 程序。逻辑设计的结果（逻辑函数式）能够很方便地过渡到 PLC 程序，特别是语句表达式，其结构和形式都与逻辑函数式非常相似，很容易直接由逻辑函数式转化而来。设计者可以根据需要将逻辑设计的结果转化为 PLC 梯形图程序，也可直接由逻辑函数式得到 PLC 梯形图程序。

用 PLC 实现电机的启停控制采用的就是组合逻辑设计法，其中需要用到位指令、系统存储器等概念。

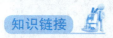

S7 - 1200 PLC
存储与寻址

2.1.1　S7 - 1200 PLC 的编程基础

1. S7 - 1200 PLC 的编程语言

IEC 是为电子技术的所有领域制定全球标准的国际组织。IEC61131 是 PLC 的国际标准，其中第三部分 IEC61131 - 3 是 PLC 的编程语言标准，这是世界上第一个，也是至今唯一的工业控制系统的编程语言标准。

IEC61131 - 3 有 5 种编程语言：指令表（instruction list，IL）、结构文本（structured text，ST）、梯形图（ladder diagram，LD，西门子公司将其简称 LAD）、功能块图（function block diagram，FBD）和顺序功能图（sequential function chart，SFC）。梯形图是使用最多的 PLC 图形编程语言，由触点、线圈和用方框表示的指令框组成。触点和线圈等组成的电路称为程序段，TIA 博途软件自动为程序段编号。功能块图使用类似于数字电路的图形逻辑来表示控制逻辑。

在 TIA 博途软件"项目视图"窗口中，选择"属性"→"常规"标签，在"常规"选项卡中的"语言"下拉列表框中可以选择编程语言，如图 2 - 3 所示。

2. 物理存储器

（1）PLC 选择的物理存储器。

1）随机存储器。CPU 可以读出随机存储器中的数据，也可以将数据写入随机存储器，它是易失性存储器，电源中断后，储存器中的数据将丢失。

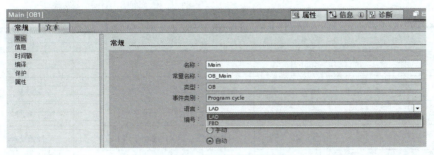

图 2 - 3   编程语言的选择

2）只读存储器。只能读出不能写入，它是非易失性存储器，电源中断后，储存器中的数据不会丢失，一般用来存放 PLC 的操作系统。

3）快闪存储器和电擦除的存储器（electrically erasable programmable read only memory，EEPROM）。它是非易失性的，用来存放用户程序和断电时需要保护的重要数据。

（2）装载存储器。

装载存储器用于非易失性地存储用户程序、数据和组态信息，该非易失性存储器能够在断电后继续保存数据，该存储区位于存储卡（若存在）或 CPU 中。项目下载到 CPU 后，首先存储在装载存储区中。存储卡支持的存储空间比 CPU 内置的存储空间要大。

（3）工作存储器。

工作存储器是易失性存储器，用于在执行用户程序时存储用户项目的某些内容。CPU 会将一些项目内容从装载存储器复制到工作存储器中。该易失性存储区数据将在断电后丢失，而在恢复供电时由 CPU 恢复。

（4）断电保持存储器。

断电保持存储器用于在断电时存储所选用户存储单元的值。发生断电时，CPU 留出了足够的缓冲时间来保存几个有限的指定单元的值，这些保持的值会随后在供电时恢复。暖启动后断电保持存储器中的数据保持不变，冷启动时断电保持存储器的数据会被清除。

（5）存储卡。

可选的 SIMATIC 存储卡可用作存储用户程序的替代存储器，或用于传送程序。如果选用存储卡，CPU 将运行存储卡中的程序而不是自身存储器中的程序。CPU 仅支持预先已格式化的 SIMATIC 存储卡。要插入存储卡，需要打开 CPU 顶盖，然后将存储卡插入到插槽中。存储卡要求正确安装，并检查以确定存储卡没有写保护，具体方法是滑动保护开关，使其离开 Lock 位置。存储卡作传送卡使用时，可将项目复制到多个 CPU 中。传送卡将所存储的项目从卡中复制到 CPU 的存储器，复制完成后必须取出传送卡。存储卡作为程序卡使用时，可以替代 CPU 存储器，所有 CPU 功能都由该程序卡进行控制，插入程序卡会擦除 CPU 内部装载存储器的所有内容（包括用户程序和任何强制 I/O），然后 CPU 会执行程序卡中的用户程序，此时程序卡必须保留在 CPU 中。如果要取出程序卡，CPU 必须先切换到 STOP 模式。

3. 数据类型

数据类型用来描述数据的长度和属性，表 2 - 1 给出了 S7 - 1200 PLC 的基本数据类型。

表2-1 S7-1200 PLC 的基本数据类型

数据类型	符号	位数	取值范围	常数举例
位	Bool	1	1、0	true、false 或 1、0
字节	Byte	8	16#00 ~ 16#FF	16#AB ~ 16#12
字	Word	16	16#0000 ~ 16#FFFF	16#ABCD ~ 16#0001
双字	DWord	32	16#00000000 ~ 16#FFFFFFFF	16#02468ACE
字符	Char	8	16#00 ~ 16#FF	'A'
短整数（有符号字节）	SInt	8	$-128 ~ 127$	123
整数	Int	16	$-32\ 768 ~ 32\ 767$	456
双整数	DInt	32	$-2\ 147\ 483\ 648 ~ 2\ 147\ 483\ 647$	-123
无符号短整数（无符号字节）	USInt	8	$0 ~ 255$	123
无符号整数	UInt	16	$0 ~ 65\ 535$	123
无符号双整数	UDInt	32	$0 ~ 4\ 294\ 967\ 295$	123
浮点数（实数）	Real	32	$1.175\ 485 \times 10^{-38} ~ 3.402\ 823 \times 10^{38}$	12.45
双精度浮点数	LReal	64	$2.2\ 250\ 738\ 585\ 072\ 020 \times 10^{-308} ~ 1.7\ 976\ 931\ 348\ 623\ 157 \times 10^{308}$	1 234.56
时间	Time	32	T#-24d20h31m23s648ms ~ T#24d20h31m23s648ms	T#1d_2h

（1）位。

位数据的数据类型为布尔（Bool）型，编程软件中 Bool 型变量的值为 1 和 0，或用英语单词 true 和 false 来表示。位存储单元的地址由字节地址和位地址组成，如图 2-4 所示，I3.2 所表示的区域标识符为 I，表示输入，字节地址为 3，位地址为 2，这种存取方式称为"字节. 位"寻址方式。

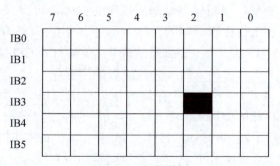

图 2-4 字节举例

（2）字节。

一个字节（Byte）是由 8 位二进制数组成，如图 2-4 所示，I2.0 ~ I2.7 组成了输入字节 IB2，B 是 Byte 的缩写。同样地，还有类似的字节如 QB0、QB4、MB2 等。数据类型

Byte 是十六进制数，Char 为单个 ASCII 字符，SInt 为有符号字节，USInt 为无符号字节。

（3）字。

相邻的两个字节组成一个字，如图 2-5 所示，字 MW100 由字节 MB100 和 MB101 组成，MW100 中的 M 为区域标识符，W 表示字。其中以编号最小的字节 MB100 的编号作为字 MW100 的编号，且为 MW100 的高位字节，编号最大的字节 MB101 为低位字节。

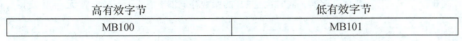

高有效字节	低有效字节
MB100	MB101

图 2-5　字构成示意图

数据类型 Word 是十六进制的字，Int 为有符号的字（整数），UInt 为无符号的字。整数和双整数的最高位为符号位，最高位为 0 表示正数，为 1 表示负数。

（4）双字。

两个字组成一个双字，如图 2-6 所示，双字 MD100 由字节 MB100 ~ MB103 或字 MW100 和 MW102 组成，D 表示双字，100 为组成 MD100 的起始字节 MB100 的编号，MB100 是 MD100 中的最高位字节。

最高有效字节			最低有效字节
MB100	MB101	MB102	MB103

图 2-6　双字构成示意图

数据类型 DWord 是十六进制的双字，DInt 为有符号的双字（双整数），UDInt 为无符号的双字。

在使用这些数据类型时应注意以下几点。

（1）使用短整型数据类型，可以节约内存资源。

（2）无符号数据类型可以扩大正数的数值范围。

（3）64 位双精度浮点数可以用于高精度的数学函数运算。

S7 - 1200PLC 数据类型和系统存储区

4. 系统存储区

S7 - 1200 CPU 的存储区类型如表 2-2 所示，每个存储单元都有唯一的地址，用户程序利用这些地址访问存储单元中的信息。对输入（I）或输出（Q）存储区（如 I0.3 或 Q1.7）的引用会访问过程映像，而如需立即访问物理输入或输出，请在引用后面添加 ":P"（例如，I0.3:P、Q1.7:P 或 Stop:P）。

表 2-2　存储区类型

存储区	说明	强制	保持性
过程映像输入（I）	在扫描周期开始时从物理输入复制	无	无
物理输入（I_:P）	立即读取 CPU、SB 和 SM 上的物理输入点	支持	无
过程映像输出（Q）	在扫描周期开始时复制到物理输出	无	无
物理输出（Q_:P）	立即写入 CPU、SB 和 SM 上的物理输出点	支持	无
位存储器（M）	控制和数据存储器	无	支持（可选）

续表

存储区	说明	强制	保持性
临时存储器（L）	存储块的临时数据，这些数据仅在该块的本地范围内有效	无	无
DB	数据存储器，同时也是 FB 的参数存储器	无	支持（可选）

（1）过程映像输入。

CPU 仅在每个扫描周期的循环组织块（organization block，OB）执行之前对外围（物理）输入点进行采样，并将这些值写入到输入过程映像，可以按位、字节、字或双字访问输入过程映像。允许对过程映像输入进行读写访问，但过程映像输入通常为只读，如表 2-3 所示。

表 2-3 输入过程映像表达式

位	I[字节地址].[位地址]	I0.1
字节、字或双字	I[大小][起始字节地址]	IB4、IW5 或 ID12

通过在地址后面添加":P"，可以立即读取 CPU、SB、SM 或分布式模块的数字量和模拟量输入。使用 I_:P 访问与使用 I 访问的区别是前者直接从被访问点而非输入过程映像获得数据。这种使用 I_:P 形式的访问称为"立即读"访问，因为数据是直接从源数据而非副本获取的，这里的副本是指在上次更新输入过程映像时建立的副本。

因为物理输入点直接从与其连接的现场设备接收数据，所以不允许对这些点进行写访问。即与可读或可写的 I 访问不同的是，I_:P 访问为只读访问，如表 2-4 所示。I_:P 访问也仅限于单个 CPU、SB 或 SM 所支持的输入大小（向上取整到最接近的字节）。例如，如果将 2DI/2DQ SB 的输入组态设置为从 I4.0 开始，则可按 I4.0:P 和 I4.1:P 或 IB4:P 的形式访问输入点。以 I4.7:P 的形式访问不会被拒绝，但没有任何意义，因为不会使用这些访问输入点；但不允许以 IW4:P 和 ID4:P 的形式访问，因为它们超出了与该 SB 相关的字节偏移量。因此，使用 I_:P 的形式访问不会影响存储在输入过程映像中的相应值。

表 2-4 "立即读"输入过程映像表达式

位	I[字节地址].[位地址]:P	I0.1：P
字节、字或双字	I[大小][起始字节地址]：P	IB4：P、IW5：P 或 ID12：P

（2）过程映像输出。

CPU 将存储在输出过程映像中的值复制到物理输出点，可以按位、字节、字或双字访问输出过程映像。过程映像输出允许读访问和写访问，如表 2-5 所示。

表2-5 输出过程映像表达式

位	Q[字节地址].[位地址]	Q0.1
字节、字或双字	Q [大小] [起始字节地址]	QB4、QW5 或 QD12

通过在地址后面添加 ":P"，可以立即写入 CPU、SB、SM 或分布式模块的物理数字量和模拟量输出。使用 Q_:P 访问与使用 Q 访问的区别是前者除了将数据写入输出过程映像外，还直接将数据写入被访问点（写入两个位置）。这种 Q_:P 形式的访问有时称为 "立即写" 访问，因为数据是被直接发送到目标点，而目标点不必等待输出过程映像的下一次更新。

因为物理输出点直接控制与其连接的现场设备，所以不允许对这些点进行读访问。即与可读或可写的 Q 访问不同的是，Q_:P 访问为只写访问，如表2-6所示。Q_:P 访问也仅限于单个 CPU、SB 或 SM 所支持的输出大小（向上取整到最接近的字节）。例如，如果将 2DI/2DQ SB 组态设置为从 Q4.0 开始，则可按 Q4.0:P 和 Q4.1:P 或 QB4:P 的形式访问输出点。以 Q4.7:P 的形式访问不会被拒绝，但没有任何意义，因为不会使用这些访问输出点；但不允许以 QW4:P 和 QD4:P 的形式访问，因为它们超出了与该 SB 相关的字节偏移量。因此，使用 Q_:P 访问既影响物理输出，也影响存储在输出过程映像中的相应值。

表2-6 "立即写" 输出过程映像表达式

位	Q[字节地址].[位地址]:P	Q0.1：P
字节、字或双字	Q [大小] [起始字节地址]：P	QB4:P、QW5:P 或 QD12:P

注意：在 LAD 或 FBD 中指定绝对地址时，STEP7 软件会为此地址加上 "%" 字符的前缀，以表示其为绝对地址。编程时，可以输入带或不带 "%" 字符的绝对地址（例如%I0.0或I.0），如果忽略，则 STEP7 软件将加上 "%" 字符。在 SCL 中，必须在地址前输入 "%" 来表示此地址为绝对地址；如果地址前没有 "%" 字符，则 STEP7 软件将在编译时生成未定义的变量错误。

（3）位存储区。

控制继电器及数据的位存储区用于存储操作的中间状态或其他控制信息，可以按位、字节、字或双字访问位存储区。位存储器允许读访问和写访问，如表2-7所示。

表2-7 位存储区表达式

位	M[字节地址].[位地址]	M0.1
字节、字或双字	M [大小] [起始字节地址]	MB4、MW5 或 MD12

（4）临时存储器。

启动代码块（对于 OB）或调用代码块（对于 FC 或 FB）时，CPU 将根据需要为代码块分配临时存储器并将存储单元初始化为0。

临时存储器与位存储器类似，但有一个主要的区别是位存储器在全局范围内有效，而临时存储器在局部范围内有效。

位存储器：任何 OB、FC 或 FB 都可以访问位存储器中的数据，也就是说这些数据可以全局性地用于用户程序中的所有元素。

临时存储器：CPU 限定只有创建或声明了临时存储单元的 OB、FC 或 FB 才可以访问临时存储器中的数据。临时存储单元是局部有效的，并且其他代码块不会共享临时存储器，即使在代码块调用其他代码块时也是如此。例如，当 OB 调用 FC 时，FC 无法访问对其进行调用的 OB 的临时存储器。

（5）DB。

DB 用于存储各种类型的数据，其中包括操作的中间状态或 FB 的其他控制信息参数，以及许多指令（如定时器和计数器）所需的数据结构，如表 2-8 所示，可以按位、字节、字或双字访问 DB。读/写 DB 允许读访问和写访问；只读 DB 只允许读访问，如图 2-7 所示。

表 2-8 DB 表达式

位	DB[编号].DBX[字节地址].[位地址]	DB1.DBX2.3
字节、字或双字	DB[编号].DB[大小][起始字节地址]	DB1.DBB4、DB10.DBW2、DB20.DBD8

图 2-7 DB 变量信息

各种存储器的位、字节、字、双字范围如表 2-9 所示。当把一个数据保存在计算机中时，要考虑存放空间的大小和格式，学习数据类型是为了把数据存放到合适的空间，空间太大会造成空间浪费，空间太小存放不下数据。

表 2-9 各种存储器的位、字节、字、双字范围

存储器类型	地址	位	字节	字	双字	范围
数字量输入	I	I0.0	IB	IW	ID	I0.0 ~ I15.7
数字量输出	Q	Q0.0	QB	QW	QD	Q0.0 ~ I15.7
模拟量输入	AI	—	—	AIW	—	AIW0 ~ AIW63
模拟量输出	AQ	—	—	AQW	—	AQW0 ~ AQW63
内部存储器	M	M0.0	MB	MW	MD	MB0 ~ MB31

注意以下两点。

1）M0.0、MB0、MW0 和 MD0 等地址有重叠现象，在使用时一定注意，以免引起错误。

2）根据 S7 – 1200 PLC "高地址，低字节" 的规律，如果将 16#12 送入 MB20，将 16#34 送入 MB21，则 MW20 = 16#1234，如图 2 – 8 所示。

图 2 – 8　字节排列

2.1.2　S7 – 1200 PLC 的基本指令

西门子 S7 – 1200 PLC 的位逻辑指令的处理对象为二进制位信号，主要包括触点和线圈指令、位操作指令及位检测指令都是实现复杂逻辑控制的基本指令。一般而言，根据控制要求列出真值表，再列出 PLC I/O 的逻辑表达式，从而可以推导出合理的梯形图结构。常用的位逻辑指令如图 2 –9 所示。

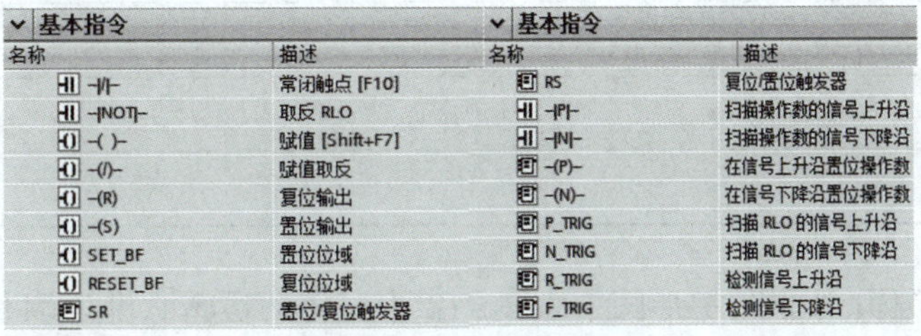

基本指令		基本指令	
名称	描述	名称	描述
-||-	常闭触点 [F10]	RS	复位置位触发器
-|NOT|-	取反 RLO	-|P|-	扫描操作数的信号上升沿
-( )-	赋值 [Shift+F7]	-|N|-	扫描操作数的信号下降沿
-(/)-	赋值取反	-(P)-	在信号上升沿置位操作数
-(R)	复位输出	-(N)-	在信号下降沿置位操作数
-(S)	置位输出	P_TRIG	扫描 RLO 的信号上升沿
SET_BF	置位位域	N_TRIG	扫描 RLO 的信号下降沿
RESET_BF	复位位域	R_TRIG	检测信号上升沿
SR	置位/复位触发器	F_TRIG	检测信号下降沿

图 2 – 9　常用的位逻辑指令

1. 逻辑 "与" "或" "非" 操作

位逻辑指令按照一定的控制要求进行逻辑组合，可以构成基本的逻辑控制，即 "与" "或" "异或" 及其组合。位逻辑指令使用 "0" "1" 两个布尔操作数对逻辑信号状态进行逻辑操作，逻辑操作的结果送入存储器状态字的逻辑操作结果（result of logic operation，RLO）。

图 2 –10 为逻辑 "与" 梯形图，用串联的触点进行表示；表 2 –10 为对应的逻辑 "与" 真值表。

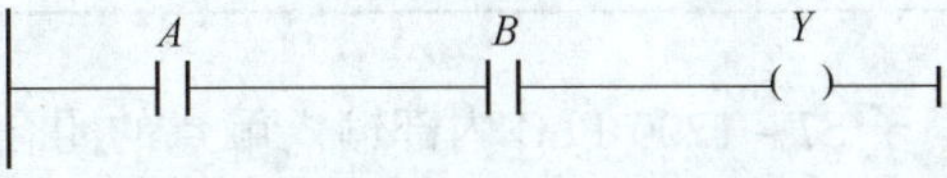

图 2 – 10　逻辑 "与" 梯形图

表 2 – 10　逻辑 "与" 真值表

A	B	Y
0	0	0
0	1	0

A	B	Y
1	0	0
1	1	1

图 2-11 为逻辑"或"梯形图，用并联的触点进行表示；表 2-11 为对应的逻辑"或"真值表。

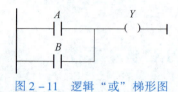

图 2-11　逻辑"或"梯形图

表 2-11　逻辑"或"真值表

A	B	Y
0	0	0
0	1	1
1	0	1
1	1	1

图 2-12 为逻辑"非"梯形图；表 2-12 为对应的逻辑"非"真值表。

图 2-12　逻辑"非"梯形图

表 2-12　逻辑"非"真值表

A	Y
0	1
1	0

需要注意的是，西门子 S7-1200 PLC 内部输入触点的闭合与断开仅与输入映像寄存器相应位的状态有关，与外部输入按钮、接触器、继电器的常开/常闭连接方法无关。如果输入映像寄存器的相应位为"1"，则内部的常开触点闭合，常闭触点断开；如果输入映像寄存器的相应位为"0"，则内部的常开触点断开，常闭触点闭合。

2. 取反线圈与取反逻辑

取反线圈运算指令将 RLO 取反，并将结果分配给指定的操作数，取反逻辑操作也是对 RLO 取反，图 2-13 为取反线圈与取反逻辑运算指令示例，当输入 I1.1 和 I1.2 的

信号状态为 "1"，或输入 I2.1 的信号状态为 "1" 时，则输出 Q4.0 的信号状态为 "0"；当输入 I1.1、I1.2 的信号状态为 "1"，或输入 I2.1、I2.2 的信号状态为 "1" 时，则输出 Q4.1 的信号状态为 "0"。

图 2 – 13　取反线圈与取反逻辑运算指令应用示例

图 2 – 14 为取反逻辑指令示例，只有当 I0.0 和 I0.1 相 "与" 的结果为 "0" 或 I0.2 为 "1"，再与 I0.3、I0.4 相 "与" 的结果为 "1" 时，则输出 Q4.0 的信号状态为 "0"；否则，输出 Q4.0 的信号状态为 "1"。

图 2 – 14　取反逻辑指令应用示例

典型的逻辑 "与" "或" 操作控制电路如图 2 – 15 所示。

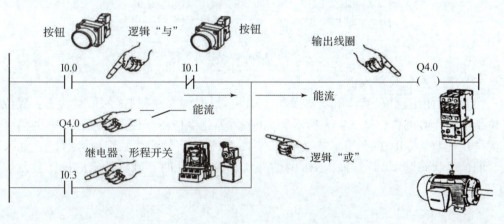

图 2 – 15　典型的逻辑 "与" "或" 操作控制电路

3. 置位和复位

置位与复位指令包括复位输出、置位输出、置位位域、复位位域、置位/复位触发器及复位/置位触发器指令。

（1）置位与复位输出指令。

S：使用置位输出指令，可以将指定操作数的信号状态置位为 "1" 并保持。

R：使用复位输出指令，可以将指定操作数的信号状态复位为 "0" 并保持。

在图 2 – 16 所示的置位与复位输出指令应用示例的程序中，若 I1.0 为 ON，则 Q1.5 被置位为 "1"，此后即使 I1.0 为 OFF，Q1.5 也保持为 "1" 状态不变；若 I1.1 为 ON，则 Q1.5 被复位为 "0"，此后即使 I1.1 为 OFF，Q1.5 也保持为 "0" 状态不变。

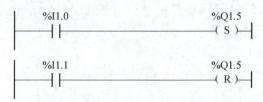

图 2-16　置位与复位输出指令应用示例

（2）置位与复位位域。

SET_BF：使用置位位域（set bit field）指令，可以对从某个特定地址开始的多个位进行置位。

RESET_BF：使用复位位域（reset bit field）指令，可以对从某个特定地址开始的多个位进行复位。

在图 2-17 所示的程序中，当检测到 I1.0 的上升沿时，将 M5.0 起始的 3 个位置位（M5.0、M5.1、M5.2）置为 "1"；当检测到 I1.1 的上升沿时，将 M5.0 起始的 3 个位复位（M5.0、M5.1、M5.2）置为 "0"。

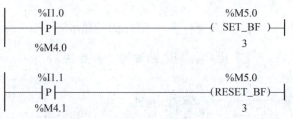

图 2-17　置位与复位位域指令应用示例

（3）置位与复位触发器。

1）可以使用置位/复位触发器指令（SR），根据输入 S 和 R1 的信号状态，置位或复位指定操作数的位，图 2-18 所示为 SR 触发器指令应用示例。如果输入 S 的信号状态为 "1" 且输入 R1 的信号状态为 "0" 时，则将指定的操作数置位为 "1"；如果输入 S 的信号状态为 "0" 且输入 R1 的信号状态为 "1" 时，则将指定的操作数复位为 "0"。

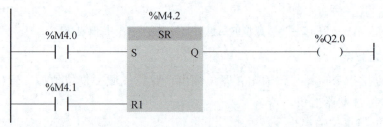

图 2-18　SR 触发器指令应用示例

当输入 R1 的优先级高于输入 S 时，如果输入 S 和 R1 的信号状态都为 "1"，则指定操作数的信号状态将复位为 "0"；如果两个输入 S 和 R1 的信号状态都为 "0"，则不会执行该指令，因此操作数的信号状态保持不变。

满足下列条件时，将置位操作数 M4.2 和 Q2.0。

①操作数 M4.0 的信号状态为 "1"。

②操作数 M4.1 的信号状态为 "0"。

满足下列条件之一时，将复位操作数 M4.2 和 Q2.0。

①操作数 M4.0 的信号状态为 "0"，且操作数 M4.1 的信号状态为 "1"。

②操作数 M4.0 和 M4.1 的信号状态均为 "1"。

2）可以使用复位/置位触发器指令（RS），根据输入 R 和 S1 的信号状态，复位或置位指定操作数的位，如图 2 - 19 所示为 RS 触发器指令应用示例。如果输入 R 的信号状态为 "1"，且输入 S1 的信号状态为 "0" 时，则指定的操作数将复位为 "0"；如果输入 R 的信号状态为 "0" 且输入 S1 的信号状态为 "1" 时，则将指定的操作数置位为 "1"。

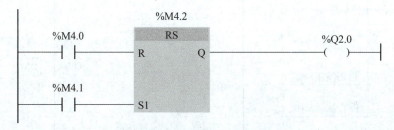

图 2 - 19 RS 触发器指令应用示例

当输入 S1 的优先级高于输入 R 时，如果输入 R 和 S1 的信号状态均为 "1"，则将指定操作数的信号状态置位为 "1"；如果两个输入 R 和 S1 的信号状态都为 "0"，则不会执行该指令，因此操作数的信号状态保持不变。

满足下列条件时，将复位操作数 M4.2 和 Q2.0。

①操作数 M4.0 的信号状态为 "1"。

②操作数 M4.1 的信号状态为 "0"。

满足下列条件之一时，将置位 M4.2 和 Q2.0 操作数。

①操作数 M4.0 的信号状态为 "0"，且操作数 M4.1 的信号状态为 "1"。

②操作数 M4.0 和 M4.1 的信号状态均为 "1"。

2.1.3　PLC 控制电机的全压启动编程与调试

PLC 控制
电动机的
直接启动

1. I/O 分配

根据控制要求，首先确定 I/O 个数，进行 I/O 地址分配，PLC 的 I/O 地址分配如表 2 - 13 所示。

表 2 - 13　I/O 地址分配表

输入			输出		
符号	地址	功能	符号	地址	功能
SB1	I0.0	启动键	KM	Q0.0	控制电机接触器
SB2	I0.1	停止键	—	—	—

2. PLC 硬件接线图

PLC 硬件接线图如图 2 - 20 所示。

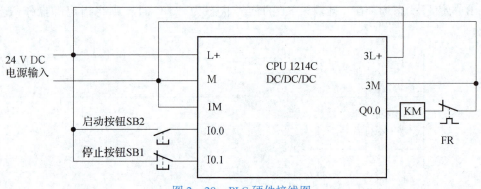

图 2 - 20　PLC 硬件接线图

3. PLC 程序设计

PLC 梯形图程序设计如图 2 - 21 所示。

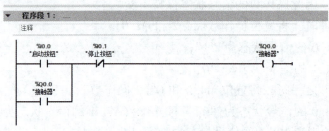

图 2 - 21　PLC 梯形图程序设计

4. 调试运行

在 TIA 博途软件中，按照项目 1 任务 2 中的顺序进行硬件组态，按照程序编写、变量设置、程序编译、下载、在线调试的顺序，进行硬件软件调试或者利用仿真器进行模拟仿真调试。

5. 双线圈问题

在刚开始编写 PLC 的梯形图时，会出现图 2 - 22 所示的情况，程序中存在两个或者两个以上相同名字的线圈，这种情况称之为双线圈冲突问题。在同一扫描周期内，程序后面的线圈执行结果会覆盖前面的执行结果，程序是以最终执行结果作为物理输出的。

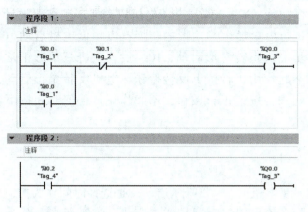

图 2 – 22　双线圈梯形图

在图 2 – 22 所示的梯形图中，按 I0.0 时，Q0.0 是没有输出的；如按 I0.2，则 Q0.0 有输出。

要解决双线圈冲突问题，可以使用中间继电器 M 进行转换，如图 2 – 23 所示。M 只有 PLC 内部寄存器，没有物理输出。

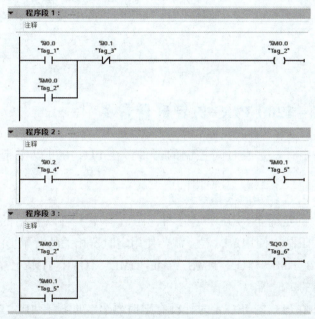

图 2 – 23　用中间继电器 M 转化的梯形图

任务2.2　PLC控制电机的 Y-△ 降压启动

任务导入

三相交流异步电机启动时电流较大，一般是额定电流的 4 ~ 7 倍，故对于功率较大的电机，应采用降压启动方式，其中 Y – △ 降压启动是常用的方法之一。

某公司生产防爆智能型丫-△降压交流电机启动器，现在要设计一个新型智能电机保护器，可以自动进行由星形至三角形的转换，以降低电机启动电压和电流。若按下正转按钮，三相异步电机正转星形启动，10 s后，电机三角形正常运行，则整个过程中，按下反转按钮不起作用；若按下反转按钮，电机反转星形启动，10 s后三角形正常运行，则整个过程中，按下正转按钮，不起作用。任何时间按下停止按钮，电机都会立即停止。

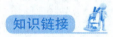

本任务中三相异步电机的丫-△降压启动，是选择时间作为控制参数，涉及按时间规则的控制方式，就必须采用定时器指令来完成。定时器指令分为脉冲定时器、接通延时定时器、断开延时定时器和保持型接通延时定时器。如何正确选择定时器，实现按时间规则的控制要求进行编程设计，是本项目设计的关键。

其次，本设计中包含最基本的启保停控制网络，按下正/反启动按钮，电机正转启动，按下停止按钮，电机停止。本设计中还包括正停反控制网络，在正转启动后，要切换到反转，必须按下停止按钮；反之，在反转启动后，要切换到正转，也必须按下停止按钮。

知识链接

PLC 控制电动机
星三降压启动

2.2.1　S7 – 1200 PLC 的定时器指令

定时器是用来定时、完成时间控制的器件，在 PLC 中可以用指令来实现定时器功能。

1. S7 – 1200 PLC 的定时器指令种类

S7 – 1200 PLC 的定时器为 IEC 定时器，用户程序中可以使用的定时器数量仅受 CPU 存储器容量的限制。使用定时器，需要使用定时器相关的背景 DB 或者数据类型为 IEC_TIMER（或 TP_TIME、TON_TIME、TOF_TIME、TONR_TIME）的 DB 变量，不同的变量代表着不同的定时器。

注意：S7 – 1200 PLC 的 IEC 定时器没有定时器号，即没有 T0、T37 这种带定时器号的定时器。

S7 – 1200 PLC 包含的 4 种定时器如下。

（1）脉冲定时器（TP），在 IN 端输入信号的上升沿，输出 Q 将置位为预设的一段时间。

（2）接通延时定时器（TON），当 IN 端输入由 0 变为 1 后，Q 输出延时设定的时间 PT 之后接通。

（3）关断延时定时器（TOF），当 IN 端输入由 1 变为 0 后开始定，达到设定时间时 Q 输出变为 0 状态。

（4）时间累加器（TONR），又称保持型接通延时定时器，与 TON 指令相比，输入电路断开时，累计的时间值保持不变。可以用 TONR 指令来累计输入电路接通的若干个时间间隔。

这 4 种定时器都有功能框和线圈型两种形式，原理上是完全一样的，只有细微的区别。这 4 种定时器指令如图 2-24 所示。

图 2-24　定时器指令

2. S7-1200 PLC 的定时器指令功能

（1）脉冲定时器指令

在指令窗口中，如图 2-24 所示，选择"定时器操作"选项组中的 TP 指令，并将其拖动到程序段中，这时就会弹出一个"调用选项"窗口，如图 2-25 所示，选择自动编号后，会直接生成 DB1 数据块，也可以选择手动编号，根据用户需要生成 DB 数据块。

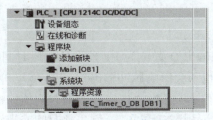

图 2-25　脉冲定时器指令调用数据块图

在项目树的"程序块"选项组中可以看到自动生成的 IEC_Timer_0_DB［DB1］数据块，如图 2-26 所示，双击 IEC_Timer_0_DB［DB1］选项进入，即可读取其定时器的各个数据，变量的数据类型为 IEC_Timer，如图 2-27 所示。

图 2-26　DB 的位置

IEC_Timer_0_DB								
	名称	数据类型	起始值	保持	从 HMI/OPC...	从 H...	在 HMI ...	设定值
1	▼ Static			☐	☐	☐	☐	☐
2	■ PT	Time	T#0ms	☐	☑	☑	☑	☐
3	■ ET	Time	T#0ms	☐	☑	☑	☑	☐
4	■ IN	Bool	false	☐	☑	☑	☑	☐
5	■ Q	Bool	false	☐	☑	☐	☑	☐

图 2-27　IEC_Timer_0_DB 的内容

脉冲定时器指令的应用如图 2-28 所示，其时序图如图 2-29 所示。在时序图中，PT = 10 s。

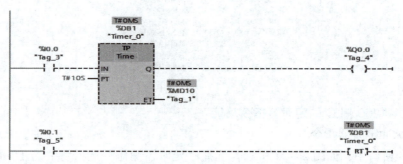

图 2-28　脉冲定时器指令的应用

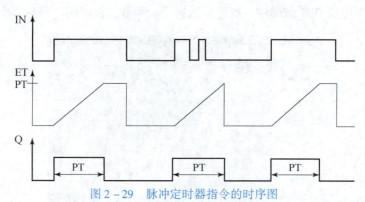

图 2-29　脉冲定时器指令的时序图

脉冲定时器在 IN 端 I0.0 有一个上升沿时，则输出 Q 端 Q0.0 接通，当延时时间到，则自动使输出 Q 端 Q0.0 断开。

可以生成具有预设宽度时间的脉冲输出。在图 2-27 中，当 I0.0 接通为 ON 时，Q0.0 的状态为 ON，10 s 后，Q0.0 的状态变为 OFF，在这 10 s 内，不管 I0.0 的状态如何变化，Q0.0 的状态始终保持为 ON；如在 10 s 内，I0.1 接通为 ON 时，则 Q0.0 的状态变为 OFF。

脉冲定时器功能说明如下。

1）脉冲定时器用于将输出 Q 置位为 PT 预设的一段时间。在脉冲输出期间，即使 IN 端输入又出现上升沿，也不会影响脉冲输出。

2）如果 IN 端输入的信号状态为"1"，则当前时间值保持不变。

3）如果 IN 端输入的信号状态为"0"，则当前时间变为 0 s。

4）IN 端输入的脉冲宽度可以小于预设值，在脉冲输出期间，即使 IN 端输入出现下降沿和上升沿，也不会影响脉冲的输出。

（2）接通延时定时器指令。

接通延迟定时器指令的梯形图如图 2 – 30 所示，其时序图如图 2 – 31 所示。接通延时定时器在 IN 端接通时开始计时，当定时值等于定时器预设值时，定时器的输出位接通，只有在 IN 端断开或复位信号接通时，定时器复位。

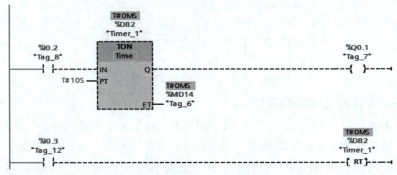

图 2 – 30　接通延时定时器指令的梯形图

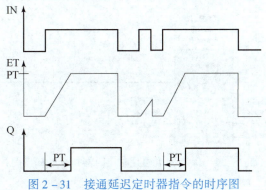

图 2 – 31　接通延迟定时器指令的时序图

（3）关断延时定时器指令。

关断延时定时器指令的梯形图如图 2 – 32 所示，其时序图如图 2 – 33 所示。关断延时定时器在 IN 端接通时定时器的输出位接通，在 IN 端断开时开始计时，当前值等于定时器预设值或位信号接通时的值，则定时器的输出位断开。

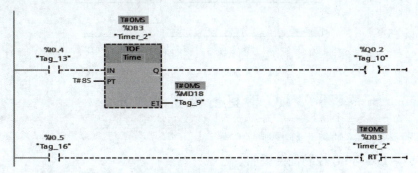

图 2 – 32　关断延时定时器指令的梯形图

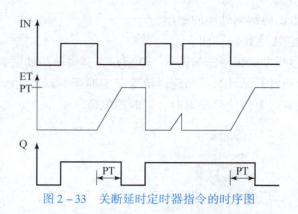

图 2 - 33　关断延时定时器指令的时序图

（4）保持型接通延时定时器指令。

保持型接通延时定时器指令的梯形图如图 2 - 34 所示，其时序图如图 2 - 35 所示。保持型接通延迟定时器在 IN 端接通时开始计时，IN 端断开时保持当前值，下次 IN 端接通时从保持当前值开始计时，当前值等于定时器预设值时，定时器的输出位接通，只有在复位信号接通时，定时器复位。

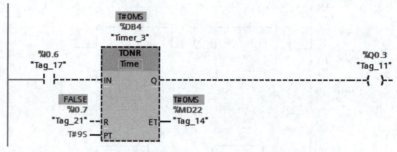

图 2 - 34　保持型接通延时定时器指令的梯形图

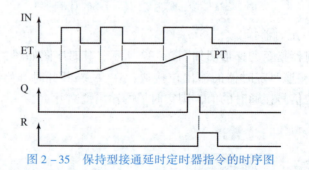

图 2 - 35　保持型接通延时定时器指令的时序图

2.2.2　S7 - 1200 PLC 的定时器指令应用

1. 延时开延时关的指示灯控制

（1）S7 - 1200 PLC 控制任务说明。

按下启动按钮 I0.0，5 s 后指示灯 Q0.0 亮；按下停止按钮 I0.1，10 s 后指示灯 Q0.0 灭。

（2）电气接线。

延时开延时关的电气接线如图2-36所示。

图2-36　延时开延时关的电气接线

（3）S7-1200 PLC编程。

根据任务说明，需要设置两个定时器，即延时开的定时器1和延时关的定时器2，并设置不同的PT值。延时开延时关的梯形图如图2-37所示。

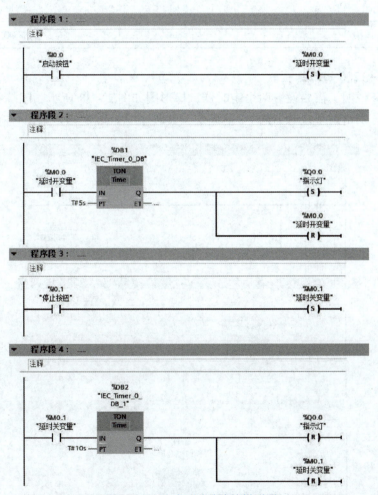

图2-37　延时开延时关的梯形图

程序段1将启动按钮置位延时开变量M0.0；程序段2对M0.0进行TON定时5 s，延时时间到后，将指示灯Q0.0点亮，同时将变量M0.0复位；程序段3将停止按钮启动信号置位延时关变量M0.1；程序段4对M0.1变量进行TON定时10 s，延时时间到后,将指示灯 Q0.0 熄灭,同时将变量 M0.1 复位。

2. 按一定频率闪烁的指示灯控制

(1) S7-1200 PLC 控制任务说明。

采用图 2-35 的电气接线图,当按下启动按钮 I0.0 时,则指示灯 Q0.0 按照亮 3 s、灭 2 s 的频率闪烁;当按下停止按钮 I0.1 时,则指示灯 Q0.0 停止闪烁后熄灭。

(2) 输入/输出的定义。

输入/输出的定义如表 2-14 所示。

表 2-14　输入/输出的定义

名称	数据类型	地址
启动按钮	Bool	%I0.0
停止按钮	Bool	%I0.1
指示灯	Bool	%Q0.0

(3) S7-1200 PLC 编程。

根据任务说明,需要设置两个定时器,梯形图如图 2-38 所示。闪烁指示灯的高、低电平时间分别由两个定时器的 PT 值确定,其时序图如图 2-39 所示。

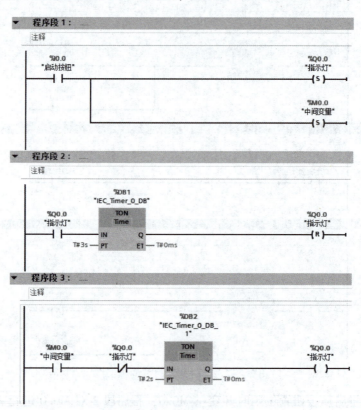

图 2-38　频率闪烁的梯形图

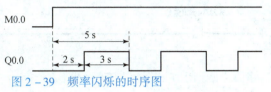

程序段 4: __

注释

图 2-38　频率闪烁的梯形图（续）

闪光频率控制

图 2-39　频率闪烁的时序图

程序段 1 用于启动按钮为 ON 时，置位指示灯 Q0.0 和中间变量 M0.0；程序段 2 在指示灯 Q0.0 变为 ON 时进行 TON 定时（此为定时器 1），时长为 3 s，时间到后，关闭指示灯；程序段 3 是中间变量 M0.0 继续 ON 而指示灯 Q0.0 为 OFF 的情况下，定时 TON（此为定时器 2），时长为 2 s，时间到后，点亮指示灯。至此，如果在程序段 2 和程序段 3 之间进行循环执行，则指示灯 Q0.0 就会按任务要求进行闪烁。程序段 4 是停止按钮按下后，将指示灯 Q0.0 和中间变量 M0.0 均复位。

也可以采用 TP 实现闪烁，如图 2-40 所示，需要引入两个定时器中间变量 1 和 2，在程序段 2 和程序段 3 之间循环执行，形成脉冲。程序段 5 就是应用定时器中间变量 1 的脉冲。

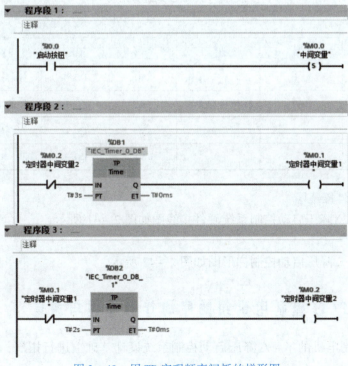

图 2-40　用 TP 实现频率闪烁的梯形图

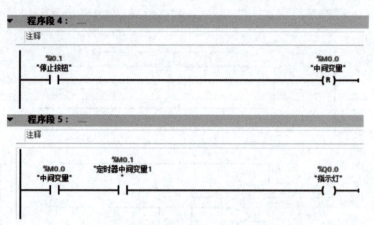

图 2-40 用 TP 实现频率闪烁的梯形图（续）

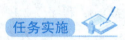

2.2.3 PLC 控制电机的丫-△降压启动编程与调试

1. I/O 分配

根据控制要求，首先确定 I/O 个数，进行 I/O 地址分配，PLC 的 I/O 地址分配如表 2-15 所示。

表 2-15 I/O 地址分配表

输入			输出		
符号	地址	功能	符号	地址	功能
SB1	I0.0	正转启动按钮	KM1	Q0.0	控制电机正转接触器
SB2	I0.1	反转启动按钮	KM2	Q0.1	控制电机反转接触器
SB3	I0.2	停止按钮	KM3	Q0.2	控制电机星形接触器
			KM3	Q0.3	控制电机三角形接触器

2. PLC 硬件接线图

电机的丫-△降压启动控制系统硬件接线图如图 2-41 所示。

3. PLC 程序设计

电机的丫-△降压启动控制梯形图如图 2-42 所示。

2.2.4 PLC 控制电机组顺序动作的编程与调试

在 PLC 控制电机的丫-△降压启动控制系统设计基础上进行拓展，对电机组进行控制。

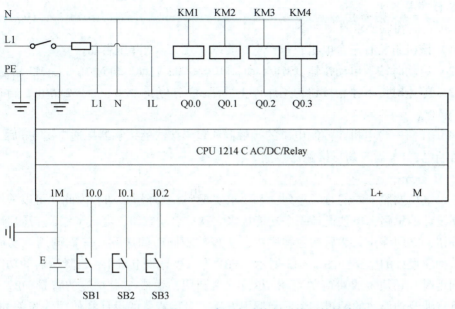

图 2 − 41 电机的丫 − △降压启动控制系统硬件接线图

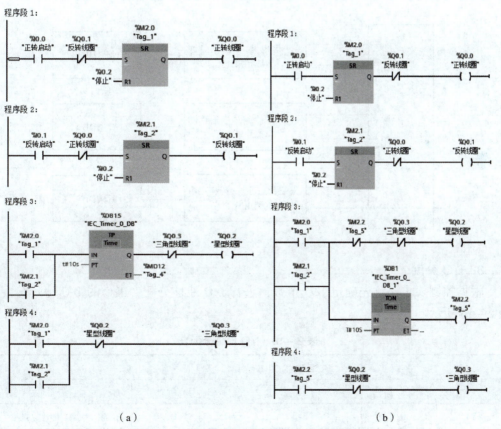

（a）　　　　　　　　　　　　　　　　　（b）

图 2 − 42 电机的丫 − △降压启动控制梯形图

（a）用 TP 实现；（b）用 TON 实现

1. 任务要求

本项目的控制要求具体如下。

（1）该机组共有三台电机，每台电机要求实现丫－△降压启动。

（2）启动时按下启动按钮，M1 启动，10 s 后 M2 启动，再过 10 s 后 M3 启动。

（3）停止时按下停止按钮，逆序停止，即 M3 先停止，10 s 后 M2 停止，再过 10 s 后 M1 停止。

（4）任何一台电机，控制电源的接触器和星形接法的接触器接通电源 6 s 后，星形接触器断电，1 s 后三角形接触器接通。

2. 任务分析

三台电机按照不同的时间序列，都要求实现丫－△降压启动，因此，可以采用模块化程序设计的思路，单独设计一个功能块来实现按启动按钮，完成丫－△降压启动，按停止按钮，立即停止，然后在主程序中，实现按不同时间序列，三次调用该功能块即可。其程序设计的框架如图 2－43 所示，FB1 为三相异步电机丫－△降压启动功能，功能块调用时，必须生成对应的背景 DB，三次调用，生成三个对应的背景 DB。因此，本项目将涉及功能块的编辑、生成和调用方法，多重背景的设计和使用等相关的知识，按时间序列程序设计的基本方法，电机组控制逻辑思路如图 2－42 所示。

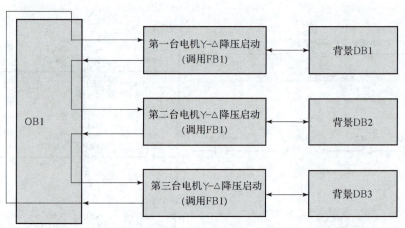

图 2－43　电机组控制逻辑思路

3. I/O 分配

根据控制要求，首先确定 I/O 个数，进行 I/O 地址分配，PLC 的 I/O 地址分配如表 2－16 所示。

表 2－16　I/O 地址分配表

输入			输出		
符号	地址	功能	符号	地址	功能
SB1	I0.0	启动按钮	KM1	Q0.0	控制 1 号电机电源接触器
SB2	I0.1	停止按钮	KM2	Q0.1	控制 1 号电机星形接触器
—	—	—	KM3	Q0.2	控制 1 号电机三角形接触器

続表

输入			输出		
符号	地址	功能	符号	地址	功能
			KM4	Q0.3	控制2号电机电源接触器
			KM5	Q0.4	控制2号电机星形接触器
			KM6	Q0.5	控制2号电机三角形接触器
			KM7	Q0.6	控制3号电机电源接触器
			KM8	Q0.7	控制3号电机星形接触器
			KM9	Q1.0	控制3号电机三角形接触器

4. PLC 硬件接线图

电机组硬件接线图如图 2-44 所示。

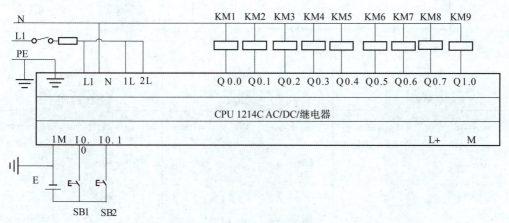

图 2-44 电机组硬件接线图

5. PLC 程序设计

（1）FB1 设计。FB1 梯形图如图 2-45 所示，程序段 1 是接通电源模块；程序段 2~程序段 4 是使用两个接通延时继电器，控制星形和三角形线圈；程序段 5 是停止处理。

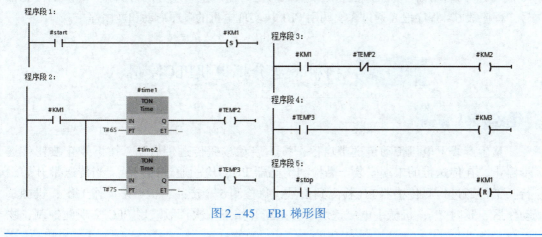

图 2-45 FB1 梯形图

（2）OB1 设计。OB1 梯形图如图 2-46 所示。

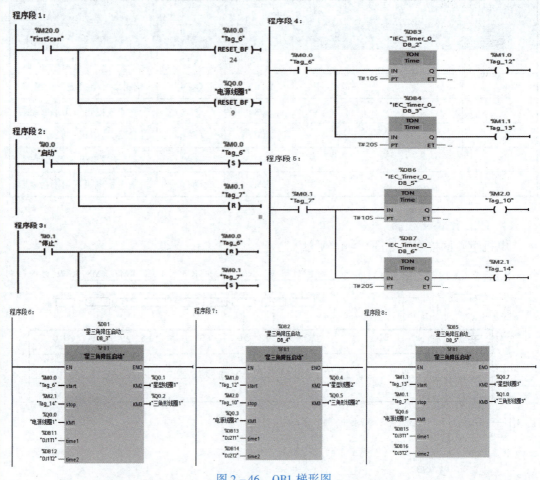

图 2-46　OB1 梯形图

由于三台电机按时间序列先后启动和停止，因此，主程序首先需要产生一定的时序信号，作为三台电机的启停信号。设置 MB20 为系统存储器，程序段 1 初始化标志位及输出；程序段 2 和程序段 3 建立运行标志位和停止标志位；程序段 4 产生时差分别为 10 s、20 s 的启动信号；程序段 5 用接通延时定时器产生时差分别为 10 s、20 s 的停止信号；程序段 6～程序段 8 通过 3 次调用 FB1 块实现电机的顺序启动和逆序停止。

任务2.3　物料传送分拣电机PLC控制

任务导入

某生产线上电机带动传送带启停，按下启动按钮传送带启动，按下停止按钮传送带停止，在传送带的末端安装产品检测传感器 PH，检测通过的产品。当传送带开始运行，工件通过检测传感器 PH 检测到信号，每检测 5 个产品，机械手动作 1 次，机械手动作后，延时 2 s，机械手电磁铁切断，重新开始下一次计数。用 PLC 实现此控制，物料传送分拣电机示意图如图 2 - 47 所示。

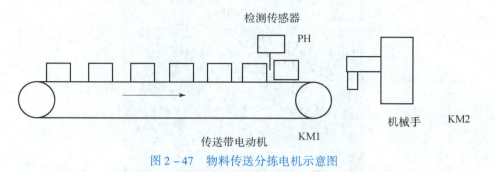

图 2 - 47　物料传送分拣电机示意图

任务分析

本任务中三相异步电机的控制，选择时间和个数作为控制参数，涉及时间规则、计数规则的控制方式，就必须采用定时器指令和计数器指令共同来完成。S7 - 1200 PLC 有 3 种计数器，加计数器（count up，CTU）、减计数器（count down，CTD）和加减计数器（count up/count down，CTUD），它们均属于软件计数器。

本任务控制传送带启停，用"启 - 保 - 停"来实现，每检测到 5 个产品，机械手动作，要计数，计数器指令可以实现计数机械手动作延时 2 s，用定时器控制。

知识链接

传送带
物料分拣

2.3.1　S7 - 1200 PLC 的计数器指令

S7 - 1200 PLC 的计数器为 IEC 计数器，用户程序中可以使用的计数器数量仅受 CPU 的存储器容量限制。这里所说的是软件计数器，最大计数速率受所在 OB 的执行速率限制。指令所在 OB 的执行频率必须足够高，以检测输入脉冲的所有变化，如果需要更快的计数操作，应使用 CPU 内置的高速计数器。

注：S7 - 1200 PLC 的 IEC 计数器没有计数器号（如 C0、C1）。S7 - 1200 PLC 的计数器指令如图 2 - 48 所示。

图 2 - 48　计数器指令

调用计数器指令时，需要生成保存计数器数据的背景 DB，如图 2 - 49 所示。在如图 2 - 50 所示的 3 种计数器的指令参数中，CU 和 CD 分别是加计数的输入和减计数的输入，在 CU 或 CD 由 0 变为 1 时，实际计数值 CV 加 1 或减 1；复位输入 R 为 1 时，计数器被复位，CV 被清零，计数器的输入 Q 变为 0。

图 2-49 "调用选项"对话框

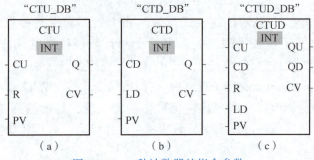

图 2-50 3种计数器的指令参数
(a) 加计数；(b) 减计数；(c) 加减计数

1. CTU 计数器

CTU 计数器的参数 CU 值从 0 变为 1 时，CTU 使计数值加 1。如果参数 CV（当前计数值）的值大于或等于参数 PV（预设计数值）的值，则计数器输出参数 Q = 1。如果复位参数 R 的值从 0 变为 1，则当前计数值复位为 0。所以，CTU 计数器又称为加计数器。图 2-51 和图 2-52 分别为 CTU 计数器指令的应用示例及时序图。

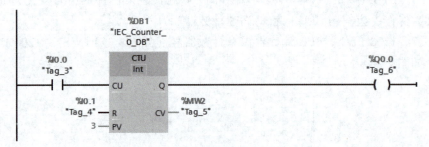

图 2-51 CTU 计数器指令的应用示例

2. CTD 计数器

CTD 计数器的参数 CD 值从 0 变为 1 时，CTD 使计数值减 1。如果参数 CV（当前计数值）的值等于或小于 0，则计数器输出参数 Q = 1。如果参数 LOAD 的值从 0 变为 1，则参数 PV（预设计数值）的值将作为新的 CV（当前计数值）值装载到计数器。所

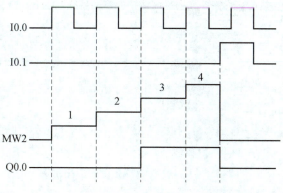

图 2-52　CTU 计数器指令的时序图

以，CTD 计数器又称减计数器。图 2-53 和图 2-54 分别为 CTD 计数器指令的应用示例及时序图。

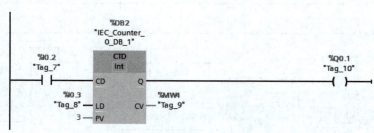

图 2-53　CTD 计数器指令的应用示例

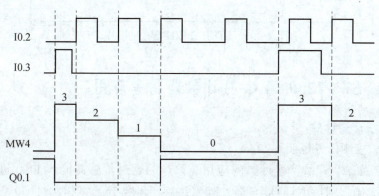

图 2-54　CTD 计数器指令的时序图

3. CTUD 计数器

在 CTUD 计数器中，CU 或 CD 输入的值从 0 跳变为 1 时，CTUD 会使计数值加 1 或减 1。如果参数 CV（当前计数值）的值大于或等于参数 PV（预设值）的值，则计数器输出参数 QU = 1；如果参数 CV 的值小于或等于零，则计数器输出参数 QD = 1；如果参数 LOAD 的值从 0 变为 1，则参数 PV（预设计数值）的值将作为新的 CV（当前计数值）值装载到计数器；如果复位参数 R 的值从 0 变为 1，则当前计数值复位为 0。图 2-55 和图 2-56 分别为 CTUD 计数器指令的应用示例及时序图。

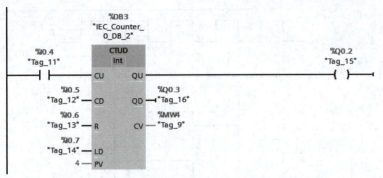

图 2 – 55　CTUD 计数器指令的应用示例

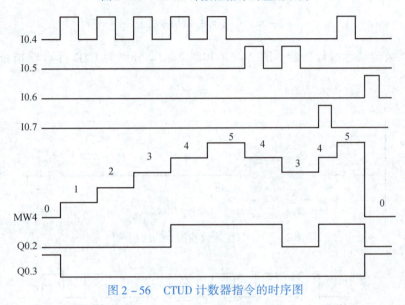

图 2 – 56　CTUD 计数器指令的时序图

2.3.2　S7 – 1200 PLC 的计数器指令应用

1. 生产线产量计数

（1）PLC 控制任务说明。

图 2 – 57 为某生产线产量计数的应用。该产品通过传感器输入 I0.0 进行计数，如果达到产量数 10，则指示灯 Q0.0 亮；如果达到产量数 15，则指示灯 Q0.0 闪烁。复位信号采用复位按钮 I0.1。

（2）电气接线图。

图 2 – 58 为某生产线产量计数应用的电气接线图。

（3）PLC 程序设计。

图 2 – 59 为某生产线产量计数应用的梯形图，需要设置两个计数器和两个定时器。其中，计数器 1 用于计数 10 个（具体为程序段 1）；计数器 2 用于计数 15 个（具体为程序段 2）；定时器 1 和定时器 2 设置不同的 PT 值，可以组成闪烁（振荡）电路（具体为程序段 3、程序段 4）。

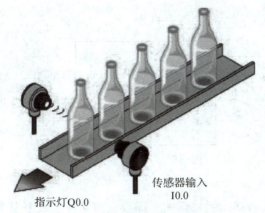

图 2-57 某生产线产量计数的应用

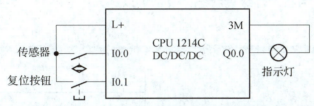

图 2-58 某生产线产量计数应用的电气接线图

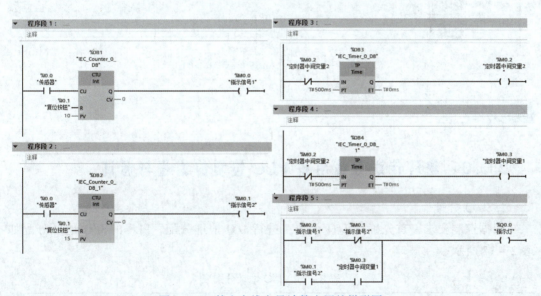

图 2-59 某生产线产量计数应用的梯形图

2. 展厅人数指示

（1）PLC 控制任务说明。

现有一个最多可容纳 50 人同时参观的展厅，进口和出口各装一个传感器，每当有一人进出，传感器就给出一个脉冲信号。试编程实现，当展厅内不足 50 人时，则绿灯亮，表示可以进入；当展厅满 50 人时，则红灯亮，表示不准进入。

（2）电气接线图。

图 2 - 60 为展厅人数指示的电气接线图。

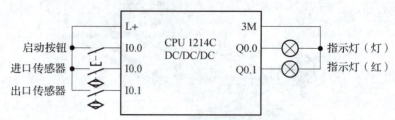

图 2 - 60　展厅人数指示的电气接线图

（3）PLC 程序设计。

图 2 - 61 为展厅人数指示的梯形图，需要设置 1 个 CTUD 计数器（程序段 1），其中，CU 连接进口传感器，计算进入展厅的人数；CD 连接出口传感器，计算走出展厅的人数。程序段 2 为指示灯绿色状态，表示可以进入；程序段 3 为指示灯红色状态，表示不准进入。

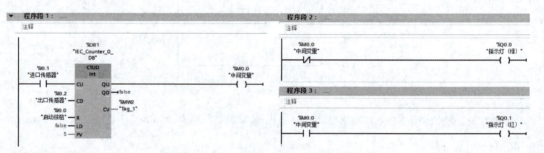

图 2 - 61　展厅人数指示的梯形图

任务实施

2.3.3　物料传送分拣电机 PLC 控制的编程与调试

1. I/O 分配

根据控制要求，首先确定 I/O 个数，进行 I/O 地址分配，PLC 的 I/O 地址分配如表 2 - 17 所示。

表 2 - 17　I/O 地址分配表

输入			输出		
符号	地址	功能	符号	地址	功能
SB1	I0.0	启动按钮	KM1	Q0.0	传送带控制接触器
SB2	I0.1	停止按钮	HL2	Q0.1	机械手控制接触器
PH	I0.2	检测传感器	—	—	—

2. PLC 硬件接线图

图 2 – 62 为物料传送分拣电机电气接线图。

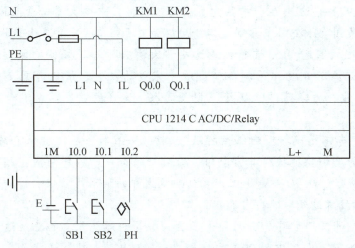

图 2 – 62　物料传送分拣电机电气接线图

3. PLC 程序设计

图 2 – 63 为物料传送分拣电机控制梯形图。

程序段 1：起保停网络，控制传送带的启停

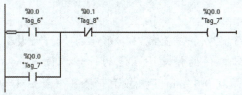

程序段 2：用加计数器指令累计产品个数

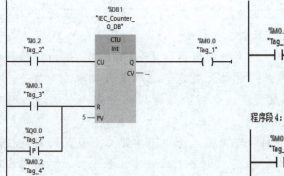

程序段 3：当计数值达到 5 个时，接通定时器，延时 2 s 后，使计数器复位

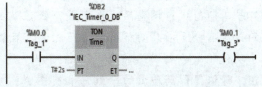

程序段 4：当计数值达到 5 个，且定时时间没到时，机械手有输出信号

图 2 – 63　物料传送分拣电机控制梯形图

大国工匠：琢蛋壳"小器" 铸国之"大器" ——张新停

在 2015 年 "9 · 3" 阅兵中，看到了多种现代化军工装备，它们很多都是威武的"大块头"，然而，有一种装备，它个头没那么大，在阅兵

中甚至看不到，大装备却都离不开它，它就是让武器装备完成最终作战任务的各种弹药。要让每发弹药都完美地达到设计要求，做到打击精度高，毁伤效能强，在生产过程中就要给它"立规矩"，进行严格把关，大国工匠张新停就是这个把关的人。

张新停，1972 年 11 月生，中共党员，高级技师，中国兵器工业集团的一名钳工，现为西北工业集团有限公司工具制造二分厂机加工段钳工、中共二十大代表。

中国 99A 主战坦克、155 自行火炮这些"大块头"军事装备要做到精准打击、有效摧毁目标，就离不开对弹药制作精度近乎完美的控制。张新停就是制作量具，以 0.001 mm 为单位，为弹药"立规矩"把关的人，这样的精度甚至连数控车床都无法达到。

常言说，"车工怕车杆，钳工怕打眼"，钻头一旦打下去，就像开弓没有回头箭，位置、角度、力度都要把握得非常精准，做到心手合一，一气呵成，稍有一点心浮气躁，产品就报废了。从 20 岁走进工厂，到练就这样的绝活儿，张新停心里一直有一个梦想："当一名技术过硬，响当当的钳工。"

张新停所在的工厂主要是研制和生产多种型号的弹药，有的已经达到国际先进水平，配备在"9·3"阅兵中的 99A 主战坦克、155 自行火炮等现代化装备上。这些弹药要想完美地达到设计要求，从各个零部件到总装完成，都需要使用特殊的测量工具，来保证它们的精密度。张新停制作的合膛规是一种非常精密的测量工具，对每发弹药进行最后的把关，只要从合膛规中通过的弹药，就能适用于所有同类型的火炮。一旦合膛规的尺寸出现偏差，没有检测出不合格的弹药，在瞬息万变的战场上，后果不堪设想。

30 多年来，除了合膛规，张新停还做出了近万件构思精巧、形状各异、大大小小的测量工具，用来检测弹药生产过程中各个零部件的精度。在他的计量单位里，没有毫米，只有 0.001 mm。千分表上一个刻度就是 0.001 mm，相当于一根头发丝的 1/60。某千分表显示的高度比零多出了两格，也就是比标准尺寸多了 0.002 mm。当张新停对量具手工研磨进行调整后，再测量，数值就稳稳地停在了零的位置上。张新停说，在他的心里有个干活儿的标准，就是能干多好就往多好去干。

现代化战争要求弹药有更远的射程、更有效的威力、更好的精度，张新停精湛的工艺，保证了弹药质量的一致性和可靠性，也大大提高了生产线的效率。哪怕是一个入厂才几个月的工人，用上张新停制作的量具，仅用 48 s 就能测量完一个零件上的 12 个数值。

张新停 38 岁时就获得了国务院政府特殊津贴，成为中国兵器工业集团的关键技能带头人。"我们虽然说做的是小小的工装，但是我们肩上的任务、担子，我觉得确实还是很重的。"张新停说。这种责任感与使命感也是中国兵工人共同的感受。

从普通工人到大国工匠，从普通党员到党的二十大代表，在张新停看来，一路成长是党和国家对自己的肯定、对技能人才和产业工人的重视。张新停说："所有荣誉是激励也是压力，我感觉身上的担子更重了。我要用自己的成长经历激励年轻人，把个人的工作成长和国家的发展强大结合起来，在实现自身价值的同时，为国家建设添砖加瓦、贡献力量！"

思考与练习

1. 填空题

（1）RLO 是＿＿＿＿＿的简称。

（2）接通延时定时器的 IN 输入电路＿＿＿＿＿时开始定时，定时时间大于等于预设时间时，输出 Q 变为＿＿＿＿＿。IN 输入电路断开时，当前时间值 ET＿＿＿＿＿，输出 Q 变为＿＿＿＿＿。

（3）在加计数器的复位输入 R 为＿＿＿＿＿，加计数脉冲输入信号 CU 的＿＿＿＿＿，如果计数器值 CV 小于＿＿＿＿＿，CV 加 1。CV 大于等于预设计数值 PV 时，输出 Q 为＿＿＿＿＿。复位输入 R 为 1 状态时，CV 被＿＿＿＿＿，输出 Q 变为＿＿＿＿＿。

（4）每一位 BCD 码用 4 位二进制数来表示，其取值范围为二进制数 2#＿＿＿＿＿ ~ 2#＿＿＿＿＿。BCD 码 2#0000 0001 1000 0101 对应的十进制数是＿＿＿＿＿。

（5）如果方框指令的 ENO 输出为深色，EN 输入端有能流流入且指令执行时出错，则 ENO 端＿＿＿＿＿能流流出。

（6）MB2 的值为 2#1011 0110，循环左移 2 位后为 2#＿＿＿＿＿，再左移 2 位后为 2#＿＿＿＿＿。

2. 简答题

（1）用 TON 线圈指令实现通 3 s、断 3 s 的振荡电路。

（2）在全局 DB 中生成数据类型为 IEC_TIMER 的变量 T1，用它提供定时器的背景数据，实现接通延时定时器的功能。

（3）按下启动按钮 I0.0，Q0.5 控制的电机运行 30 s，然后自动断电，同时 Q0.6 控制的制动电磁铁开始通电，10 s 后自动断电，设计梯形图程序。

项目3 智能门禁控制系统

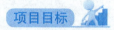
项目引入

　　智能门禁控制系统是新型现代化安全管理系统，集自动识别技术和现代安全管理措施为一体，涉及电子、机械、光学、计算机、通信、生物等诸多新技术。它是解决重要部门出入口安全防范管理的有效措施，适用于各种场景，如银行、宾馆、机房、军械库、机要室、办公间、智能化小区、工厂等。在数字网络技术飞速发展的今天，门禁技术也得到了迅猛发展。门禁系统早已超越了单纯的门道及钥匙管理，已经逐渐发展成为一套完整的出入管理系统。它在工作环境安全、人事考勤等行政管理工作中发挥着巨大的作用。

项目目标

知识目标

（1）掌握 S7－1200 PLC 的数据处理指令。

（2）掌握 S7－1200 PLC 的边沿信号检测与处理指令。

（3）掌握 S7－1200 PLC 的数学运算指令。

（4）掌握 S7－1200 PLC 的比较操作指令。

能力目标

（1）能够正确使用 S7－1200 PLC 的数据处理指令。

（2）能够正确使用 S7－1200 PLC 的边沿信号检测与处理指令。

（3）能够正确使用 S7－1200 PLC 的数学运算指令。

（4）能够正确使用 S7－1200 PLC 的比较操作指令。

职业能力图谱

　　职业能力图谱如图 3－1 所示。

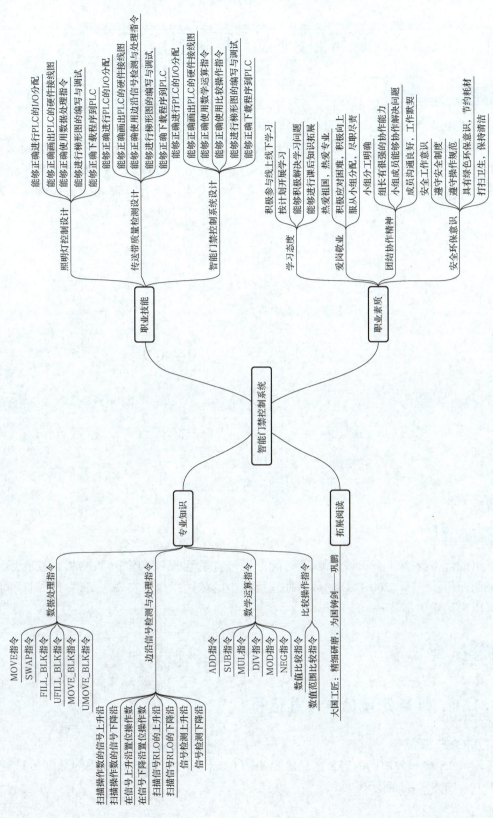

图 3 - 1　职业能力图谱

任务3.1 照明灯控制设计

任务导入

现有以 PLC 为核心的灯塔照明控制系统，其控制要求如下。

按下启动按钮，彩灯 L1 亮，2 s 后熄灭；彩灯 L2、L3、L4、L5 亮，2 s 后熄灭；彩灯 L6、L7、L8、L9 亮，2 s 后熄灭；然后彩灯 L1 亮，2 s 后熄灭……如此循环下去，形成由内到外发射型的灯光效果，直到按下停止按钮，所有灯都熄灭，如图 3-2 所示。

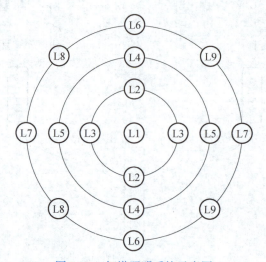

图 3-2　灯塔照明系统示意图

任务分析

灯组的灯按照逆序亮灭或者顺序亮灭，用传统的启保停和定时器控制比较麻烦，可以采用西门子 S7-1200 PLC 的数据处理指令中的传送指令来实现。每组灯的时间间隔，可以采用定时器实现。

知识链接

3.1.1　数据处理指令及其应用

1. MOVE 指令

将输入 IN 操作数中的内容传送给输出 OUT1 操作数中，将 MW10 中的数据传送到 MW20 中，如图 3-3 所示。

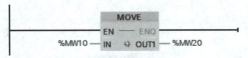

图 3 - 3　MOVE 指令

在初始状态，指令框中包含 1 个输出 OUT1，可以通过单击功能框中的 ⚡ 按钮来扩展输出数目。如图 3 - 4 所示，将输出数目扩展至 3 个。在执行指令过程中，将输入 IN 操作数的内容传送到所有可用的输出操作数中。如果传送结构化数据类型（如 DTL、Struct、Array）或字符串的字符，则无法扩展指令框。

图 3 - 4　MOVE 指令输出扩展

当需要删除已经扩展的输出时，右击输出名称（如 OUT2），在弹出的快捷菜单中选择"删除"选项，则该输出即被删除，如图 3 - 5 所示。

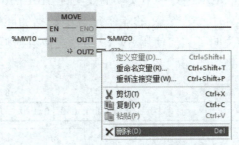

图 3 - 5　MOVE 指令删除扩展的输出

仅当输入 IN 和输出 OUT1 中操作数的数组元素为同一数据类型时，才可以传送整个数组（Array）。

如果输入 IN 数据类型的位长度超出输出 OUT1 的位长度，则源值的高位会丢失。如果输入 IN 数据类型的位长度低于输出 OUT1 数据类型的位长度，则目标值的高位会被改写为 0。例如，将 MW20 中超过 255 的数据传送到 MB10，则只有 MW20 的低位字节，即 MB21 中的数据传送到 MB10 中，编程时应避免此情况的发生。

可以使用 MOVE 指令将字符串的各个字符传送到数据类型为 Char 或 WChar 的操作数中。操作数名称旁的方括号内指定了要传送的字符数。例如，MyString［2］将传送 MyString 字符串的第二个字符。它还可以将数据类型为 Char 或 WChar 的操作数传送到字符串的各个字符中，还可使用其他字符串的字符来替换该字符串中的指定字符。

可以对 DB 内的变量进行数据传送，如图 3 - 6 所示。Static_1、Static_2、Static_3 为 DB25 内的 3 个变量。

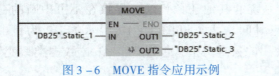

图 3 - 6　MOVE 指令应用示例

2. SWAP 指令

更改输入 IN 中字节的顺序，并在输出 OUT 中查询结果，如图 3-7 所示。

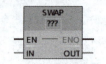

图 3-7　SWAP 指令

可单击指令框上的"???"右侧的下三角按钮，设定操作数的数据类型，包括 Word 和 DWord 两种类型，如图 3-8 所示。

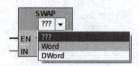

图 3-8　SWAP 指令数据类型设定

当设定为 Word 数据类型时，交换 IN 的高、低字节后，保存到 OUT 指定的地址，例如，将 0000 1111 0101 0101 进行字节交换后变更为 0101 0101 0000 1111。

当为 DWord 数据类型时，交换 IN 的 4 个字节中数据的顺序，保存到 OUT 指定的地址，如图 3-9 所示，说明了如何使用 SWAP 指令交换数据类型为 DWord 的操作数的字节。

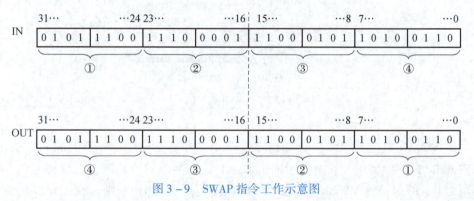

图 3-9　SWAP 指令工作示意图

3. FILL_BLK 和 UFILL_BLK 指令

彩灯循环控制

FILL_BLK 是填充块指令，用输入 IN 的值填充一个存储区域（目标范围），从输出 OUT 指定的地址开始填充目标范围。可以使用参数 COUNT 指定复制操作的重复次数。执行该指令时，输入 IN 中的值将移动到目标范围，重复次数由参数 COUNT 的值指定。

仅当源范围和目标范围的数据类型相同时，才能执行该指令。

UFILL_BLK 指令与 FILL_BLK 指令的功能基本相同，区别在于执行 UFILL_BLK 指令时，不会被操作系统的其他任务打断，导致在不可中断的存储区填充指令执行期间，CPU 报警响应时间增大。以图 3-10 所示的 DB 为例，查看 FILL_BLK 和 UFILL_BLK 指令可使用的数据类型，包含一个 Array 数据类型变量和一个 Struct 数据类型变量。

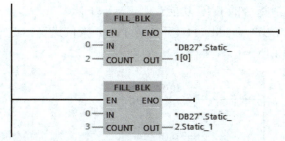

图 3-10　FILL_BLK 和 UFILL_BLK 指令可使用的数据类型

执行图 3-11 所示的程序后，将 DB27 内所有变量的值设置为 0。

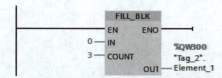

图 3-11　FILL_BLK 指令应用示例

再以图 3-12 待操作变量表内的变量为例，可以看出它包含一个 PLC 数据类型（UDT_2）的变量。

图 3-12　待操作变量

执行图 3-13 Tag_2 区域清零程序后，将 Tag_2 中的所有变量值设置为 0。

图 3-13　Tag_2 区域清零程序

4. MOVE_BLK 与 UMOVE_BLK 指令

MOVE_BLK 指令用于将一个存储区（源范围）的数据移动到另一个存储区（目标范围）中。使用输入 COUNT 可以指定即将移动到目标范围中的元素个数，可通过输入 IN 中元素的宽度来定义元素待移动的宽度。

仅当源范围和目标范围的数据类型相同时，才能执行该指令。

UMOVE_BLK 指令与 MOVE_BLK 指令的功能基本相同，区别在于执行 UMOVE_BLK 指令时，不会被操作系统的其他任务打断，导致在不可中断的存储区移动指令执行期间，CPU 报警响应时间增大。

注意如下事项。

（1）IN 和 OUT 必须是数组的一个元素，如"DB26".Static_1［0］，不能是常数、常量、普通变量，也不能是数组名。

（2）IN 和 OUT 的数据类型必须完全相同，并且必须是基本数据类型，不能是 UDT_2、Struct 等的数组。

（3）IN 是源数组中传送的起始元素，OUT 是目标数组中接收的起始元素。

（4）COUNT 是传输个数，可以是正整数的常数，如果是变量，数据类型支持 USInt、UInt、UDInt。

（5）如果目的数组接收区域小于源数组的传送区域，则只传送目的数组可接收的区域的数据。如果激活指令的 ENO 功能，则 ENO = false。

实现功能：将"DB26".Static_1［0］开始的 4 个元素传送至"DB26".Static_2［4］开始的数组中，如图 3 - 14 所示。

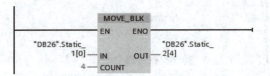

图 3 - 14　MOVE_BLK 指令应用示例

MOVE_BLK 指令示例运行结果，如图 3 - 15 所示。

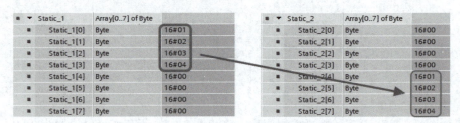

图 3 - 15　MOVE_BLK 指令示例运行结果

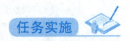

3.1.2　照明灯控制系统的编程与调试

1. I/O 分配

根据控制要求，首先确定 I/O 个数，进行 I/O 地址分配，照明灯控制系统 I/O 地址分配，如表 3 - 1 所示。

表 3 - 1　照明灯控制系统 I/O 分配表

输入			输出		
符号	地址	功能	符号	地址	功能
SB1	I0. 0	启动按钮	HL1	Q0. 0	照明灯 1

输入			输出		
符号	地址	功能	符号	地址	功能
SB2	I0.1	停止按钮	HL2	Q0.1	照明灯 2
			HL3	Q0.2	照明灯 3
			HL4	Q0.3	照明灯 4
			HL5	Q0.4	照明灯 5
			HL6	Q0.5	照明灯 6
			HL7	Q0.6	照明灯 7
			HL8	Q0.7	照明灯 8
			HL9	Q1.0	照明灯 9

2. PLC 硬件接线图

灯塔之光的 PLC 硬件接线图，如图 3 - 16 所示。

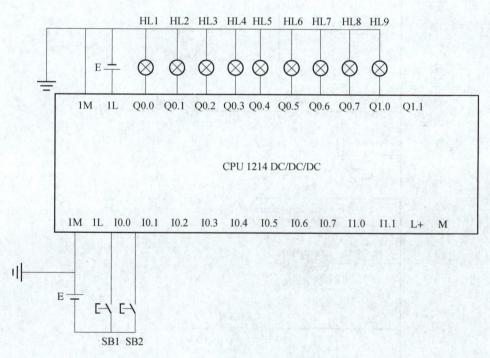

图 3 - 16　灯塔之光的 PLC 硬件接线图

3. PLC 程序设计

灯塔之光的梯形图如图 3 - 17 所示。

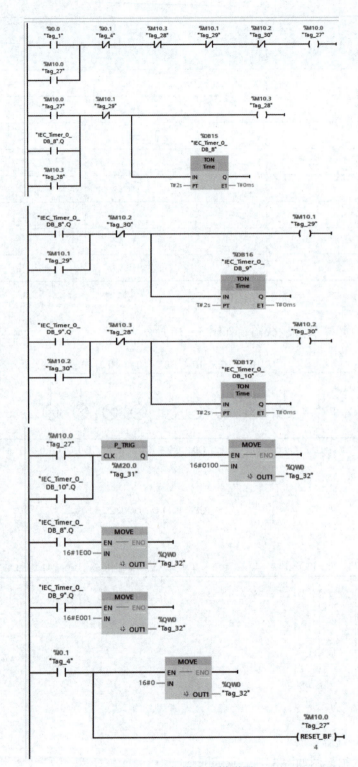

图 3 – 17 灯塔之光梯形图

灯塔之光的工作过程如下。

首先通过典型的启保停电路构建一个工作状态信号 M10.0，按下启动按钮后其值为 1。M10.0 由 0 变 1 的上升沿使 MOVE 指令发送数据 16#0100 到 QW0，Q0.0 的值变为 1，彩灯 HL1 点亮；同时定时开始计时，2 s 后，QW0 接收到数据 16#1E00，此时 Q0.1 ~ Q0.4 的值都为 1，彩灯 HL2 ~ HL5 点亮；再过 2 s 后，QW0 接收到数据 16#E001，Q0.5 ~ Q0.7 和 Q1.0 的值为 1，彩灯 HL6 ~ HL9 点亮，一次灯塔之光工作完成。同时 2 s 的定时器开始工作，2 s 后所有定时器复位，开始新一轮的工作。按下停止按钮，0 被发送到 QW0，所有输出都停止工作，并且所有的标志位都清零，系统停止工作。

任务3.2 传送带质量检测设计

任务导入 NEWS

以 PLC 为核心的传送带质量检测（见图 3-18）控制系统的控制要求如下。

通过传送带电机 KM1 带动传送带传送物品，通过产品检测传感器 PH 检测产品通过的数量，传送带每传送 24 个产品，机械手 KM2 动作 1 次，进行包装，机械手动作后，延时 2 s，机械手的电磁铁切断，计数器重新开始计数。通过传送带启动按钮 SB1、传送带停机按钮 SB2 控制传送带的运动。

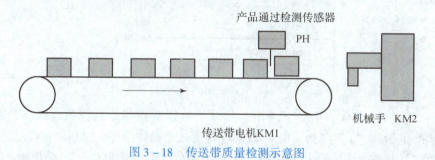

图 3-18 传送带质量检测示意图

任务分析

传送带的启停控制，可以使用启保停控制网络来实现。检测到 24 个产品后，机械手开始工作，可以使用计数器指令来计数，计数器需要的脉冲信号，可以使用边沿检测指令来提供。

知识链接

3.2.1 边沿检测指令及其应用

有关边沿信号的检测与处理指令，如图 3-19 所示。

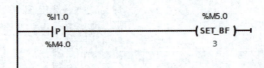

图 3 - 19　边沿信号检测与处理指令

1. 扫描操作数的信号上升沿与信号下降沿指令

使用"扫描操作数的信号上升沿"指令，可以确定所指定操作数（＜操作数 1＞）的信号状态是否从"0"变为"1"。该指令将比较＜操作数 1＞的当前信号状态与上一次扫描的信号状态，上一次扫描的信号状态保存在边沿存储位（＜操作数 2＞）中。如果该指令检测到 RLO 从"0"变为"1"，则说明出现了一个上升沿。

检测到信号上升沿时，＜操作数 1＞的信号状态将在一个程序周期内保持置位为"1"。在其他任何情况下，操作数的信号状态均为"0"。

在该指令上方的操作数占位符中，指定要查询的操作数（＜操作数 1＞）。在该指令下方的操作数占位符中，指定边沿存储位（＜操作数 2＞）。

在图 3 - 20 所示的上升沿检测触点指令应用示例程序中，当检测到 I1.0 上升沿时，将 M5.0 起始的 3 个位置位为"1"，I1.0 是指令操作数 1，指令在检测到 I1.0 的上升沿时，在 1 个扫描周期内 I1.0 的状态为"1"，M4.0 为操作数 2，保存上一次扫描周期内 I1.0 的状态。

```
      %I1.0                              %M5.0
       |P|────────────────────────────( SET_BF )
      %M4.0                               3
```

图 3 - 20　上升沿检测触点指令应用示例

使用"扫描操作数的信号下降沿"指令，可以确定指定操作数（＜操作数 1＞）的信号状态是否从"1"变为"0"。该指令将比较＜操作数 1＞的当前信号状态与上一次扫描的信号状态，上一次扫描的信号状态保存在边沿存储器位（＜操作数 2＞）中。如果该指令检测到 RLO 从"1"变为"0"，则说明出现了一个下降沿。

检测到信号下降沿时，＜操作数 1＞的信号状态将在一个程序周期内保持置位为"1"。在其他任何情况下，操作数的信号状态均为"0"。

在该指令上方的操作数占位符中，指定要查询的操作数（＜操作数 1＞）。在该指令下方的操作数占位符中，指定边沿存储位（＜操作数 2＞）。

在图 3 - 21 所示的程序中，当检测到 I1.0 下降沿时，将 Q2.1 位置位为"1"，I1.0 是指令操作数 1，指令在检测到 I1.0 的上升沿时，在 1 个扫描周期内 I1.0 的状态为"1"，M4.0 为操作数 2，保存上一次扫描周期内 I1.0 的状态。

图 3 - 21　下降沿检测触点指令应用示例

2. 在信号上升沿或下降沿置位操作数

"在信号上升沿置位操作数"指令在 RLO 从"0"变为"1"时置位指定操作数（<操作数1>）。该指令将当前 RLO 与保存在边沿存储位中（<操作数2>）上次查询的 RLO 进行比较，如果该指令检测到 RLO 从"0"变为"1"，则说明出现了一个信号上升沿。

每次执行指令时，都会查询信号上升沿。检测到信号上升沿时，<操作数1>的信号状态将在一个程序周期内保持置位为"1"；在其他任何情况下，操作数的信号状态均为"0"。

当 M4.0 与 M5.2 串联的输入条件从"0"更改为"1"（信号上升沿）时，则将操作数 M6.0 置位一个程序周期；在其他任何情况下，操作数 M6.0 的信号状态均为"0"，如图 3 – 22 所示。

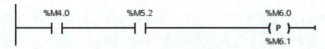

图 3 – 22　信号上升沿置位指令应用示例 1

也可以将指令放在程序段的中间，如图 3 – 23 所示，当 M4.0 与 M5.2 串联的输入条件从"0"更改为"1"（信号上升沿）时，操作数 M6.0 置位一个程序周期，Q2.0 置位为"1"并保持。

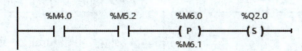

图 3 – 23　信号上升沿置位指令应用示例 2

"在信号下降沿置位操作数"指令在 RLO 从"1"变为"0"时置位指定操作数（<操作数1>）。该指令将当前 RLO 与保存在边沿存储位中（<操作数2>）上次查询的 RLO 进行比较，如果该指令检测到 RLO 从"1"变为"0"，则说明出现了一个信号下降沿。

每次执行指令时，都会查询信号下降沿。检测到信号下降沿时，<操作数1>的信号状态将在一个程序周期内保持置位为"1"；在其他任何情况下，操作数的信号状态均为"0"。

当 M4.0 与 M5.2 串联的输入条件从"1"更改为"0"（信号下降沿）时，则将操作数 M6.0 置位一个程序周期；在其他任何情况下，操作数 M6.0 的信号状态均为"0"，如图 3 – 24 所示。

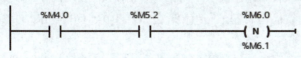

图 3 – 24　信号下降沿置位指令应用示例 1

也可以将指令放在程序段的中间，如图 3 - 25 所示，当 M4.0 与 M5.2 串联的输入条件从 "1" 更改为 "0"（信号下降沿）时，操作数 M6.0 置位一个程序周期，Q2.0 置位为 "1" 并保持。

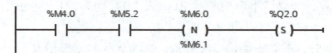

图 3 - 25 信号下降沿置位指令应用示例 2

3. 扫描 RLO 信号的上升沿与下降沿

使用 "扫描 RLO 的信号上升沿" 指令，可以查询 RLO 的信号状态从 "0" 到 "1" 的更改。该指令将比较 RLO 的当前信号状态与保存在边沿存储位（<操作数 1>）中上一次查询的信号状态，如果该指令检测到 RLO 从 "0" 变为 "1"，则说明出现了一个信号上升沿。

使用 "扫描 RLO 的信号下降沿" 指令，可以查询 RLO 的信号状态从 "1" 到 "0" 的更改。该指令将比较 RLO 的当前信号状态与保存在边沿存储位（<操作数 1>）中上一次查询的信号状态，如果该指令检测到 RLO 从 "1" 变为 "0"，则说明出现了一个信号下降沿。

当 M4.0 与 M5.2 串联的输入条件从 "0" 更改为 "1" 时置位 Q2.1，从 "1" 更改为 "0" 时复位 Q2.1，如图 3 - 26 所示。

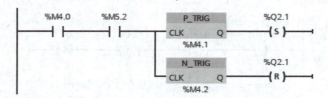

图 3 - 26 RLO 边沿指令应用示例

八路抢答器的控制

4. 检测信号上升沿与下降沿

使用 "检测信号上升沿" 指令，可以检测输入 CLK 从 "0" 到 "1" 的状态变化。该指令将输入 CLK 的当前值与保存在指定实例中的上次查询（边沿存储位）的状态进行比较，如果该指令检测到输入 CLK 的状态从 "0" 变成了 "1"，就会在输出 Q 中生成一个信号上升沿，输出值将在一个循环周期内为 "1"。

使用 "检测信号下降沿" 指令，可以检测输入 CLK 从 "1" 到 "0" 的状态变化。该指令将输入 CLK 的当前值与保存在指定实例中的上次查询（边沿存储位）的状态进行比较，如果该指令检测到输入 CLK 的状态从 "1" 变成了 "0"，就会在输出 Q 中生成一个信号下降沿，输出值将在一个循环周期内为 "0"。

添加指令时会弹出 "调用选项" 对话框，用于给 R_TRIG_DB 指令分配 DB，输入 CLK 中变量的上一个状态存储，会存储在 R_TRIG_DB 或 F_TRIG_DB 变量中，如图 3 - 27 所示。

在图 3 - 28 所示的程序中，若 M4.0 为 "1"，当 M5.2 由 "0" 变为 "1" 时，则 M5.3 在一个程序周期内为 "1"，此时 Q2.5 置位为 "1" 并保持。

学习笔记

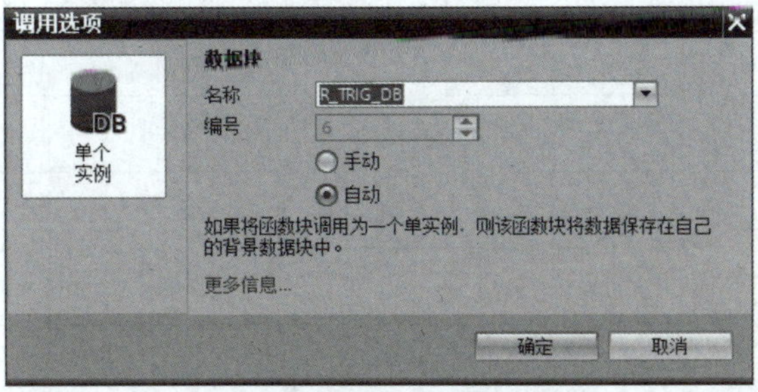

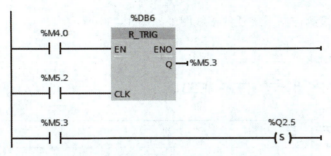

图 3-27　创建 DB

图 3-28　检测信号上升沿指令应用示例

同样，在图 3-29 所示的程序中，若 M4.0 为“1”，当 M5.2 由“1”变为“0”时，则 M5.3 在一个程序周期内为“1”，此时 Q2.5 被置位为“1”并保持。

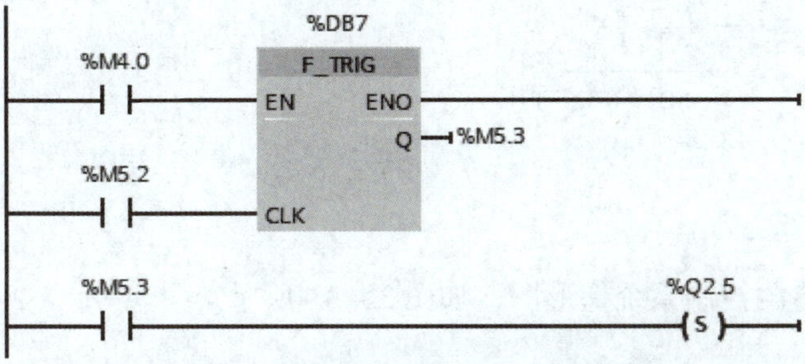

图 3-29　检测信号下降沿指令应用示例

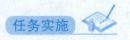

任务实施

3.2.2　传送带质量检测的编程与调试

1. I/O 分配

传送带质量检测控制系统 I/O 分配表，如表 3-2 所示。

表 3-2　传送带质量检测控制系统 I/O 分配表

输入			输出		
符号	地址	功能	符号	地址	功能
SB1	I0.0	启动按钮	KM1	Q0.0	传送带电机
SB2	I0.1	停止按钮	KM2	Q0.1	机械手
PH	I0.2	检测传感器	—	—	—

2. PLC 硬件接线图

传送带质量检测控制系统硬件接线图，如图 3-30 所示。

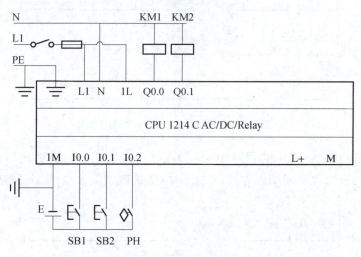

图 3-30　传送带质量检测控制系统硬件接线图

3. PLC 程序设计

传送带质量检测控制系统梯形图，如图 3-31 所示。

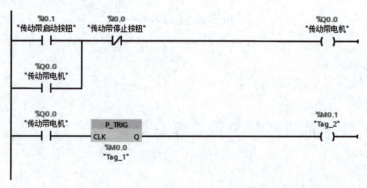

图 3-31　传送带质量检测控制系统梯形图

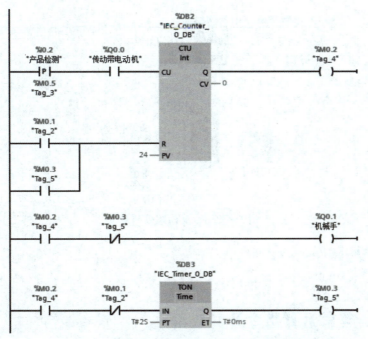

图 3-31　传送带质量检测控制系统梯形图（续）

传送带质量检测控制系统工作过程如下。

按下启动按钮 SB1，Q0.0 线圈得电，其常开触点接通，形成自锁，传送带开始运行。同时，Q0.0 产生的上升沿使 M0.1 线圈得电一个扫描周期，其作用是使计数器和定时器的数据清零。之后传感器开始对产品计数，每过一个产品，计数器当前值加 1，达到 24 个产品时，M0.2 得电使机械手开始工作，同时定时器开始计时，定时完成后 M0.3 线圈得电，并使计数器复位和机械臂停止工作，同时也将自身失电，进入下一轮产品计数。

任务3.3　智能门禁控制系统设计

任务导入

现有以 PLC 为核心的智能门禁控制系统，其控制要求如下。

当进门读卡器、出门读卡器感应到门禁卡后，读卡器会向 PLC 发送开门信号，PLC 将打开电动门，持续 3 s；或当工作人员按下出门按钮后，PLC 也会控制电动门打开 3 s，如图 3-32 所示。

任务分析

读卡器感应到门禁卡，或者出门按钮被按下时，电动门会打开 3 s。这个时间的控制可以使用定时器来完成，也可以使用系统内部脉冲配合数学指令完成。这里选择系统内部脉冲配合数学指令实现 3 s 定时，然后通过比较指令结束电动门的通电。

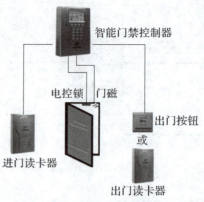

图 3 – 32　智能门禁控制系统

3.3.1　数学运算指令及其应用

表 3 – 3 是常用的数学运算指令。

表 3 – 3　常用数学运算指令

梯形图指令符	说明	梯形图指令符	说明
ADD	加：IN1 + IN2 = OUT	INC	递增：将参数 IN/OUT 的值加 1
SUB	减：IN1 – IN2 = OUT	DEC	递减：将参数 IN/OUT 的值减 1
MUL	乘：IN1 × IN2 = OUT	ABS	求有符号整数和实数的绝对值
DIV	除：IN1/IN2 = OUT	MIN	求两个数值中较小的值
MOD	求双整数除法的余数	MAX	求两个数值中较大的值
NEG	将输入值的符号取反	LIMIT	将输入 IN 限制在指定的范围内

1. ADD、SUB、MUL、DIV、MOD 指令

以加法 ADD 指令为例，对指令操作进行说明，将指令拖动至程序段之后，可以单击指令框上的"Auto（???）"按钮，再单击右侧的下三角按钮，在弹出的下拉列表框内选择指令操作数的数据类型，包括 Int、DInt、Real、LReal、USInt、UInt、SInt、UDInt，操作数 IN1 和 IN2 也可以是常数，IN1、IN2 和 OUT 的数据类型应该相同，也可以双击指令框上的指令符（如 ADD），单击右侧的下三角按钮，在下拉列表框内选择改变指令的功能符号，如图 3 – 33 所示。

对于 ADD 和 MUL 指令，也可以单击指令框上的▓按钮（插入/输入），增加输入操作数，计算 IN1、IN2、IN3、IN4 四个数据的和，如图 3 – 34 所示。

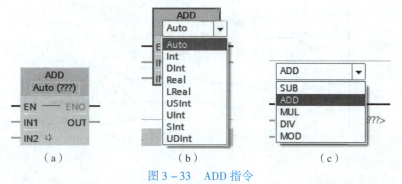

图 3 – 33　ADD 指令
（a）指令框图；（b）数据类型；（c）指令类别

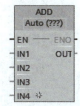

图 3 – 34　ADD 指令增加操作数

除法 DIV 指令执行后得到的是商，求余 MOD 指令执行后得到的是余数。DIV、MOD 指令增加操作数应用示例，如图 3 – 35 所示。

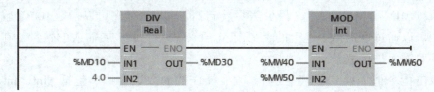

图 3 – 35　DIV 与 MOD 指令增加操作数应用示例

2. NEG 指令

可以使用取反 NEG 指令更改输入 IN 中值的符号，并在输出 OUT 中查询结果。例如，如果输入 IN 为正值，则该值的负等效值将发送到输出 OUT。

可以双击指令框上的 "???" 按钮，改变操作数的数据类型，包括 Int、DInt、Real、LReal、SInt，如图 3 – 36 所示。

图 3 – 36　NEG 指令

程序控制指令

3. INC 与 DEC 指令

递增 INC 指令将参数 IN/OUT 中操作数的值加 1，递减 DEC 指令将参数 IN/OUT 中操作数的值减 1，一般使用上升沿或下降沿触发指令，否则当执行条件成立时指令会在程序的每个扫描周期都加 1 或减 1。如图 3 – 37 所示，在 I0.0 的上升沿时 MW10 的数值加 1，在 I0.1 的下降沿时 MW20 的数值减 1。

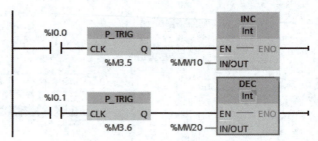

图 3 – 37　INC 与 DEC 指令应用示例

4. ABS 指令

可以使用计算绝对值 ABS 指令，计算输入 IN 处指定值的绝对值。指令结果发送到输出 OUT，可供查询。可双击指令框上的 "???" 按钮，改变操作数的数据类型，包括 Int、DInt、Real、LReal、SInt，如图 3 – 38 所示。

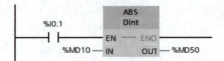

图 3 – 38　ABS 指令应用示例

5. MIN 与 MAX 指令

获取最小值 MIN 指令比较可用输入的值，并将最小的值写入输出 OUT 中。

获取最大值 MAX 指令比较可用输入的值，并将最大的值写入输出 OUT 中。

要执行 MIN 和 MAX 指令，最少需要指定 2 个输入，最多可以指定 100 个输入。在指令框中可以通过点击指令框上的 ✳ 按钮（插入输入）来扩展输入的数量，在指令框中按升序对输入进行编号。

可双击指令框上的 "???" 按钮，改变操作数的数据类型，包括 SInt、Int、DInt、USInt、UInt、UDInt、Real、LReal、DTL，如图 3 – 39 所示。

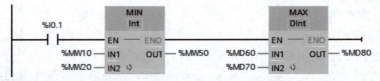

图 3 – 39　MIN 与 MAX 指令应用示例

6. LIMIT 指令

可以使用设置限值 LIMIT 指令，将输入 IN 的值限制在输入 MN 与 MX 的值之间。如果输入 IN 的值满足条件 MN≤IN≤MX，则复制到 OUT 输出中。如果不满足该条件且输入值 IN 低于下限 MN，则将输出 OUT 设置为输入 MN 的值。如果超出上限 MX，则将输出 OUT 设置为输入 MX 的值。

3.3.2　比较指令及其应用

如图 3 – 40 所示为 S7 – 1200 PLC 提供的比较操作指令，包括两个数值之间的比较、范围比较和有/无效性检查。

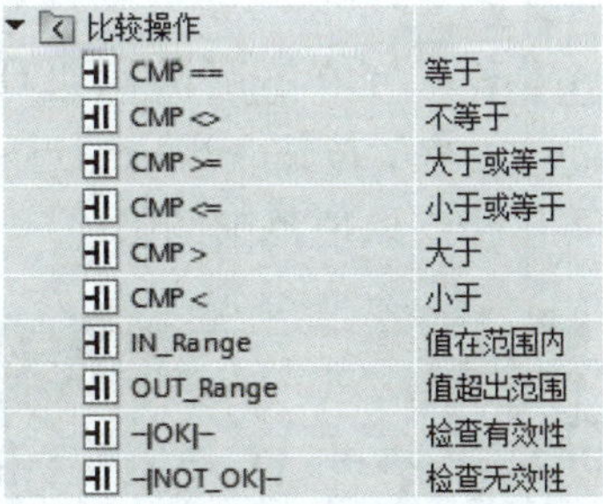

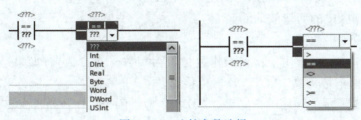

图 3 - 40　比较指令

1. 数值比较指令

包括 "==" (等于)、" <> " (不等于)、" >= " (大于等于)、" <= " (小于等于)、" > " (大于)、" < " (小于) 指令，用于比较数据类型相同的两个数 IN1 与 IN2 的大小。操作数可以是 I、Q、M、L、D (DB) 存储区中的变量或常数。

将指令添加至程序段内时，需要指定指令操作的数据类型，双击指令中间位置的 "???" 按钮，在弹出的下拉列表框内选择合适的数据类型。选择并单击指令的上下两个 "???" 按钮，输入需要比较的两个操作数。

也可以双击指令框内的指令符号（如"=="），通过下拉列表框，对指令符号进行选择修改，如图 3 - 41 所示。

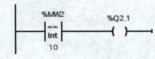

图 3 - 41　比较参数选择

可以将比较指令等效为一个常开触点，只有满足比较条件时，该触点才接通，在图 3 - 42 所示的程序中，只有当 MW2 的数值等于 10 时，Q2.1 才为 ON。

图 3 - 42　等于指令应用示例

在图 3 - 43 所示的程序中展示了各比较指令的应用。

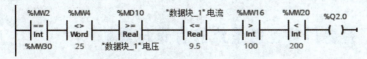

图 3 - 43　6 种比较指令应用示例

比较两个字符串时，实际上比较的是它们对应字符的 ASCII 码值，第一个不相同的字符决定了比较的结果。

2. 数值范围比较指令

包括值在范围内（IN_RANGE）与值超出范围（OUT_RANGE）两个指令，如图 3 - 44 所示，双击功能框内的 "???" 按钮，可以通过下拉列表框选择操作数的数据类型。使用输入 MIN 和 MAX 可以指定取值范围的限值。

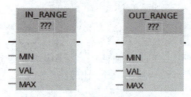

图 3 - 44   数值范围比较指令

值在范围内指令将输入 VAL 的值与输入 MIN 和 MAX 的值进行比较，并将结果发送到功能框输出中。如果输入 VAL 的值满足 MIN≤VAL≤MAX 比较条件，则功能框输出的信号状态为 "1"；如果不满足比较条件，则功能框输出的信号状态为 "0"。

值超出范围指令将输入 VAL 的值与输入 MIN 和 MAX 的值进行比较，并将结果发送到功能框输出中。如果输入 VAL 的值满足 MIN > VAL 或 VAL > MAX 比较条件，则功能框输出的信号状态为 "1"；如果指定的 REAL 数据类型的操作数具有无效值，则功能框输出的信号状态也为 "1"。

在指令功能框中，标识 MIN、VAL 和 MAX 的数据类型必须相同，可以是 I、Q、M、L 和 D 存储区中的变量或常量。

3. 有/无效性检查指令

OK 与 NOT_OK 指令用于检查操作数是否为实数（浮点数），如果是实数，则 OK 触点接通，如果不是实数，NOT_OK 触点接通。

在图 3 - 45 所示的程序中，先通过 OK 指令检查两个操作数是否为实数，然后再执行乘法运算。

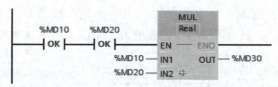

图 3 - 45   有/无效性检查指令应用示例

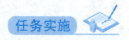

3.3.3   智能门禁控制系统的编程与调试

1. I/O 分配

智能门禁控制系统 I/O 分配表如表 3 - 4 所示。

表 3-4　智能门禁控制系统 I/O 分配表

输入			输出		
符号	地址	功能	符号	地址	功能
SQ1	I0.0	进门读卡器	KM1	Q0.0	电动门
SQ2	I0.1	出门读卡器	—	—	—
SB1	I0.2	出门按钮	—	—	—

2. PLC 硬件接线图

智能门禁控制系统硬件接线图，如图 3-46 所示。

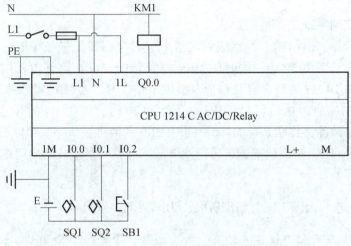

图 3-46　智能门禁控制系统硬件接线图

3. PLC 程序设计

智能门禁控制系统梯形图，如图 3-47 所示。

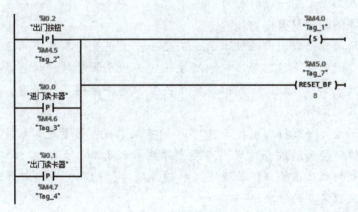

图 3-47　智能门禁控制系统梯形图

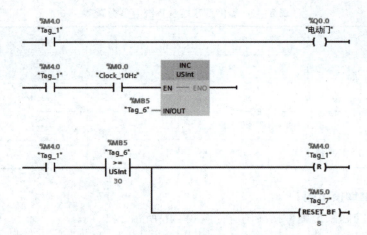

图 3 - 47　智能门禁控制系统梯形图（续）

智能门禁控制系统工作过程如下。

当进门读卡器、出门读卡器感应到门禁卡或者出门按钮被按下时，将会产生一个脉冲来激活工作状态位 M4.0，同时使 MB5 的值为 0。M4.0 会使电动门得电打开，同时内部时钟会以 10 Hz 的频率给 INC 指令提供工作信号，也就是每秒钟让 MB5 的值增加 10。因为其初始值为 0，所以当 MB5 的值达到 30 时，说明 3 s 的开门时间到了，然后通过比较指令清除工作状态位 M4.0，同时 MB5 的值也被清零。可以看到，当电动门打开时间不足 3 s 时，进门读卡器、出门读卡器感应到门禁卡或者出门按钮被按下，3 s 的计时会重新开始。

大国工匠：精细研磨，为国铸剑——巩鹏

大国工匠案例

这位从 1988 年开始与板锉、钻头等加工器具"厮守"的普通钳工，如今已经是享誉行业内外的大国工匠，在 30 多年的职业生涯中，巩鹏用默默的坚守和非凡的成绩书写了一段从学徒到钳工拔尖人才，再到质量工匠精神传承者的传奇人生，成为中国航天技能人才的典型代表，也为千千万万追求极致质量、锤炼卓越技能的人们竖起了一座精神的丰碑。

精准度，我的眼里只有你

巩鹏所在的单位是我国惯性技术的龙头企业，该企业的各类产品已成功应用于各类武器装备、空间领域飞行器等。巩鹏所在的钳工组承担了包括神舟系列、嫦娥系列在内的多型航天产品，以及国防武器装备用关键零部件的组夹、研磨、滚齿、数控钻等精密加工、装配工作。

对于在科研生产一线摸爬滚打了 30 多年的巩鹏来说，质量是工人技术、经验以及大脑支配双手操作能力的综合体现。因为导弹技术太高新、太尖端，很多零部件的加工无法通过自动化机床来生产，必须手工打造、研磨、精制，这些零件的加工精度直接决定着国防武器装备的精准度。

有些小零件的研磨平面精度要求达到机器都无法完成的 12 级，12 级是什么概念？就是一面镜子！以前对这样的研磨零件委托外协厂家加工，但成品率低、质量不稳定，

常成为制约生产的瓶颈，这可急坏了一向不服输的巩鹏。

为了尽快摆脱这一困境，巩鹏尝试着摸索研磨方法、改进研磨环境及设备，经过无数次的尝试，成功发明了一个研磨"秘方"，再辅以特殊的研磨工具和手法，被大家称作"巩氏研磨法"，终于达到了技术指标要求，而且合格率由外协厂家的50%提高到近100%。由于攻克了平面精密研磨技术难关，确保了产品质量，大大提高了生产效率，满足了多个型号急迫的批量生产需求。

高可靠，上天入地底气足

随着平面精密研磨技术难题的顺利攻克，巩鹏所在单位完成了多个型号加速度计的研制和批产，其技术指标在国内外惯导产品中占据领先地位。同时，由于产品性能稳定、质量可靠，先后十一次助力神舟系列飞船飞行任务取得圆满成功，也为飞船与天宫目标飞行器交会对接、嫦娥三号精准落月、探月三期再入返回等飞行试验任务立下汗马功劳。

当前，国家越来越重视自然灾害自动化监测技术的发展，地质灾害监测设备重要性日益凸显。巩鹏带领一批有丰富精密件加工经验的技工人员承担起了生产攻关任务，并很快完成相关测斜仪的试制和定型，并最终通过了现场试验和验证。目前该系统已成功为北京市、甘肃省、云南省、山西省、陕西省、浙江省等多个省市的国土地质部门及水利部门提供实时灾害监测，有效预防了相关地质灾害，为地方人民财产安全提供了有力保障。

"工匠精神与技能的区别在于，技能是可以学会的，而工匠精神是需要长时间领悟的。加工和装配就像给产品注入灵魂，它会更精确更强悍，拥有更加卓越的质量表现。"这是巩鹏用多年的实践为质量工匠做出的诠释。

思考与练习

1. 4 种边沿检测指令各有哪些特点？

2. 在 MW2 等于 3 592 或 MW4 大于 27 369 时将 M6.6 置位，反之将 M6.6 复位。用比较指令设计出满足要求的程序。

3. 字节交换指令 SWAP 为什么必须采用脉冲执行方式？

4. 编写程序，在 I0.3 的上升沿，用与运算指令将 MW16 的最高 3 位清零，其余各位保持不变。

5. 编写程序，在 I0.4 的上升沿，用或运算指令将 Q3.2 ~ Q3.4 变为 1，QB3 其余各位保持不变。

项目4　自动移栽机控制系统

项目引入

　　自动移栽机是一种自动搬运设备，可以把负载从一个工位搬运至另一个工位，同时根据实际需要，也可以进行旋转、翻转、上升、下降等操作，是自动化生产线上一种重要的机构。现代工业产品制造中，由于市场竞争的需要及人力成本不断攀升的趋势，企业在进行产品生产时必须要求具有高生产效率、高良品率和高安全性，而自动移栽机由于其结构简单，成本低廉，而且实现了工件和物料输送的自动化，大大提高了工作效率，降低了工人的劳动强度和操作的危险性。

项目目标

知识目标

（1）掌握 S7 – 1200 PLC 的经验设计方法。

（2）掌握 S7 – 1200 PLC 的顺序功能图设计方法。

能力目标

（1）能够正确使用 S7 – 1200 PLC 的经验设计方法。

（2）能够正确使用 S7 – 1200 PLC 的顺序功能图设计方法。

职业能力图谱

　　职业能力图谱如图 4 – 1 所示。

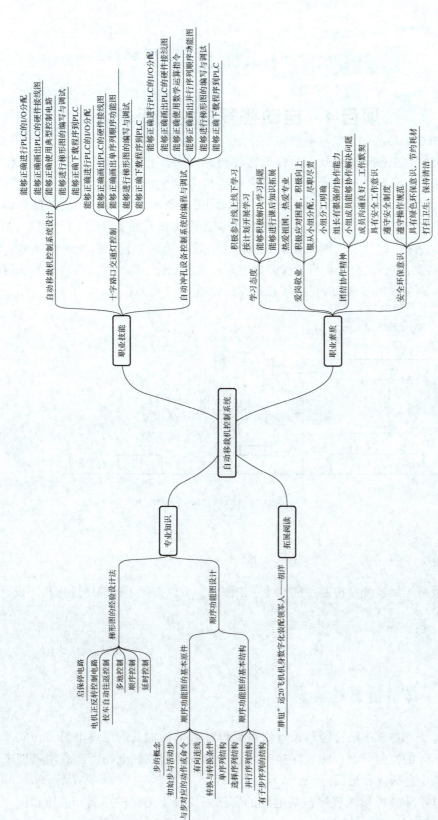

图 4 - 1　职业能力图谱

任务4.1　自动移栽机控制系统设计

任务导入 NEWS!

现有以 PLC 为核心的自动移栽机控制系统，其控制要求如下。

要求系统把左工作台上的幼苗，自动移栽到右工作台上的容器中。其具体工作过程为未工作时，机械臂位于初始位置，限位开关 I0.6 和 I0.4 为 ON；操作人员按下启动按钮 I0.0，幼苗和容器都就位时（光电传感器 I0.2 和 I0.7 为 ON），机械臂开始下行，到位（I0.3 为 ON）后机械臂夹爪夹紧，1 s 后机械臂开始上升，上行到位（I0.4 为 ON）后机械臂开始伸出，到位（I0.5 为 ON）后机械臂下行，移栽到位（I0.3 为 ON）后机械臂夹爪放松，1 s 后机械臂开始上升，上行到位（I0.4 为 ON）后机械臂开始缩回，左移到位（I0.6 为 ON）后移栽完成，如图 4-2 所示。

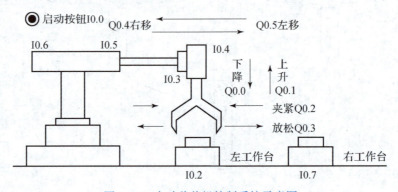

图 4-2　自动移栽机控制系统示意图

任务分析

自动移栽机控制系统是按照一定的顺序工作的，可以按照工作顺序进行程序设计。

知识链接

4.1.1　梯形图的经验设计法

经验设计法又称试凑法，经验设计法需要设计者掌握大量的经典电路，在此基础上充分理解实际的控制问题，将实际控制问题分解成典型控制电路，然后用典型电路或修改的典型电路拼凑梯形图。

常用的基本环节梯形图程序包括电机的启保停控制、正反转控制、多地控制、顺序控制、互锁控制、延时控制等。

1. 启保停电路

启保停电路最主要的特点是具有"记忆"功能。这种"记忆"功能也可以用置位复位电路来实现，如图4-3、图4-4所示。

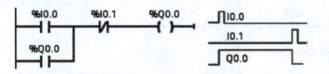

图4-3　启保停控制梯形图

图4-4　置位复位控制梯形图

2. 三相交流异步电机的正反转控制电路

用 KM1 和 KM2 的主触点改变电机的旋转方向，FR 是热继电器，用按钮控制电机的启动、停止和旋转方向。为了方便操作和保证 KM1 和 KM2 不会同时动作，设置了按钮联锁。为了防止 KM1 和 KM2 的主触点同时闭合，造成三相电源相间短路的故障，KM1、KM2 的线圈和辅助常闭触点组成了硬件互锁电路，如图4-5所示。

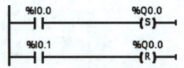

电动机的
正反转控制

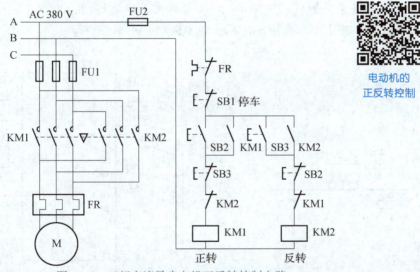

图4-5　三相交流异步电机正反转控制电路

图4-6和图4-7分别是实现上述功能的 PLC 外部接线图和梯形图。将继电器电路图转换为梯形图时，首先应确定 PLC 的输入信号和输出信号。图4-6中I0.2的常闭触点对应于 SB1 和 FR 的常闭触点串联电路。

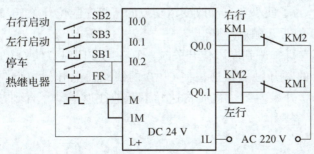

图4-6　三相交流异步电机正反转控制 PLC 外部接线图

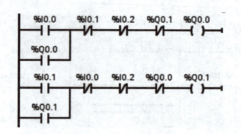

图 4-7 三相交流异步电机正反转控制梯形图

为了防止出现三相电源瞬间短路的事故，除了梯形图中 Q0.0 和 Q0.1 的常闭触点组成的软件互锁电路，还应在 PLC 的输出回路设置由 KM1 和 KM2 的辅助常闭触点组成的硬件互锁电路。

3. 小车自动往返控制程序的设计

在 PLC 硬件接线图中，增加了接在 I0.3 和 I0.4 输入端子的左限位开关 SQ1 和右限位开关 SQ2 的常开触点（见图 4-8）。要求按下启动按钮，小车在限位开关之间不停地循环往返，按下停车按钮 SB1 后，电机断电，小车停止运动。

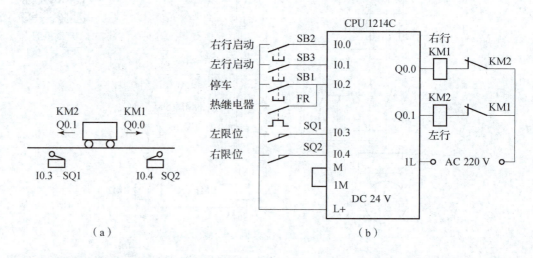

图 4-8 小车自动往返控制示意图与 PLC 硬件接线图

为了使小车在极限位置自动停止，将右限位开关 I0.4 的常闭触点与控制右行的 Q0.0 的线圈串联。为了使小车自动改变运动方向，将左限位开关 I0.3 的常开触点与手动启动右行的 I0.0 的常开触点并联。

假设启动小车左行，碰到左限位开关时，I0.3 的常闭触点使 Q0.1 的线圈断电，小车停止左行。I0.3 的常开触点接通，使 Q0.0 的线圈通电开始右行。碰到右限位开关时，小车停止右行，开始左行。之后将这样不断地往返运动，直到按下停车按钮，如图 4-9 所示。

图 4 - 9　小车自动往返控制梯形图

4. 较复杂的小车自动运行控制程序的设计

控制要求如下。

（1）按下右行启动按钮 SB2，小车右行。

（2）走到右限位开关 SQ2 处停止运动，延时 8 s 后开始左行。

（3）回到左限位开关 SQ1 处时停止运动。

在异步电机正反转控制电路的基础上，在控制右行的 Q0.0 的线圈回路中串联了 I0.4 的常闭触点，小车走到右限位开关 SQ2 处时，使 Q0.0 的线圈断电。同时 I0.4 的常开触点闭合，T1 的线圈通电，开始定时。8 s 后定时时间到，"T1". Q 的常开触点闭合，使 Q0.1 的线圈通电并自保持，小车开始左行。离开限位开关 SQ2 后，I0.4 的常开触点断开，T1 因为其线圈断电而复位。小车运行到左边的起始点时，左限位开关 SQ1 的常开触点闭合，I0.3 的常闭触点断开，使 Q0.1 的线圈断电，小车停止运动，如图 4 - 10 所示。

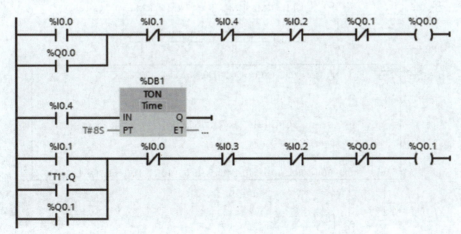

图 4 - 10　小车自动运行控制梯形图

4.1.2 自动移栽机控制系统的编程与调试

1. I/O 分配

根据控制要求，首先确定 I/O 个数，进行 I/O 地址分配，自动移栽机控制系统 I/O 地址分配，如表 4－1 所示。

表 4－1 自动移栽机控制系统 I/O 分配表

输入			输出		
符号	地址	功能	符号	地址	功能
SB1	I0.0	启动按钮	KM1	Q0.0	机械臂下行
SB2	I0.1	停止按钮	KM2	Q0.1	机械臂上行
SQ1	I0.2	幼苗检测	KM3	Q0.2	机械臂夹爪夹紧
SQ2	I0.3	机械臂下行限位	KM4	Q0.3	机械臂夹爪放松
SQ3	I0.4	机械臂上行限位	KM5	Q0.4	机械臂伸出
SQ4	I0.5	机械臂伸出限位	KM6	Q0.5	机械臂缩回
SQ5	I0.6	机械臂缩回限位			
SQ6	I0.7	幼苗容器检测			

2. PLC 硬件接线图

自动移栽机控制系统的 PLC 硬件接线图，如图 4－11 所示。

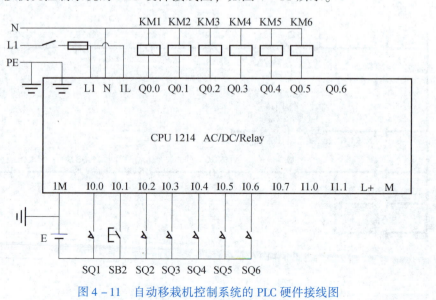

图 4－11 自动移栽机控制系统的 PLC 硬件接线图

3. PLC 程序设计

自动移栽机控制系统的梯形图，如图 4 – 12 所示。

程序段 1：

注释

```
%I0.0          %I0.4          %I0.6          %I0.1          %M0.0
"启动按钮"    "机械臂上行限位"  "机械臂缩回限位"   "停止按钮"      "Tag_1"
  ┤├            ┤├             ┤├             ┤/├            ( )

%M0.0
"Tag_1"
  ┤├

%M0.0          %I0.2          %I0.7                         %Q0.0
"Tag_1"      "幼苗检测"     "幼苗容器检测"                   "机械臂下行"
  ┤P├           ┤├             ┤├                            (S)
%M1.0
"Tag_3"
```

程序段 2：

注释

```
%M0.0          %I0.3                                        %Q0.0
"Tag_1"      "机械臂下行限位"                                "机械臂下行"
  ┤├            ┤P├                                          (R)
              %M1.1
              "Tag_4"

                             %I0.5                          %Q0.2
                          "机械臂伸出限位"                   "机械臂夹爪夹紧"
                             ┤/├                             (S)

                                                            %Q0.3
                                                         "机械臂夹爪放松"
                                                            (R)

                             %I0.5                          %Q0.2
                          "机械臂伸出限位"                   "机械臂夹爪夹紧"
                             ┤├                              (R)

                                                            %Q0.3
                                                         "机械臂夹爪放松"
                                                            (S)

                             %DB1
                        "IEC_Timer_0_DB"
%M0.0          %I0.3          TON
"Tag_1"      "机械臂下行限位"    Time
  ┤├            ┤├         IN        Q
                    T#1s — PT       ET — T#0ms

%M0.0        "IEC_Timer_0_                              %Q0.1
"Tag_1"         DB".Q                                 "机械臂上行"
  ┤├            ┤P├                                      (S)
              %M1.2
              "Tag_5"
```

图 4 – 12　自动移栽机控制系统梯形图

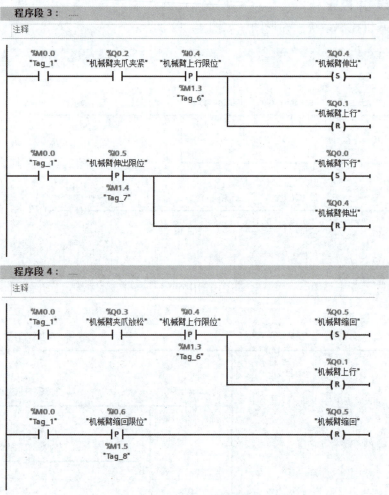

图 4 - 12　自动移栽机控制系统梯形图（续）

程序段 1。在满足系统初始工作状态（限位开关 I0.6 和 I0.4 为 ON）的情况下，按下启动按钮，系统将处于工作状态（M0.0 为 1）。当检测到幼苗和幼苗容器时，则系统开始工作流程，首先会让机械臂下行。

程序段 2。完成机械臂下行和上行的工作过程。机械臂下行到位时（I0.3 为 1），先停止下行（Q0.0 为 0）。然后根据机械臂有无伸出来判断当前要进行的工作，当机械臂未伸出（I0.5 为 0）时，就会加紧夹爪，1 s 之后机械臂携带幼苗上升；当机械臂伸出时（I0.5 为 1），此时夹爪会松开幼苗，移栽完成，1 s 之后，机械臂上升（Q0.1 为 1）。

程序段 3。完成机械臂带幼苗伸出的工作过程。机械臂夹取幼苗完成后（I0.4 为 1），停止上行（Q0.1 为 0），然后开始伸出（Q0.4 为 1）。当机械臂伸出到位时（I0.5 为 1），停止伸出（Q0.4 为 0），然后使 Q0.0 为 1，机械臂开始下行。

程序段 4。幼苗移栽完成后，机械臂回原点过程。当机械臂上行到位时（I0.4 为 1），停止上行（Q0.1 为 0）。然后械臂开始缩回（Q0.5 为 1），到位后（I0.6 为 1），停止缩回（Q0.5 为 0），移栽结束。

任务4.2　十字路口交通灯控制

现有以 PLC 为核心的十字路口交通灯控制系统，其控制要求如下。

开关合上后，东西绿灯亮 4 s 后闪 2 s 灭；黄灯亮 2 s 灭；红灯亮 8 s 灭；绿灯亮循环，对应东西绿黄灯亮时南北红灯亮 8 s，接着绿灯亮 4 s 后闪 2 s 灭；黄灯亮 2 s 后，红灯又亮，如此循环，如图 4-13 所示。

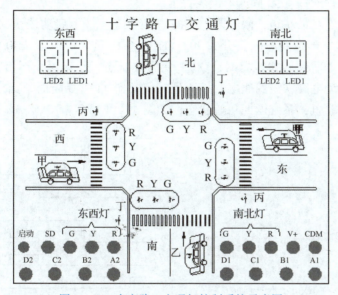

图 4-13　十字路口交通灯控制系统示意图

十字路口交通灯的工作是循环实现的，它的工作过程除了初始状态还包括东西绿灯亮 + 南北红灯亮、东西绿灯闪烁 + 南北红灯亮、东西黄灯亮 + 南北红灯亮、东西红灯亮 + 南北绿灯亮、东西红灯亮 + 南北绿灯闪烁、东西红灯亮 + 南北黄灯亮 6 种状态，每个状态之间按照一定的规律循环转换。因此，本任务可以采用顺序控制设计的方法完成。

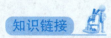

4.2.1　顺序功能图的设计

在工业控制领域，许多场合中要应用顺序控制的方式进行控制，顺序控制是指使生产机械根据生产工艺的要求，按照预先安排的顺序自动动作。

顺序功能图是描述控制系统的控制过程、功能和特性的一种图形，也是设计 PLC 顺序控制程序的有力工具。

顺序功能图法就是依据顺序功能图设计 PLC 顺序控制程序的方法，其基本思想是将系统的一个工作周期分解成若干个顺序相连的阶段。顺序功能图主要由步（step）、与步对应的动作（命令）、有向连线、转换与转换条件组成。

1. 顺序功能图的基本元件

（1）步的基本概念。

顺序控制设计法是将系统的一个工作周期划分为若干个顺序相连的阶段，这些阶段称为步，用编程元件（如 M）来代表各步。

小车开始时停在最左边，限位开关 I0.2 为 1 状态。按下启动按钮，Q0.0 变为 1 状态，小车右行。小车碰到右限位开关 I0.1 时，Q0.0 变为 0 状态，Q0.1 变为 1 状态，小车改为左行。返回到起始位置时，Q0.1 变为 0 状态，小车停止运行，同时 Q0.2 变为 1 状态，使制动电磁铁线圈通电，接通延时定时器 T1 开始定时。当定时时间到，则制动电磁铁线圈断电，系统返回初始状态，如图 4－14 所示。

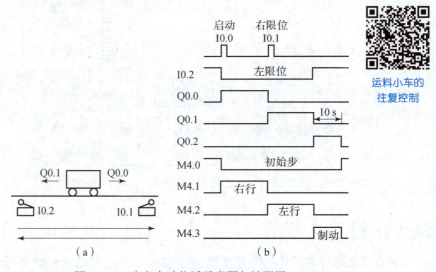

图 4－14　小车自动往返示意图与波形图

根据 Q0.0～Q0.2 的 ON/OFF 状态变化，将上述工作过程划分为 3 步，分别用 M4.1～M4.3 来代表这 3 步，另外还设置了一个等待启动的初始步，用矩形方框表示步。为了便于将顺序功能图转换为梯形图，用代表各步的编程元件的地址作为步的代号。小车自动往返顺序功能图，如图 4－15 所示。

（2）初始步与活动步。

初始状态一般是系统等待启动命令的相对静止状态。与系统的初始状态相对应的步称为初始步，初始步用双线方框来表示。

系统正处于某一步所在的阶段时，称该步为活动步，执行相应的非存储型动作；系统处于不活动步状态时，则停止执行非存储型动作。

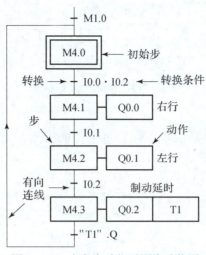

图 4 – 15　小车自动往返顺序功能图

（3）与步对应的动作或命令。

用矩形框中的文字或符号来表示动作，该矩形框与相应步的方框用水平短线相连。应清楚地标明动作是存储型的还是非存储型的。

如果某一步有几个动作，可以用图 4 – 16 中的两种画法来表示。图 4 – 15 中的 Q0.0 ～ Q0.2 均为非存储型动作，在 M4.1 为活动步时，动作 Q0.0 为 ON，M4.1 为不活动步时，动作 Q0.0 为 OFF。T1 的线圈在 M4.3 通电，所以将 T1 放在 M4.3 的动作框内。

图 4 – 16　动作的两种画法

（4）有向连线。

在画顺序功能图时，将代表各步的方框按它们成为活动步的先后次序顺序排列，并用有向连线将它们连接起来。步的活动状态默认的进展方向是从上到下或从左至右，在这两个方向上有向连线的箭头可以省略。

（5）转换与转换条件。

在顺序功能图中，步的活动状态的进展是由一个或者多个状态转换来实现的，并与控制过程的发展相对应。转换符号是一根与有向连线垂直的短横线，步与步之间由转换符号分割。使系统由当前步进入下一步的信号称为转换条件，转换条件可以是外部的输入信号或 PLC 内部产生的信号，还可以是若干个信号的"与""或""非"逻辑组合。转换与转换条件，如图 4 – 17 所示。

2. 顺序功能图的基本结构

依据步的活动状态的进展形式，顺序功能图有以下几种基本结构。

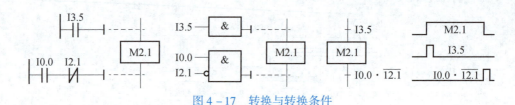

图 4 - 17　转换与转换条件

（1）单序列结构。

单序列由一系列相继激活的步组成，每个步的后面仅有一个转换，每个转换后面仅有一个步，如图 4 - 18 所示。

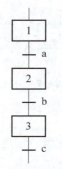

图 4 - 18　单序列结构图

（2）选择序列结构。

1）选择序列的开始称为分支。某个步的后面有几个步，当满足不同的转换条件时，转向对应的步，如图 4 - 19（a）所示。

2）选择序列的结束称为合并。几个选择序列合并到同一个序列上，各个序列上的步在各自转换条件满足时转换到同一个步，如图 4 - 19（b）所示。

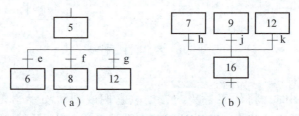

（a）　　　　　　　　　　（b）

图 4 - 19　选择序列结构图
（a）分支；（b）合并

（3）并行序列结构。

1）并行序列的开始称为分支。当转换的实现导致几个序列同时激活时，这些序列称为并行序列，它们被同时激活后，每个序列中步的活动状态的进展将是独立的，如图 4 - 20（a）所示。

2）并行序列的结束称为合并。在并行序列中，处于水平双线以上的各个步都为活动步，当转换条件满足时，同时转换到同一个步，如图 4 - 20（b）所示。

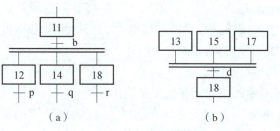

图 4 - 20　并行序列结构图

（a）分支；（b）合并

（4）有子步序列的结构。

根据需要，在顺序功能图中，某个步又可分为几个子步，如图 4 - 21 所示。图 4 - 21（a）为步 3 的简略表示形式，图 4 - 21（b）为将步 3 细分为 5 个子步，详细表示了步 3 的具体细节。步的详细表示方法（子步）可以使系统的设计者在进行总体设计时以更加简洁的方式表达系统的总体功能和概貌，从功能入手对整个系统简要地进行全面描述。在总体设计被确认后，再进行深入的细节设计，这样可以使系统设计者在设计初期抓住系统的主要矛盾而免于陷入某些细节的纠缠，减少总体设计的错误。同时，也便于设计人员和其他相关人员进行设计思想的沟通，便于程序的分工设计和检查调试，进而缩短程序设计时间和调试时间。

三节传送带控制

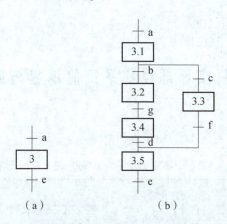

图 4 - 21　有子步序列结构图

3. 顺序功能图中转换实现的基本规则

（1）转换实现的条件。

1）该转换所有的前级步都是活动步。

2）相应的转换条件都能够得到满足。

（2）转换实现应完成的操作。

1）使该转换所有的后续步都变为活动步。

2）使该转换所有的前级步都变为不活动步。

（3）绘制顺序功能图的注意事项。

1）两个步绝对不能直接相连，必须用一个转换将它们分隔开。

2）两个转换也不能直接相连，必须用一个步将它们分隔开。

3）初始步对应于系统等待启动的初始状态，初始步是必不可少的。

4）步和有向连线一般应组成闭环。

（4）顺序控制设计法的本质。

经验设计法试图用输入信号 I 直接控制输出信号 Q，由于不同系统的输出量 Q 与输入量 I 之间的关系各不相同，因此不可能找出一种简单通用的设计方法，如图 4 - 22（a）所示。

顺序控制设计法则是用输入量 I 控制代表各步的编程元件（如 M），再用它们控制输出量 Q。步是根据输出量 Q 的状态划分的，所以输出电路的设计极为简单。任何复杂系统中代表步的存储器位 M 的控制电路设计方法都是通用的，并且很容易掌握，如图 4 - 22（b）所示。

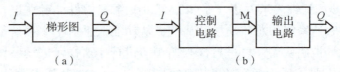

图 4 - 22　经验设计法与顺序控制设计法

（a）经验设计法；（b）顺序控制设计法

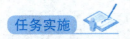

4.2.2　十字路口交通灯控制系统的编程与调试

1. I/O 分配

十字路口交通灯控制系统 I/O 分配表，如表 4 - 2 所示。

表 4 - 2　十字路口交通灯控制系统 I/O 分配表

输入			输出		
符号	地址	功能	符号	地址	功能
SB1	I0.0	启动按钮	HL1	Q0.0	东西绿灯
SB2	I0.1	停止按钮	HL2	Q0.1	东西黄灯
			HL3	Q0.2	东西红灯
			HL4	Q0.3	南北绿灯
			HL5	Q0.4	南北黄灯
			HL6	Q0.5	南北红灯

2. PLC 硬件接线图

十字路口交通灯控制系统硬件接线图，如图 4 - 23 所示。

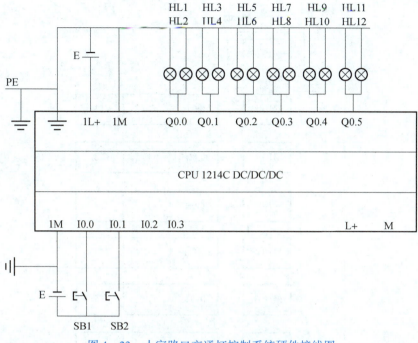

图 4 – 23　十字路口交通灯控制系统硬件接线图

3. 顺序功能图

采用顺序控制设计法设计程序，首先要画出顺序功能图，顺序功能图中的各个步在实现转换时，使前级步的活动结束，后级步的活动开始，步之间没有重叠，使系统中大量复杂的联锁关系问题在步的转换中得以解决。对于每个步的程序段，只需要处理极其简单的逻辑关系，编程方法简单易学、规律性强，程序结构清晰、可读性好、调试方便、工作效率高。

系统的工作过程可以分为若干个状态（本任务包括 7 个状态，首先是起始状态，接着分别为东西绿灯亮＋南北红灯亮、东西绿灯闪烁＋南北红灯亮、东西黄灯亮＋南北红灯亮、东西红灯亮＋南北绿灯亮、东西红灯亮＋南北绿灯闪烁、东西红灯亮＋南北黄灯亮 6 个状态），当满足某个条件（时间条件），系统从当前状态转入下一状态，同时上一状态的动作结束。每个状态对应一个步，可将状态图转为顺序功能图。顺序功能图可以非常清晰、直观地描述十字路口交通灯的控制过程。

本任务中，7 个状态对应于 7 个步，每个步用一个位存储器来表示，分别为 M10.0 ～ M10.6，如图 4 – 24 所示。M10.0 为起始步，M10.1 为东西绿灯亮＋南北红灯亮，M10.2 为东西绿灯闪烁＋南北红灯亮，M10.3 为东西黄灯亮＋南北红灯亮，M10.4 为东西红灯亮＋南北绿灯亮，M10.5 为东西红灯亮＋南北绿灯闪烁，M10.6 为东西红灯亮＋南北黄灯亮。每个步之间通过定时时间转换。由顺序功能图 4 – 24 可以看出，这是典型的单序列顺序功能图，其在任何时刻只有一个步为活动步，也就是说 M10.0 ～ M10.6 在任何时刻只有一位为 1，其他都为 0。每个步对应的输出也必须在顺序功能图中表示出来。

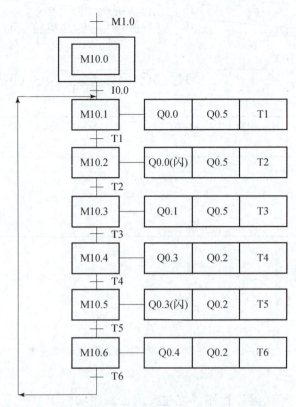

图 4 – 24　十字路口交通灯控制系统顺序功能图

4．PLC 程序设计

　　十字路口交通灯控制系统的梯形图如图 4 – 25 所示。在硬件组态时，已设置了系统存储器字节的地址为 MB1，首次循环位 M1.0 为 1，一般用于初始化子程序。整个梯形图采用以转换为中心的设计方法，结构清晰，程序易读。

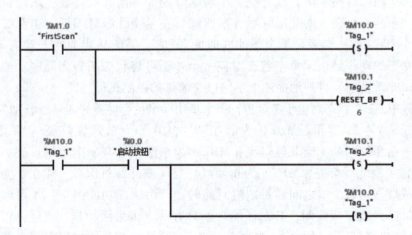

图 4 – 25　十字路口交通灯控制系统梯形图

```
  %M10.1            %M10.2
  "Tag_2"   "T1".Q  "Tag_3"
   ─┤ ├──────┤ ├──────┬──────( S )──
                      │
                      │     %M10.1
                      │     "Tag_2"
                      └──────( R )──

  %M10.2            %M10.3
  "Tag_3"   "T2".Q  "Tag_4"
   ─┤ ├──────┤ ├──────┬──────( S )──
                      │
                      │     %M10.2
                      │     "Tag_3"
                      └──────( R )──

  %M10.3            %M10.4
  "Tag_4"   "T3".Q  "Tag_5"
   ─┤ ├──────┤ ├──────┬──────( S )──
                      │
                      │     %M10.3
                      │     "Tag_4"
                      └──────( R )──

  %M10.4            %M10.5
  "Tag_5"   "T4".Q  "Tag_6"
   ─┤ ├──────┤ ├──────┬──────( S )──
                      │
                      │     %M10.4
                      │     "Tag_5"
                      └──────( R )──

  %M10.5            %M10.6
  "Tag_6"   "T5".Q  "Tag_7"
   ─┤ ├──────┤ ├──────┬──────(   )──
                      │
                      │     %M10.5
                      │     "Tag_6"
                      └──────( R )──

  %M10.6            %M10.1
  "Tag_7"   "T6".Q  "Tag_2"
   ─┤ ├──────┤ ├──────┬──────(   )──
                      │
                      │     %M10.6
                      │     "Tag_7"
                      └──────( R )──

  %I0.1             %M10.0
  "停止按钮"         "Tag_1"
   ─┤ ├──────┬───────────────( S )──
            │
            │      %M10.1
            │      "Tag_2"
            └──────────────( RESET_BF )──
                                6
```

图 4 – 25 十字路口交通灯控制系统梯形图（续）

```
%M10.1                                                    %Q0.0
"Tag_2"                                                  "东西绿灯"
──┤├──────────────────────────┬──────────────────────────( )──

%M10.2        %M0.5                                       │
"Tag_3"      "Clock_1Hz"                                  │
──┤├──────────┤├──────────────┘

              %DB1
              "T1"
%M10.1       ┌─────────┐
"Tag_2"      │  TON    │
──┤├─────────┤  Time   │
             │         │
         ────┤IN     Q ├──
       T#4S──┤PT    ET ├── T#0ms
             └─────────┘

              %DB2
              "T2"
%M10.2       ┌─────────┐
"Tag_3"      │  TON    │
──┤├─────────┤  Time   │
             │         │
         ────┤IN     Q ├──
       T#2S──┤PT    ET ├── T#0ms
             └─────────┘

              %DB6
              "T3"
%M10.3       ┌─────────┐
"Tag_4"      │  TON    │
──┤├─────────┤  Time   │
             │         │
         ────┤IN     Q ├──
       T#2S──┤PT    ET ├── T#0ms
             └─────────┘

%M10.3                                                    %Q0.1
"Tag_4"                                                  "东西黄灯"
──┤├──────────────────────────────────────────────────────( )──

%M10.4                                                    %Q0.2
"Tag_5"                                                  "东西红灯"
──┤├──────┬───────────────────────────────────────────────( )──
          │
%M10.5    │
"Tag_6"   │
──┤├──────┤
          │
%M10.6    │
"Tag_7"   │
──┤├──────┘

%M10.4                                                    %Q0.3
"Tag_5"                                                  "南北绿灯"
──┤├──────────────────────────┬───────────────────────────( )──
                              │
%M10.5        %M0.5           │
"Tag_6"      "Clock_1Hz"      │
──┤├──────────┤├──────────────┘

%M10.6                                                    %Q0.4
"Tag_7"                                                  "南北黄灯"
──┤├──────────────────────────────────────────────────────( )──
```

图 4-25　十字路口交通灯控制系统梯形图（续）

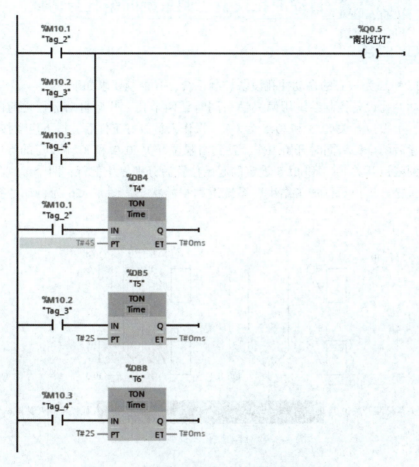

图 4 - 25   十字路口交通灯控制系统梯形图（续）

　　首先进行初始化起始步，并对其他步的标志位清零。当前活动步为 M10.0，按下启动按钮（I0.0 = 1）时，由起始步 M10.0 转换为 M10.1，东西绿灯和南北红灯长亮，此时 M10.0 为非活动步，M10.1 为活动步。

　　当定时器 T1 定时完成时，由 M10.1 转换为 M10.2，此时 M10.2 为活动步，东西绿灯闪烁，南北红灯长亮。当定时器 T2 定时完成时，由 M10.2 转换为 M10.3，此时 M10.3 为活动步，东西黄灯和南北红灯长亮。当定时器 T3 定时完成时，由 M10.3 转换为 M10.4，此时 M10.4 为活动步，东西红灯和南北绿灯长亮。当定时器 T4 定时完成时，由 M10.4 转换为 M10.5，此时 M10.5 为活动步，东西红灯长亮，南北绿灯闪烁。当定时器 T5 定时完成时，由 M10.5 转换为 M10.6，此时 M10.6 为活动步，东西红灯和南北黄灯长亮。当定时器 T6 定时完成时，由 M10.6 转换为 M10.1，此时 M10.1 为活动步，东西绿灯和南北红灯长亮，开始新一轮的循环。

十字路口
交通灯的控制

任务4.3 自动冲孔设备控制系统的编程与调试

任务导入

现有以 PLC 为核心的自动冲孔设备控制系统，其控制要求如下。

某自动冲孔设备控制系统用两只钻头同时钻两个孔，开始自动运行之前两个钻头在最上面，上限位开关 I0.3 和 I0.5 为 ON，操作人员放好工件后，按下启动按钮 I0.1，工件被夹紧后两个钻头同时开始工作，钻到由限位开关 I0.2 和 I0.4 设定的深度时分别上行，回到限位开关 I0.3 和 I0.5 设定的起始位置后分别停止上行，两个都到位后，工件被松开，松开到位后，加工结束，系统返回初始状态。图 4-26 为自动冲孔设备工作示意图。

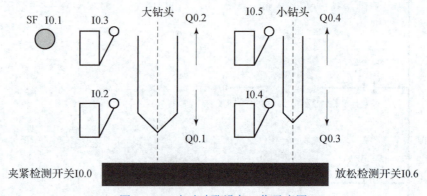

图 4-26 自动冲孔设备工作示意图

任务分析

自动冲孔设备控制系统是采用典型的并行序列结构顺序控制设计的，顺序过程除了起始状态还包括工件夹紧、大钻头下行、大钻头上行、大钻头停止、小钻头下行、小钻头上行、小钻头停止、工件放松 8 个状态，每个状态之间按照一定的规律转换。而且，大钻头和小钻头的工作同时展开，互不影响。因此，本任务宜采用并行序列结构顺序控制设计的方法完成。

任务实施

1. I/O 分配

自动冲孔设备控制系统 I/O 分配表，如表 4-3 所示。

表 4-3 自动冲孔设备控制系统 I/O 分配表

输入			输出		
符号	地址	功能	符号	地址	功能
SQ1	I0.0	夹紧检测开关	KM1	Q0.0	工件夹紧
SB1	I0.1	启动按钮	KM2	Q0.1	大钻头下降
SQ2	I0.2	大钻头下限位开关	KM3	Q0.2	大钻头上升
SQ3	I0.3	大钻头上限位开关	KM4	Q0.3	小钻头下降
SQ4	I0.4	小钻头下限位开关	KM5	Q0.4	小钻头上升
SQ5	I0.5	小钻头上限位开关	KM6	Q0.5	工件放松
SQ6	I0.6	放松检测开关			

2. PLC 硬件接线图

自动冲孔设备控制系统硬件接线图，如图 4-27 所示。

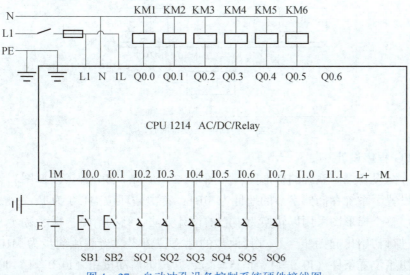

图 4-27　自动冲孔设备控制系统硬件接线图

3. 顺序功能图

本任务是典型的并行序列结构顺序控制，系统的工作过程可以分为 9 个状态（首先是起始状态，接着分别为工件夹紧、大钻头下行、大钻头上行、大钻头停止、小钻头下行、小钻头上行、小钻头停止、工件放松 8 个状态），当满足某个条件（时间条件或者触发行程开关）时，系统从当前状态转入下一个状态，同时上一个状态的动作结束。每个状态对应一个步，可以将状态图转为顺序功能图。顺序功能图可以非常清晰、直观地描述自动冲孔设备控制系统的控制过程。

本任务中，9 个状态对应 9 个步，每个步用一个位存储器来表示，分别为 M10.0～M10.7 及 M11.0，如图 4-28 所示。M10.0 为起始步，M10.1 为工件夹紧，M10.2 为大钻头下行，M10.3 为大钻头上行，M10.4 为大钻头停止，M10.5 为小钻头下行，M10.6 为小钻头上行，M10.7 为小钻头停止，M11.0 为工件放松。由顺序功能图 4 - 28 可以看出，这是典型的并行序列顺序功能图，大钻头和小钻头的工作是同时展开的。当 I0.0 = 1 时，M10.2 和 M10.5 同时激活；当 M10.4 和 M10.7 同时激活时，M11.0 才能激活。每个步对应的输出也在顺序功能图 4 - 28 中表示出来。

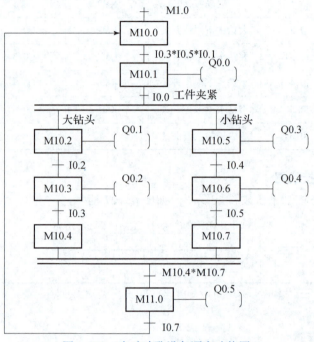

图 4 - 28　自动冲孔设备顺序功能图

4. PLC 程序设计

自动冲孔设备控制系统的梯形图，如图 4 - 29 所示（部分程序段截图）。在硬件组态时，已设置了系统存储器字节的地址为 MB1，首次循环位 M1.0 为 1，一般用于初始化子程序。整个梯形图采用以转换为中心的设计方法，结构清晰，程序易读。

首先进行初始化起始步，并对其他步的标志位清零。当前活动步为 M10.0，当满足系统的初始位置条件（I0.3 = 1，I0.5 = 1），并按下启动按钮（I0.0 = 1）时，由起始步 M10.0 转换为 M10.1，工件被夹紧，此时 M10.0 为非活动步，M10.1 为活动步。

当工件夹紧完成（I0.0 = 1）时，则 M10.1 转换为 M10.2 和 M10.5，此时 M10.2 和 M10.5 为活动步，大钻头和小钻头开始工作。当大钻头下行到下方限位开关时，则 I0.2 = 1，M10.2 转换为 M10.3，此时 M10.3 为活动步，大钻头开始上行。当大钻头上行到上面的限位开关时，则 I0.3 = 1，M10.3 转换为 M10.4，此时 M10.4 为活动步，大钻头恢复到静止状态。当小钻头下行到下方限位开关时，则 I0.4 = 1，M10.5 转换为 M10.6，此时 M10.6 为活动步，小钻头开始上行。当大小钻头上行到上面的限位开关时，则 I0.5 = 1，M10.6 转换为 M10.7，此时 M10.7 为活动步，小钻头恢复到静止状态。

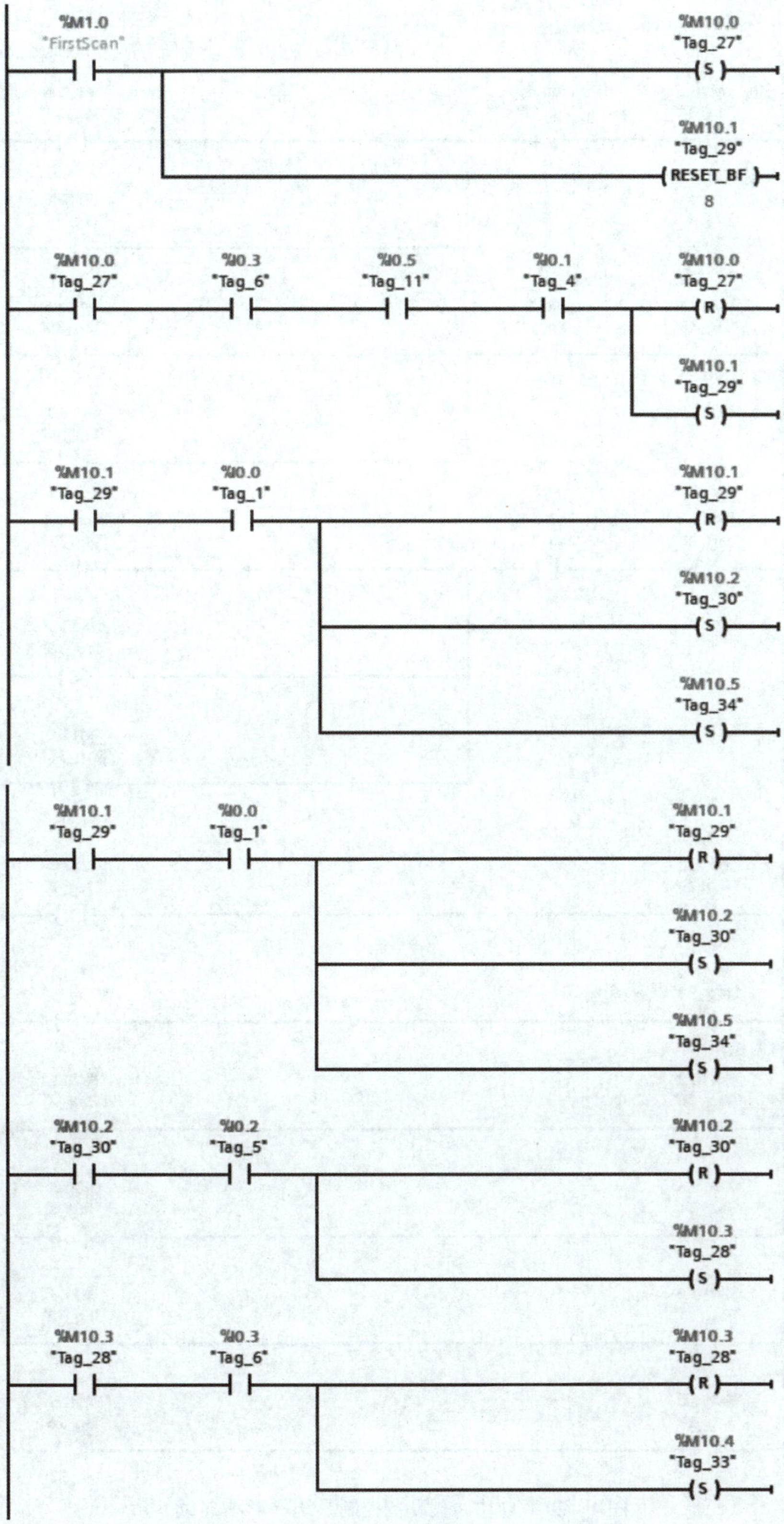

```
%M1.0                                                          %M10.0
"FirstScan"                                                    "Tag_27"
───┤├───┬──────────────────────────────────────────────────────( S )───

                                                               %M10.1
                                                               "Tag_29"
          └─────────────────────────────────────────────────{ RESET_BF }
                                                                   8

%M10.0        %I0.3         %I0.5         %I0.1                 %M10.0
"Tag_27"      "Tag_6"       "Tag_11"      "Tag_4"              "Tag_27"
───┤├──────────┤├────────────┤├────────────┤├──────┬───────────( R )───

                                                               %M10.1
                                                               "Tag_29"
                                                    └───────────( S )───

%M10.1        %I0.0                                            %M10.1
"Tag_29"      "Tag_1"                                          "Tag_29"
───┤├──────────┤├───────┬───────────────────────────────────────( R )───

                                                               %M10.2
                                                               "Tag_30"
                        ├───────────────────────────────────────( S )───

                                                               %M10.5
                                                               "Tag_34"
                        └───────────────────────────────────────( S )───

%M10.1        %I0.0                                            %M10.1
"Tag_29"      "Tag_1"                                          "Tag_29"
───┤├──────────┤├───────┬───────────────────────────────────────( R )───

                                                               %M10.2
                                                               "Tag_30"
                        ├───────────────────────────────────────( S )───

                                                               %M10.5
                                                               "Tag_34"
                        └───────────────────────────────────────( S )───

%M10.2        %I0.2                                            %M10.2
"Tag_30"      "Tag_5"                                          "Tag_30"
───┤├──────────┤├───────┬───────────────────────────────────────( R )───

                                                               %M10.3
                                                               "Tag_28"
                        └───────────────────────────────────────( S )───

%M10.3        %I0.3                                            %M10.3
"Tag_28"      "Tag_6"                                          "Tag_28"
───┤├──────────┤├───────┬───────────────────────────────────────( R )───

                                                               %M10.4
                                                               "Tag_33"
                        └───────────────────────────────────────( S )───
```

图 4 – 29 自动冲孔设备控制系统梯形图

```
%M10.5          %I0.4                                    %M10.5
"Tag_34"        "Tag_10"                                 "Tag_34"
──┤ ├────────────┤ ├──────┬──────────────────────────────( R )──

                                                         %M10.6
                                                         "Tag_35"
                          └──────────────────────────────( S )──


%M10.6          %I0.5                                    %M10.6
"Tag_35"        "Tag_11"                                 "Tag_35"
──┤ ├────────────┤ ├──────┬──────────────────────────────( R )──

                                                         %M10.7
                                                         "Tag_36"
                          └──────────────────────────────( S )──


%M10.3          %M10.7                                   %M10.4
"Tag_28"        "Tag_36"                                 "Tag_33"
──┤ ├────────────┤ ├──────┬──────────────────────────────( R )──

                                                         %M10.7
                                                         "Tag_36"
                          ├──────────────────────────────( R )──

                                                         %M11.0
                                                         "Tag_37"
                          └──────────────────────────────( S )──


%M10.1                                                   %Q0.0
"Tag_29"                                                 "Tag_2"
──┤ ├────────────────────────────────────────────────────( )──


%M10.2                                                   %Q0.1
"Tag_30"                                                 "Tag_3"
──┤ ├────────────────────────────────────────────────────( )──


%M10.3                                                   %Q0.2
"Tag_28"                                                 "Tag_7"
──┤ ├────────────────────────────────────────────────────( )──


%M10.5                                                   %Q0.3
"Tag_34"                                                 "Tag_8"
──┤ ├────────────────────────────────────────────────────( )──


%M10.6                                                   %Q0.4
"Tag_35"                                                 "Tag_12"
──┤ ├────────────────────────────────────────────────────( )──


%M11.0                                                   %Q0.5
"Tag_37"                                                 "Tag_26"
──┤ ├────────────────────────────────────────────────────( )──
```

图 4-29 自动冲孔设备控制系统梯形图（续）

当大钻头、小钻头都恢复到静止状态（M10.4 和 M10.7 为活动步）时，则 M10.4 和 M10.7 转换为 M11.0，此时 M11.0 为活动步，开始松开工件。当工件松开到位（I0.6 = 1）时，则回到 M10.0，自动冲孔设备控制系统的一次工作过程完成。

大国工匠："胖妞"运 20 飞机机身数字化装配领军人——胡洋

"胖妞"是军迷对运 20 大型战略运输机的昵称，很形象很亲切，其实运 20 还有一个霸气威武的名字，叫作"鲲鹏"，鲲鹏展翅，动于九天之上，扶摇九万余里。它是我国自主研制的首款大型运输机，标志着中国大飞机设计制造能力取得突破性进展。大国重器高飞，离不开大国工匠的托举，千锤百炼，精益求精，在毫厘之间极限操作。他们让"20 家族"翱翔天际，在它的身上，凝聚了几代航空人的智慧和汗水，其中有一位 90 后——胡洋，他是运 20 飞机机身数字化装配的领军人。

大国工匠案例

胡洋，航空工业西飞机身装配厂数字化装配工程师。

2014 年，大学刚毕业的胡洋进入中航西飞。初入职场的他却被现实"泼了一盆冷水"，厂里安排他做一个装配工，本以为可以参与更有技术含量工作的胡洋难免有些失落。在一次制孔中，他在一个已经制过的孔上又制了一遍。因为不严谨，师父严厉批评了他，告诉他飞机上任何一个小孔出现问题都可能产生裂纹，久而久之，可能导致飞机在飞行中解体。师父的一番教诲点醒了胡洋。于是他在本上记下了这样一段话：好好干事，好好干活。这句话时刻提醒胡洋，改掉了毛毛躁躁的坏习惯，性子慢慢沉了下来。

为提高制造效率，中航西飞决定在运 20 装配中启用数字化系统，胡洋被推荐加入了培训班。他早上跟着专家在现场实践，夜晚把白天的知识吃透、搞懂，找出问题，第二天继续向专家请教。他清楚地知道，面对新的领域，只有脚踏实地，把所学的知识和工作实践相结合，才能在数字化装配的道路上越走越远。

数字化装配就是让机器人"开窍"，称职的数字化装配工，应该是机器人的教习员，既帮它"开蒙"，也助其进步。十几年来，胡洋见证了这些机器人的进步，通过对机器人承担的功能进行适配、调试，引导它们顺利完成飞机的调姿、制孔等工序，从最初的不够精准，到现在的装配自如……

在中航西飞，运 20 的机身调姿是飞机制造过程的重中之重。若整机的姿态有问题，它的机翼肯定是偏的，垂尾也是偏的，起落架也是偏的，会造成严重后果。机身调姿对精度要求极高，全长 50 m 的机身，各个部位偏差不能超过 0.5 mm，这就好比在一个篮球场不能出现芝麻粒大小的误差。以往，这项工作需要十几个人通力合作一个月才能完成，今天只要两三个人一天就可以完成，胡洋带领团队实现了大飞机机身数字化装配"零"的突破，效率提高百倍的同时，精度能达到毫米级。

胡洋从进厂之初的青涩，到如今已成为运 20 飞机机身数字化装配的领军人物，只用了 8 年时间，这样的成长可谓是"神速"。胡洋的徒弟赵宇说："我师傅就像是长在厂房里一样，我们有任何需要他的时候，他一定会出现在现场。"他既是解决软件 bug 的工程师，又是趴在地上的机械师，还是坐在计算机前编写加工程序的程序员。

胡洋提出了"提高装配效率，降低装配成本，保证装配质量"的班组理念，稳步提升团队制造能力，成功让产品质量零拒收成为现实，并使某型机生产效率提升近50%。这些令人欣喜的数据背后，离不开数字智能班成员的责任感和使命感，也使他们成为机身装配厂里一支最年轻、最闪光的团队。他们装配的运20，用一次次完美的表现，越来越多地出现在国家的重大任务中。每一次听到"胖妞"（运20）的消息，胡洋作为它的亲历者，自豪感是无法用任何语言来形容的。

创新的思维、航空的梦想、智能的未来。胡洋用实际行动带领团队开启数字化智能装配的新篇章。

思考与练习

1. 电机启动后 M1 运转 10 s 后停止 5 s，M2 运转 5 s 后停止 10 s；当 M1、M2 均停止时，M3 运转 5 s。动作 3 次后，M1、M2、M3 均停止，运行中按下停止按钮，可以使 M1、M2、M3 同时停止。试设计控制程序。

2. 设计机床工作台往返线路，其动作顺序如下。

（1）工作台由一台电机拖动，从原位开始前进，到达终点后自动停止。

（2）在终点停留 40 s 后自动返回原位，到达原位后自动停止。

（3）要求能在前进或后退中任一位置均可停止或启动。

3. 设计一个小车自动控制电路程序，工作状态是 SA 闭合，要求如下。上电小车退回 A 点，A 点开关 SQ1 接通，A 点指示灯以 0.5 s 的间隔闪烁，按下启动按钮，小车前进，同时接通前进电机，A 点指示灯灭；当前进至 B 点开关 SQ2 时，小车停止，B 点指示灯以 0.5 s 的间隔闪烁，延时 10 s 后自动返回，接通后退电机，当后退至 A 点开关 SQ1 时，小车停止，A 点指示灯闪烁，3 s 后自动前进，如此往返。循环 3 次后小车在 A 点待命。

检修状态：当 SA 断开时，小车只能手动控制，按下点动前进按钮，小车点动前进，小车接通前进电机，前进至 B 点开关 SQ2 时小车停止；按下点动后退按钮，小车点动后退，小车接通后退电机，后退至 A 点开关 SQ1 时，小车停止。

4. 液体混合控制系统。

液位传感器被液体淹没时为 ON，电磁阀线圈通电时阀门打开，线圈断电时阀门关闭。初始状态时容器是空的，各阀门均关闭。

按下启动按钮，打开阀 A，液体 A 流入容器。中限位开关变为 ON 时，关闭阀 A，打开阀 B，液体 B 流入容器。液面升到上限位开关时，关闭阀 B，电机开始运行，搅拌液体。50 s 后停止搅拌，打开阀 C，放出混合液。液面降至下限位开关之后再过 6 s，容器放空，关闭阀 C，打开阀 A，又开始下一周期的操作。按下停机按钮，当前工作周期的操作结束后，才停止操作，返回并停留在初始状态，如图 4 – 30 所示。

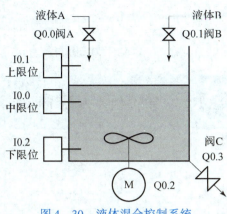

图 4 – 30　液体混合控制系统

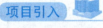

项目5　物料输送控制系统

 项目引入

　　物料输送控制系统是一种自动化控制系统，用于对物料传送带进行智能化、高效化控制。有提高生产效率、降低生产成本、优化生产流程、提高生产安全性等优点。物料输送控制系统经历了从机械化、电气化到自动化、智能化的发展过程，目前正向数字化、网络化智能化的方向发展。目前物料输送控制系统广泛应用在制造业、物流业、采矿业和食品药品等行业。从汽车制造、机械生产、电子制造，到快递分拣、仓储管理，再到煤炭、金属矿山的采矿过程，还有食品加工、药品生产等行业，物料输送控制系统都起到了重要作用。

项目目标

知识目标

（1）掌握 S7－1200 PLC 的 DB。

（2）掌握 S7－1200 PLC 模拟量技术。

（3）掌握 S7－1200 PLC 变频器控制技术。

（4）掌握 S7－1200 PLC 的高速计数器。

能力目标

（1）能够正确使用 S7－1200 PLC 的 DB。

（2）能够正确使用 S7－1200 PLC 模拟量技术。

（3）能够正确使用 S7－1200 PLC 变频器控制技术。

（4）能够正确使用 S7－1200 PLC 的高速计数器。

 职业能力图谱

　　职业能力图谱如图 5－1 所示。

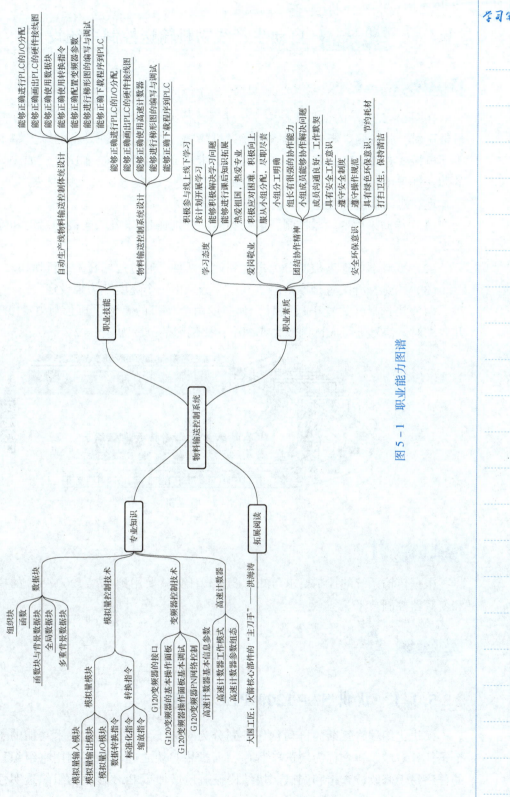

图 5 - 1　职业能力图谱

任务5.1 自动生产线物料输送控制系统设计

任务导入

在图 5-2 所示的食品机械中，传输系统被大量地使用，如在烘烤蛋糕前必须由传输带送料，并按照烘烤工艺匀速地通过烘烤箱。以前，这种设备的调速基本上都采用手动机械式有级调速，如更换不同大小的带轮或改变齿轮箱变比等。如今，该类设备的调速都采用变频调速，能够大大扩展调速范围，且能够实现无级调速。

现在对该食品机械进行控制系统的设计，要求如下。

（1）传动采用变频器控制，启动和停止分别通过与 PLC 连接的启动和停止按钮来实现。

（2）变频器的速度控制分为本地和远程两种，通过选择开关进行切换。

（3）当选择开关置于本地时，其速度分别由三个速度开关来设定。

（4）当选择开关置于远程时，其速度由上位机的直流电压信号 0~10 V 来设定，并要求对该信号进行成比例放大或缩小，比例因数范围为 0.5~2。

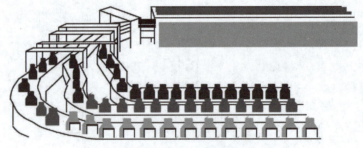

S7-1200 PLC
程序结构

图 5-2　食品机械

任务分析

根据传输系统的控制要求可知，要实现任务就要用到 S7-1200 PLC 的模拟量技术和变频器控制技术。

知识链接

5.1.1　认识 S7-1200 PLC 的 DB

模块化编程将复杂的自动化任务划分为对应于生产过程的技术功能的子任务，每个子任务对应于一个称为块的子程序，通过块与块之间的相互调用来组织程序。这样的程序易于修改、查错和调试。块结构显著地增加了 PLC 程序的组织透明性、可理解性和易维护性。

块类型包括组织块（OB）、函数块（FB）、函数（FC）和数据块（DB），其中OB、FB、FC统称代码块，被调用的代码块可以嵌套调用别的代码块。从程序循环OB或启动OB开始，嵌套深度为16；从中断OB开始，嵌套深度为6。

通过设计FB和FC执行通用任务，可以创建模块化代码块。然后可以通过其他代码块调用这些可重复使用的模块来构建程序。调用块将设备特定的参数传递给被调用块。

当一个代码块调用另一个代码块时，CPU会执行被调用块中的程序代码。执行完被调用块后，CPU会继续执行调用块，接着继续执行该块调用之后的指令，如图5-3所示。

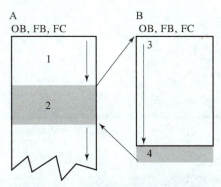

图5-3　代码块调用流程示意图
A—调用块；B—被调用（或中断）块；1—程序执行；2—用于触发其他块执行的指令或事件；
3—程序执行；4—块结束（返回到调用块）

通过在项目树内双击"程序块"→"添加新块"选项，弹出"添加新块"对话框，在对话框左侧单击需要添加的块类型按钮，如图5-4、图5-5所示。

图5-4　"添加新块"选项

1. OB

OB为程序提供结构，它们充当操作系统和用户程序之间的接口。OB是由事件驱动的，事件（如诊断中断或时间间隔）会使CPU执行OB。某些OB预定义了起始事件和行为。

程序循环OB包含用户主程序。用户程序中可以包含多个程序循环OB。RUN模式期间，程序循环OB以最低优先级等级执行，可被其他事件类型中断。

启动OB不会中断程序循环OB，因为CPU在进入RUN模式之前将先执行启动OB。

完成程序循环OB的处理后，CPU会立即重新执行程序循环OB，该循环处理适用于PLC的正常处理类型。

图 5 - 5 "添加新块"对话框

对于许多应用来说,整个用户程序位于一个程序循环 OB 中。可以创建其他 OB 以执行特定的功能,如用于处理中断和错误或用于以特定的时间间隔执行特定程序代码,这些 OB 会中断程序循环 OB 的执行。

在项目树内双击"程序块"→"添加新块"选项,弹出"添加新块"对话框,在用户程序中创建新的 OB,如图 5 - 6 所示。

图 5 - 6 创建新的 OB

总是由事件驱动中断处理。发生此类事件时,CPU 会中断用户程序的执行并调用已组态用于处理该事件的 OB。完成中断 OB 的执行后,CPU 会在中断点继续执行用户程序。

如果为用户程序创建了多个程序循环 OB,则 CPU 会按数字顺序从具有最小编号

（如 OB 1）的程序循环 OB 开始执行每个程序循环 OB，例如，当第一个程序循环 OB（如 OR 1）完成后，CPU 将执行下一个编号更高的程序循环 OB。

可以对 OB 的属性进行修改，在项目树内右击创建的 OB 块，在弹出的快捷菜单中选择"属性"选项，可以修改 OB 编号、编程语言等参数，如图 5 - 7 所示。

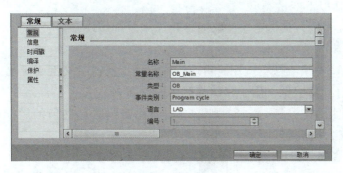

图 5 - 7 OB 属性

2. FC

FC 是通常用于对一组输入值执行特定运算的代码块。FC 将此运算结果存储在存储器位置。例如，可以使用 FC 执行标准运算和可重复使用的运算（如数学计算）或者执行工艺功能（如使用位逻辑运算执行独立的控制）。

FC 也可以在程序中的不同位置多次调用，此重复使用简化了对经常重复发生的任务的编程。FC 不具有相关的背景 DB，对于用于计算该运算的临时数据，FC 采用了局部数据堆栈，不保存临时数据。要长期存储数据，可以将输出值赋给全局存储器位置，如 M 存储器或全局 DB。

在项目树内双击新添加的 FC，弹出 FC 编程窗口，如图 5 - 8 所示，窗口分为两个区域：接口区域和程序区域。

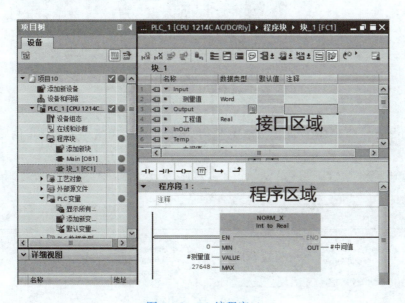

图 5 - 8 FC 编程窗口

接口中包含块所用局部变量和局部常量的声明，这些变量可分为以下两组。

（1）在程序中调用时构成块接口的块参数。

（2）用于存储中间结果的局部数据。

变量声明可用于定义程序中块的调用接口，以及块中需使用的变量/常量名称和数据类型。FC 包括以下变量类型。

Input：输入参数，其值由块读取的参数（来自调用块）。

Output：输出参数，其值由块写入的参数（写给调用块）。

InOut：输入/输出参数，调用时由块读取其值，执行后又由块写入其值的参数。

Temp：临时局部数据，用于存储临时中间结果的变量，只保留一个周期的临时局部数据。如果使用临时局部数据，则必须确保在要读取这些值的周期内写入这些值，否则，这些值将为随机数。

Constant：常数，在块中使用且带有声明符号名的常量。

Return：返回值（RET_VAL）为返回给调用块的值。如果指定 Void 值，则该函数不返回任何值，可以通过输出参数 RET_VAL 将此函数值返回给调用块。为此，必须在函数的接口中声明输出参数 RET_VAL。RET_VAL 始终是函数的首个输出参数。参数 RET_VAL 可以是除 Array 和 Struct 及 Timer 和 Counter 参数类型之外的所有数据类型。

以下是对 FC 进行编程举例，程序实现将模拟量输入模块采集到的测量值转换为工程量值（温度值），在 FC 内部使用了 NORM_X 指令和 SCALE_X 指令（指令的讲解及应用可参考 5.1.2 节）。

接口变量定义如图 5-9 所示，包括 1 个输入变量、1 个输出变量和 4 个常数。

	名称	数据类型	默认值
1	▼ Input		
2	测量值	Int	
3	▼ Output		
4	工程值	Real	
5	▶ InOut		
6	▼ Temp		
7	中间值	Real	
8	▼ Constant		
9	测量值下限	Int	0
10	测量值上限	Int	27648
11	工程量下限	Real	0.0
12	工程量上限	Real	250.0

图 5-9　接口变量定义

程序如图 5-10 所示，通过 NORM_X 指令和 SCALE_X 指令，将测量值转换为实际的工程值。

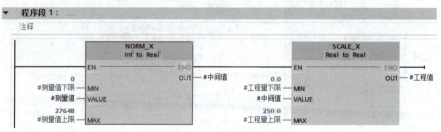

图 5-10　FC 应用示例

在 OB1 内调用 FC，在项目树内将 FC 拖动至 OB1，FC 的测量值即为接口部分定义的输入参数，此处输入实际的模拟量测量值的保存地址（如模拟量模块的通道 0 的地址为 IW96），工程值为接口部分定义的输出参数，如图 5 – 11 所示，将工程值保存至 MD20。在线监控程序运行时，可看到实际的温度值（工程值）变化。

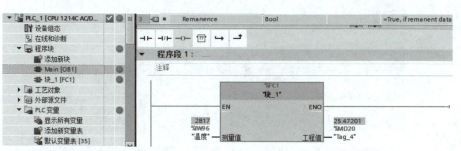

图 5 – 11　FC 应用示例

3. FB 与背景 DB

FB 是使用背景 DB 保存其参数和静态数据的代码块。FB 具有位于 DB 或背景 DB 中的变量存储器。背景 DB 提供与 FB 实例（或调用）关联的一块存储区并在 FB 完成后存储数据。可将不同的背景 DB 与 FB 的不同调用进行关联。通过背景 DB 可使用一个通用 FB 控制多个设备。

通过使一个代码块对 FB 和背景 DB 进行调用，来构建程序。然后，CPU 执行该 FB 中的程序代码，并将块参数和静态局部数据存储在背景 DB 中。FB 执行完成后，CPU 会返回到调用该 FB 的代码块中，背景 DB 保留该 FB 实例的值。随后在同一扫描周期或其他扫描周期中调用该功能块时可使用这些值。

用户通常使用 FB 控制在一个扫描周期内未完成其运行的任务或设备的运行。要存储运行参数以便从一个扫描快速访问到下一个扫描，用户程序中的每一个 FB 都具有一个或多个背景 DB。调用 FB 时，也需要指定包含块参数及用于该调用或 FB 实例的静态局部数据的背景 DB。FB 完成执行后，背景 DB 将保留这些值。

通过设计用于通用控制任务的 FB，可对多个设备重复使用 FB，方法是为 FB 的不同调用选择不同的背景 DB。

FB 将 Input、Output 和 InOut 及静态参数存储在背景 DB 中。

背景 DB 存储每个参数的默认值和起始值。起始值提供在执行 FB 时使用的值。然后可在用户程序执行期间修改起始值。FB 接口还提供一个默认值（default value）列，能够在编写程序代码时为参数分配新的起始值。然后将 FB 中的这个默认值传给关联背景 DB 中的起始值。

FB 与 FC 的编程窗口类似，包括接口区域和程序区域，在接口区域除了 Input、Output、InOut、Temp 及 Constant 参数以外，还有一个 Static 变量参数。Static 为静态局部数据，用于在背景 DB 中存储静态中间结果的变量。静态数据会一直保留到被覆盖，这可能需要在几个周期之后，即 FB 执行完后，在下次重新调用它时，Static 变量的值保持不变。背景 DB 如图 5 – 12 所示。

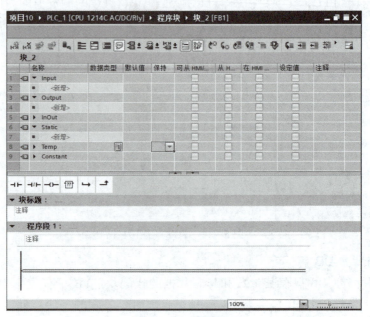

图 5 – 12　背景 DB

如图 5 – 13 所示，在 FB 内编程，当按下启动按钮时水泵电机启动、阀门打开；当按下停止按钮时，水泵电机停止运行，此时阀门延时一定时间之后关闭。使用了 TOF 关断延时定时器指令。

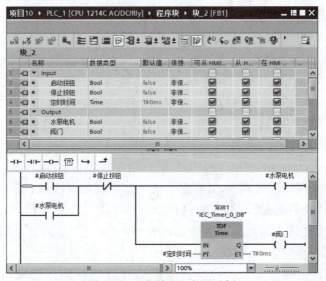

图 5 – 13　背景 DB 应用示例

在将 FB 添加进 OB1 进行调用时会弹出图 5 – 14 所示的"调用选项"对话框，提示为该 FB 生成一个背景 DB，可修改默认名称后，单击"确定"按钮。

在 OB1 内两次调用 FB，实现对两台机组的控制，如图 5 – 15 所示，每调用一次 FB 都会生成一个背景 DB。

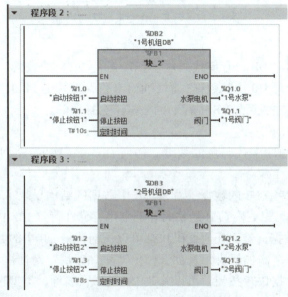

图 5 – 14　添加 FB 块

图 5 – 15　FB 调用示例

背景 DB 中的变量就是其 FB 的局部变量中的 Input、Output、InOut、Static 变量，如图 5 – 16 所示。FB 的数据永久性地保存在它的背景 DB 中，在 FB 执行完后也不会丢失，以供下次执行时使用。其他代码块可以访问背景 DB 中的变量。

不能直接删除和修改背景 DB 中的变量，只能在它的 FB 的接口区域进行删除或修改。

图 5 – 16　背景 DB 变量修改

在 FB 的接口区域定义变量（Input、Output 等）时，会为变量自动指定一个默认值，可以对默认值进行修改。当生成背景 DB 时，接口区域的默认值会被传递给 DB 内相同变量的起始值。

可以在背景 DB 内对起始值进行修改，如果在调用 FB 时，没有给形参指定实参，则默认使用起始值作为形参，如图 5-17 所示。

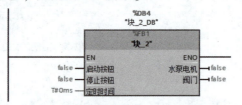

图 5-17　背景 DB 变量默认起始值

4. 全局 DB

在用户程序中创建 DB 以存储代码块（OB、FB、FC）的数据。用户程序中的所有程序块都可以访问全局 DB 中的数据，而背景 DB 仅存储特定 FB 的数据。

相关代码块执行完成后，DB 中存储的数据不会被删除。

有以下两种类型的 DB。

全局 DB：存储程序中代码块的数据，任何 OB、FB 或 FC 都可访问全局 DB 中的数据。

背景 DB：存储特定 FB 的数据，背景 DB 中数据的结构反映了 FB 的参数（Input、Output 和 InOut）和静态数据（FB 的临时存储器不存储在背景 DB 中）情况。尽管背景 DB 反映特定 FB 的数据，然而任何代码块都可以访问背景 DB 中的数据。

在项目树内双击"添加新块"选项，弹出"添加新块"对话框，如图 5-18 所示，在窗口左侧单击"数据块"按钮，可以修改 DB 的默认名称，类型选择"全局 DB"选项，单击"确定"按钮即可创建一个全局 DB。

图 5-18　添加全局 DB

学习笔记

在项目树内双击新生成的"数据块_1"选项,弹出 DB 窗口,可以在窗口列表内添加 DB 变量,如图 5-19 所示,包含了 3 个 Real 数据类型的变量、2 个 Bool 类型的变量和 1 个名称为"混合液体"的数组,数组元素的数据类型为 Word。

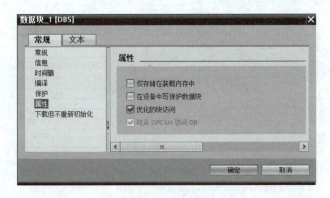

图 5-19　全局 DB 示例

在项目树内,右击"数据块_1"选项,在弹出的快捷菜单内选择"属性"选项,如图 5-20 所示。有 2 个较为重要的参数为"在设备中写保护数据块"和"优化的块访问"。

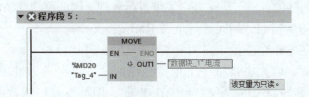

图 5-20　全局 DB 参数设置

(1) 在设备中写保护 DB。

勾选"在设备中写保护数据块"复选框,则 DB 内的变量为只读属性,不能写入,例如,图 5-21 所示的全局 DB 只读模式示例程序中,如果通过 MOVE 指令将 MD20 的值传递给"数据块_1"中的变量,则会报错,提示"该变量为只读"。

程序段 5:

MOVE
EN   ENO
%MD20   OUT1 — 数据块_1".电流
"Tag_4" — IN

该变量为只读。

图 5-21　全局 DB 只读模式示例

若取消勾选"在设备中写保护数据块"复选框,则可以对变量写入数值,如图 5-22 所示的程序中可以将 MD20 的值传递给"数据块_1"中的变量,不会报错。

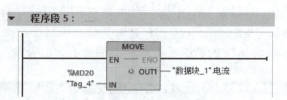

图 5-22　全局 DB 变量值写入示例

（2）优化的块访问。

若勾选"优化的块访问"复选框，则可优化访问的 DB 没有固定的定义结构。在声明中，仅为数据元素分配一个符号名称，而不分配在块中的固定地址。这些元素将自动保存在块的空闲内存区域中，从而在内存中不留存储间隙，这样可以提高内存空间的利用率。

在这些 DB 中，变量使用符号名称进行标识（符号寻址）。若要寻址该变量，则需要输入该变量的符号名即可。

如图 5-23 所示，若对优化访问的 DB 进行绝对寻址（如 DB5.DBD4），则会报错。

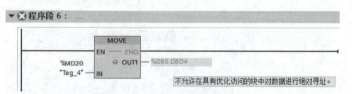

图 5-23　优化块绝对寻址示例

如图 5-24 所示，若对优化访问的 DB 进行符号寻址（如" 数据块_1". 电流），则不会报错。

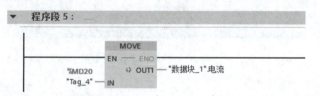

图 5-24　优化块符号寻址示例

可优化访问的 DB 具有以下优势。

1）可以使用任意结构创建 DB，而不需要在意各个数据元素的物理排列方式。

2）由于数据的存储方式已优化并由系统进行管理，因此可快速访问经优化的数据。

3）不会发生访问错误，如间接寻址或 HMI 进行访问。

4）可以将指定的单个变量定义为具有保持性的变量。

5）默认情况下，优化块具有一个预留存储区，可以在操作过程中对 FB 或 DB 的接口进行扩展。不需要将 CPU 设置为 STOP 模式，即可下载已修改的块，而不会影响已加载变量的值。

若取消对"优化的块访问"复选框的勾选，则该 DB 为可标准访问的 DB，具有固定的结构。数据元素在声明中分配了一个符号名，并且在块中有固定地址，地址将显示在"偏移量"列中。

打开"数据块_1"，可以看到增加了一列"偏移量"，如图 5 – 25 所示，该列标识了每个变量元素的绝对地址，在编程时可采用绝对地址寻址。

		名称	数据类型	偏移量	起始值	保持
1	◀ ▼	Static				☐
2	◀ ▪	电压	Real	0.0	0.0	☐
3	◀ ▪	电流	Real	4.0	0.0	☐
4	◀ ▪	频率	Real	8.0	0.0	☐
5	◀ ▪	开关状态	Bool	12.0	false	☐
6	◀ ▪	阀门状态	Bool	12.1	false	☐
7	◀ ▪	断路器	Bool	12.2	false	☐
8	◀ ▪	开关	Bool	12.3	false	☐
9	◀ ▪ ▶	混合液体	Array[0..4] o...	14.0		☐

数据块_1

图 5 – 25 "偏移量"示例

如图 5 – 26 所示，DB 采用绝对地址寻址的方式示例。

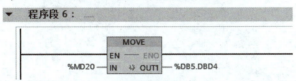

▼ 程序段 6： ___

```
              MOVE
           EN --- ENO
%MD20 — IN  ⅋ OUT1 — %DB5.DBD4
```

图 5 – 26 DB 绝对地址寻址示例

优化访问与标准访问的另一个明显区别是对变量元素保持特性的选择，勾选保持特性之后，即使发生 CPU 突然断电，变量的数值也不会丢失。

当勾选"优化的块访问"复选框时，可为各个变量元素单独设置"保持"特性，如图 5 – 27 所示。

数据块_1

		名称	数据类型	起始值	保持
◀	▼	Static			☐
◀	▪	电压	Real	0.0	☐
◀	▪	电流	Real	0.0	☑
◀	▪	频率	Real	0.0	☐
◀	▪	开关状态	Bool	false	☐
◀	▪	阀门状态	Bool	false	☑
◀	▪	断路器	Bool	false	☐
◀	▪	开关	Bool	false	☑
◀	▪ ▶	混合液体	Array[0..4] of Word		☐

图 5 –27 优化"保持"特性设置

当取消勾选"优化的块访问"复选框时，设置某个变量元素的"保持"特性时，全部变量元素的"保持"特性的复选框都会被勾选，如图 5 – 28 所示。

数据块_1

		名称	数据类型	偏移量	起始值	保持
◀	▼	Static				☐
◀	▪	电压	Real	0.0	0.0	☑
◀	▪	电流	Real	4.0	0.0	☑
◀	▪	频率	Real	8.0	0.0	☑
◀	▪	开关状态	Bool	12.0	false	☑
◀	▪	阀门状态	Bool	12.1	false	☑
◀	▪	断路器	Bool	12.2	false	☑
◀	▪	开关	Bool	12.3	false	☑
◀	▪ ▶	混合液体	Array[0..4] of Word	14.0		☑

图 5 – 28 非优化"保持"特性设置

5. 多重背景 DB

在工业现场中，许多设备通常具有类似的控制方式，不同的仅仅是控制条件或运行参数等。对于同类的设备，在控制方式大致相同时，可以创建一个 FB，在 FB 内编写一段代码来实现对同一类的多台设备进行控制。如图 5-29 和图 5-30 所示，创建一个 FB，如 FB2，定义接口参数并编写一段简单的电机启停控制程序。

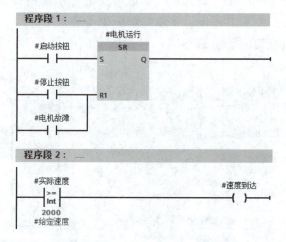

图 5-29　多重背景 DB 变量定义

图 5-30　电机启停控制程序

程序段 1 为控制电机运行程序，启动按钮是电机的运行使能，通过 SR 触发器来决定其状态。启停控制很简单，当启动按钮端输入上升沿信号时，电机运行等于 1，电机运行；当停止按钮端输入上升沿信号或电机故障时，电机运行等于 0，电机停止。

程序段 2 为速度监控程序，当实际速度大于或等于 2 000 时，速度达到等于 1。

FB2 块需要在 OB1 中调用，才能对电机实现控制。如果现场中有多台电机都适用 FB2 的控制方式时，需要为每台电机都调用一次 FB2，同时每调用一次 FB2 都要为其创建一个背景 DB，每个 DB 对应一个实际的电机参数。如图 5-31 所示，为控制 2 台电机的程序，每台电机都要创建 一个背景 DB，程序段 1 创建了 DB1，程序段 2 创建了 DB2。

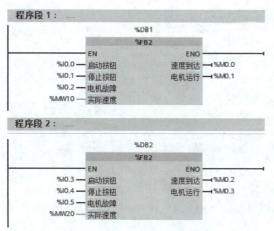

图 5-31　2 台电机控制程序

在工业现场，可能存在几十台甚至上百台的电机需要控制。如果按照以上方式通过在 OB1 中调用 FB2 来控制每台电机，则需要为每台电机都创建一个单独的背景 DB。显然，当现场要控制的电机较多时，背景 DB 的增加量是非常大的。而通过使用多重背景，可以很好地解决这一问题。

所谓多重背景即创建一个更高级别的 FB（如 FB1），并在 FB1 中调用 FB2，而不是在 OB1 中调用。对每一个调用，FB2 都会将其数据存储于 FB1 的背景 DB 中。这样一来，所有的相关数据都存储在同一个 DB 内，不用为 FB2 的多次调用创建多个 DB。

在 FB1 中调用 FB2 时会弹出图 5-32 所示的"调用选项"对话框，选择"多重实例"选项，并确认接口参数中的名称，FB2 的背景数据保存在 FB1 背景 DB 的 Static 参数内。

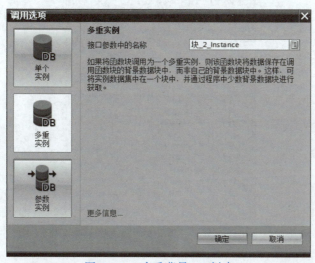

图 5-32　多重背景 DB 创建

如图 5-33 所示，在 FB1 的程序段 1 和程序段 2 中分别调用 FB2，在 FB1 的 Static 参数内会创建两个 FB2 的背景数据。

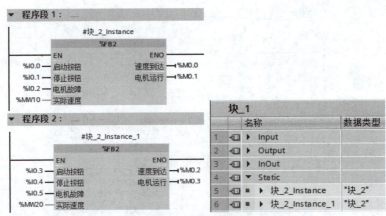

图 5 – 33　多重背景 DB 应用示例

FB1 编写完成后，在 OB1 中调用并关联 FB1 的背景 DB（如 DB4），如图 5 – 34 所示。

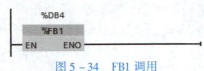

图 5 – 34　FB1 调用

每台电机实例的相关参数都集中存储在一个 DB4 中，如图 5 – 35 所示。通过使用多重背景 DB，节省了 DB 的定义、分配和管理，简化了项目结构。

图 5 – 35　电机运行过程中参数的存储位置

PLC 控制电动机组
顺序动作

5.1.2　S7 – 1200 PLC 的模拟量技术

生产过程中存在大量连续变化的模拟量，有些是非电量，如温度、压力、流量、液位、速度等，需要利用传感器进行检测，用变送器将非电量转换为标准的模拟量

（电压或电流），并将模拟量输送到模拟量输入模块，在模拟量输入模块中完成 A/D 转换，生成数字量输送到 CPU 进行数据处理。同时，CPU 可以将数字量输送到模拟量输出模块，转换为模拟量，加到执行机构。

S7－1200 PLC 的 CPU 模块上自带 2 路模拟量输入模块，默认地址为 IW64 和 IW66，输入量为电压，电压范围为 0～10 V。与模拟量有关的主要参数和功能如下。

（1）积分时间。积分时间对应的频率可选 10 Hz、50 Hz、60 Hz、400 Hz。如果积分时间为 20 ms，则对频率为 50 Hz 的干扰噪声有很强的抑制作用。为了抑制工频信号对模拟量信号的干扰，一般选择积分时间为 20 ms。

（2）滤波等级。用户可以在滤波的 4 个等级"无、弱、中、强"中进行选择，设置经过 A/D 转换得到的模拟量的滤波等级，对应计算平均值的模拟量采样值的个数分别为 1、4、16 和 32。所选的滤波等级越高，滤波后的模拟量越稳定，但测量的快速性越差，如图 5－36 所示。

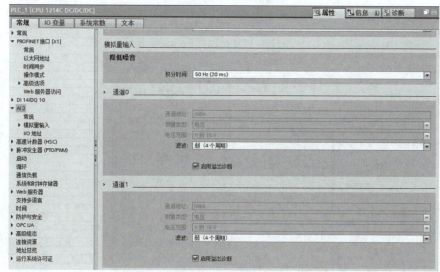

图 5－36　模拟量输入

（3）溢出诊断功能。用户可以选择是否启用超出上限或低于下限的溢出诊断功能。S7－1200 PLC 的 CPU 模块上没有模拟量输出模块，但可以在 CPU 模块上添加模拟量输出的信号板，或者扩展模拟量 I/O 模块。

1. 模拟量模块

（1）模拟量输入模块。

模拟量输入模块用于将模拟量转换为 CPU 内部可以处理的数字量，其主要部件是 A/D 转换器。根据转换为数字量的位数不同，A/D 转换器可以分为 13 位 A/D 转换器和 16 位 A/D 转换器，用于将标准的电压或电流信号转换为数字量。同时，也有热电阻、热电偶式 A/D 转换器，S7－1200 PLC 可以扩展的模拟量输入模块，如图 5－37 所示。以模拟量输入模块 SM1231 AI 4×13 位（订货号为 6ES7 231－4HD32－0XB0）为例，其测量类型为电压信号，测量的电压范围为 -2.5～2.5 V、-5～5 V、-10～10 V，其接线图如图 5－38 所示。

图 5 - 37　S7 - 1200 PLC 可以扩展的模拟量输入模块

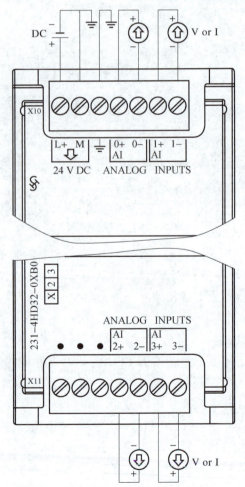

图 5 - 38　模拟量输入模块的接线图

（2）模拟量输出模块。

模拟量输出模块用于将 CPU 传送给它的数字量转换成电流或电压信号，对执行机构进行调节和控制，其主要的部件是 D/A 转换器。S7 – 1200 PLC 可以扩展的模拟量输出模块，如图 5 – 39 所示，以模拟量输出模块 SM1232 AQ 2 × 14 位（订货号为 6ES7 232 – 4HB32 – 0XB0）为例，其接线图如图 5 – 40 所示。模拟量输出模块可以设定启动电源诊断功能，每个输出端可以设定短路诊断和溢出诊断，其在接线时应使用屏蔽电缆或双绞线电缆。

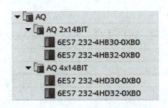

图 5 – 39　S7 – 1200 PLC 可以扩展的模拟量输出模块

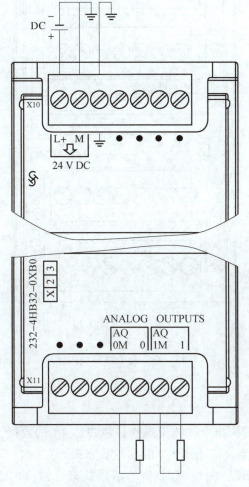

图 5 – 40　模拟量输出模块的接线图

（3）模拟量 I/O 模块。

S7 - 1200 PLC 可以扩展的模拟量 I/O 模块，如图 5 - 41 所示。以 AI 4 × 13 位/AQ 2 × 14 位（4 路模拟量输入/2 路模拟量输出）模块（订货号为 6ES7 234 - 4HE32 - 0XB0）为例，其接线图如图 5 - 42 所示。

图 5 - 41　S7 - 1200 PLC 可以扩展的模拟量 I/O 模块

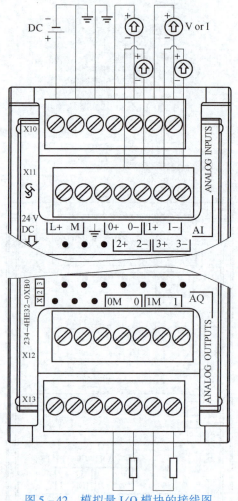

图 5 - 42　模拟量 I/O 模块的接线图

2. 转换指令

（1）数据转换指令。

CONVERT 是数据转换指令，转换操作读取参数 IN 的数据，然后根据指定的数据类型对其进行转换。仅当使能输入 EN 的信号状态为"1"时，才能启动转换操作。如果执行过程中未发生错误，则输出 ENO 的信号状态也为"1"。如果满足下列条件之一，则使能输出 ENO 将返回信号状态"0"：输入 EN 的信号状态为"0"或处理过程中发生溢出之类的错误，如图 5 - 43 所示。

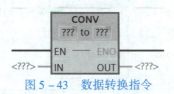

图 5 - 43　数据转换指令

启动程序状态功能，设置转换前的 BCD 码为 16#F234，转换后得到 - 234，程序执行成功，有能流从输出 ENO 端流出，如图 5 - 44 所示。

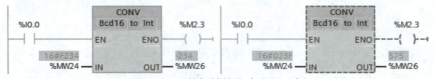

图 5 - 44　数据转换指令应用示例

转换前的数值如果为 16#023F，16#F 不是 BCD 码的数字，则指令执行出错，没有能流从输出 ENO 流出。可以在指令的在线帮助中找到使输出 ENO 为 "0" 状态的原因。

（2）标准化指令。

标准化指令 NORM_X 的整数输入值 VALUE（MIN ≤ VALUE ≤ MAX）被线性转换（标准化）为 0.0 ~ 1.0 之间的浮点数，需要设置变量的数据类型，如图 5 - 45 所示。

$$OUT = (VALUE - MIN)/(MAX - MIN)$$

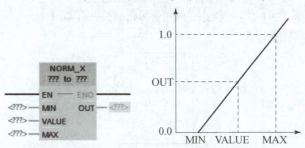

图 5 - 45　标准化指令及其线性关系

可以使用标准化运算通过将输入 VALUE 的变量值映射到线性标尺对其进行标准化。可以使用参数 MIN 和 MAX 定义（应用于该标尺的）取值范围。根据标准化值在该取值范围内的位置，计算结果并以浮点数形式存储在输出 OUT 中，如图 5 - 46 所示。如果要标准化的值等于输入 MIN 的值，输出 OUT 将返回值 "0.0"。如果要标准化的值等于输入 MAX 的值，输出 OUT 将返回值 "1.0"。

（3）缩放指令。

缩放指令 SCALE_X 的浮点数输入值 VALUE（0.0 ≤ VALUE ≤ 1.0）被线性转换（映射）为 MIN 和 MAX 定义的数值范围之间的整数，如图 5 - 47 所示。

$$OUT = VALUE(MAX - MIN) + MIN$$

可以使用标定运算通过将输入 VALUE 的值映射到指定的取值范围对该值进行标定。执行标定运算时，会将输入 VALUE 的浮点数值标定到由参数 MIN 和 MAX 定义的取值范围。标定结果为整数，并存储在输出 OUT 中，如图 5 - 48 所示。

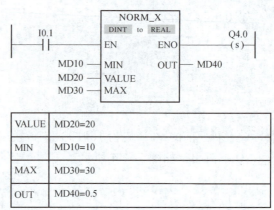

图 5 - 46　标准化指令应用示例

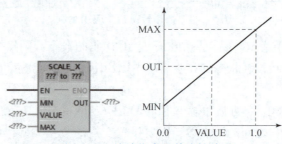

图 5 - 47　缩放指令及其线性关系

只有使能输入端 EN 的信号状态为 "1" 时，才执行标定运算。在这种情况下，使能输出 ENO 的信号状态也为 "1"。

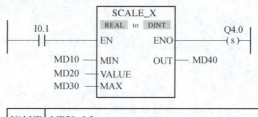

模拟量控制应用

图 5 - 48　缩放指令应用示例

5.1.3　S7 – 1200 PLC 的变频器控制技术

现如今，工厂与机械制造业的自动化需求日益增多。传统的集成式控制系统被逐渐分割为独立的运动控制过程，相应简化了每个工艺步骤的复杂性。西门子 SINAMICS G120 变频器如图 5 – 49 所示，因其具有简洁的操作面板、良好的控制性能、优化的集成保护功能、完善的冷却系统和强大的通信功能，在自动控制领域得到了广泛应用。

图 5-49　SINAMICS G120 变频器

1. G120 变频器的接口

G120 变频器主要包含两个部分：控制单元（CU）和功率单元（PM）。G120 变频器拥有丰富的用户接口，包括通信接口（网口）、USB 接口、串口、模拟量控制接口、数字量控制接口等，如图 5-50 所示。

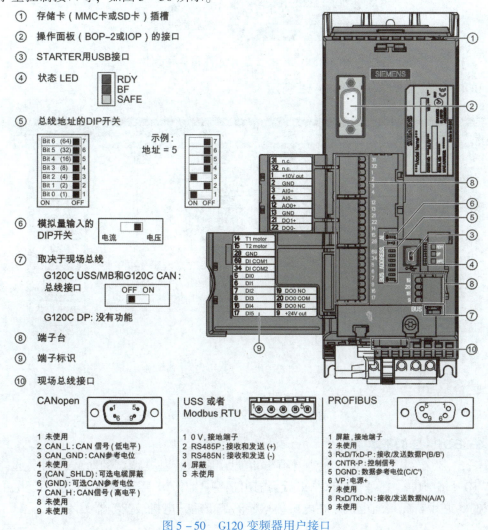

① 存储卡（MMC卡或SD卡）插槽

② 操作面板（BOP-2或IOP）的接口

③ STARTER用USB接口

④ 状态 LED　RDY　BF　SAFE

⑤ 总线地址的DIP开关

Bit 6	(64)	7
Bit 5	(32)	6
Bit 4	(16)	5
Bit 3	(8)	4
Bit 2	(4)	3
Bit 1	(2)	2
Bit 0	(1)	1
ON	OFF	

示例：地址 = 5

⑥ 模拟量输入的 DIP开关　电流　电压

⑦ 取决于现场总线

G120C USS/MB和G120C CAN：总线接口　OFF　ON

G120C DP：没有功能

⑧ 端子台

⑨ 端子标识

⑩ 现场总线接口

CANopen

1 未使用
2 CAN_L：CAN 信号（低电平）
3 CAN_GND：CAN参考电位
4 未使用
5 (CAN _SHLD)：可选电缆屏蔽
6 (GND)：可选CAN参考电位
7 CAN_H：CAN信号（高电平）
8 未使用
9 未使用

USS 或者 Modbus RTU

1 0 V，接地端子
2 RS485P：接收和发送 (+)
3 RS485N：接收和发送 (-)
4 屏蔽
5 未使用

PROFIBUS

1 屏蔽，接地端子
2 未使用
3 RxD/TxD-P：接收/发送数据P(B/B')
4 CNTR-P：控制信号
5 DGND：数据参考电位(C/C')
6 VP：电源+
7 未使用
8 RxD/TxD-N：接收/发送数据N(A/A')
9 未使用

图 5-50　G120 变频器用户接口

2. G120 变频器的基本操作面板

G120 变频器内置一个基本操作面板（BOP－2），可进行变频器运行状态显示及参数设定，如图 5－51 所示。

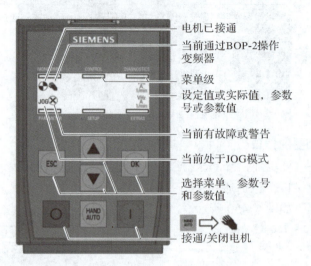

图 5－51　BOP－2 操作元件和显示元件

BOP－2 的菜单结构如图 5－52 所示。

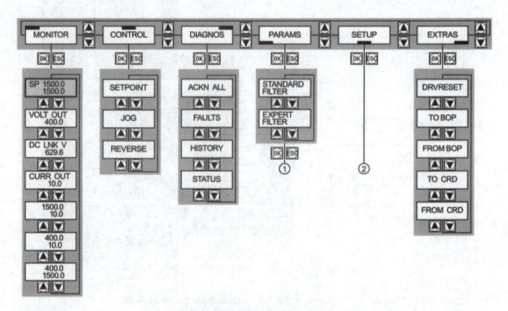

图 5－52　BOP－2 的菜单结构

3. BOP－2 的基本调试

图 5－53 给出了 BOP－2 的基本调试信息。在进行基本调试的时候，如果选择了 MOT ID（p1900），在基本调试结束后会输出报警 A07991。需要变频器检测相连电机的数据时，必须首先接通电机。在电机数据检测结束后，电机被变频器关闭。

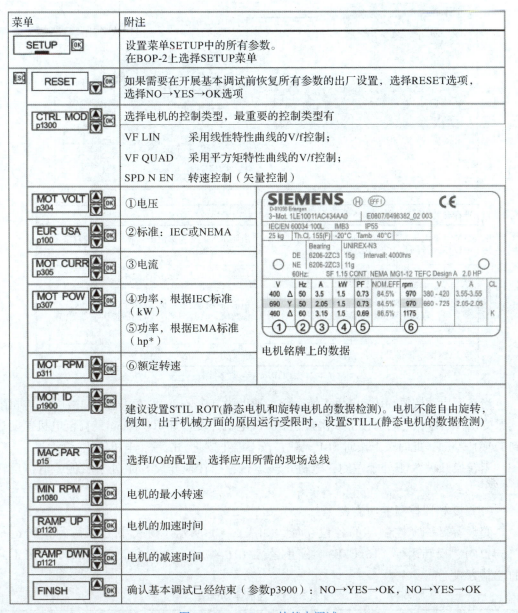

菜单	附注
SETUP OK	设置菜单SETUP中的所有参数。 在BOP-2上选择SETUP菜单
ESC RESET OK	如果需要在开展基本调试前恢复所有参数的出厂设置，选择RESET选项，选择NO→YES→OK选项
CTRL MOD p1300 OK	选择电机的控制类型，最重要的控制类型有 VF LIN　　采用线性特性曲线的V/f控制； VF QUAD　采用平方矩特性曲线的V/f控制； SPD N EN　转速控制（矢量控制）
MOT VOLT p304 OK	①电压
EUR USA p100 OK	②标准：IEC或NEMA
MOT CURR p305 OK	③电流
MOT POW p307 OK	④功率，根据IEC标准（kW） ⑤功率，根据EMA标准（hp*）
MOT RPM p311 OK	⑥额定转速
MOT ID p1900 OK	建议设置STIL ROT(静态电机和旋转电机的数据检测)。电机不能自由旋转，例如，出于机械方面的原因运行受限时，设置STILL(静态电机的数据检测)
MAC PAR p15 OK	选择I/O的配置，选择应用所需的现场总线
MIN RPM p1080 OK	电机的最小转速
RAMP UP p1120 OK	电机的加速时间
RAMP DWN p1121 OK	电机的减速时间
FINISH OK	确认基本调试已经结束（参数p3900）：NO→YES→OK，NO→YES→OK

图5-53　BOP-2的基本调试

借助 BOP-2，可以选择所需参数号、修改参数并调整变频器的设置。参数值的修改是在菜单 PARAMS 和 SETUP 中进行的，如图 5-54 所示。

4. G120 变频器 PN 网络控制

通过 S7-1200 PLC 对 G120C 变频器进行 PN 网络控制，实现电机的正反转运行及速度调节。

初始状态：系统已经上电，各指示灯均不亮，按钮处于抬起状态，电机停止。

---

* 1 hp ≈ 745.7 W。

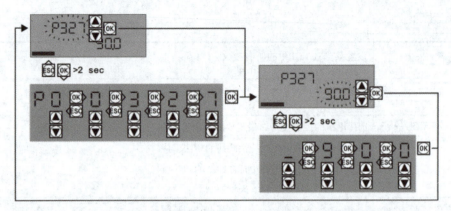

选择参数号		修改参数值	
当显示屏上的参数号闪烁时，有两种方法可以修改号码		当显示屏上的参数值闪烁时，有两种方法可以修改数值	
方法1	方法2	方法1	方法2
用箭头键提高或降低参数号，直到出现所需参数号	按下OK键，保持2 s，然后依次输入参数号	用箭头键提高或降低参数值，直到出现所需参数值	按下OK键，保持2 s，然后依次输入数值
按下OK键，传送参数号		按下OK键，传送参数值	

图 5－54　BOP－2 参数选择及修改

当按下启动按钮 SB1，电机正转运行（速度为 100 r/min），松开按钮 SB1 后，电机继续保持正转运行；之后每按下一次按钮 SB1，电机速度增加 100 r/min，直至电机速度达到 1 400 r/min，此时按下按钮 SB1 无效；按下停止按钮 SB2 后，电机停止运行。

当转换开关 SA1 处于左侧，电机正转运行；当转换开关 SA1 处于右侧，电机反转运行。

（1）变频器控制字功能表。

变频器第一个控制字的各位功能，如表 5－1 所示。由表中可以得到正转运行（16#47F）、反转运行（16#C7F）、停止运行（16#47E）、报警复位（16#4FE）等不同的控制方式。

表 5－1　控制字功能表

位	含义	生效值	
00	ON（斜坡上升）/OFF（斜坡下降）	0 否	1 是
01	OFF2（按惯性自由停车）	1 是	0 否
02	OFF3（快速停车）	1 是	0 否
03	脉冲使能	0 否	1 是
04	RFG（斜坡函数发生器）使能	0 否	1 是
05	RFG 开始	0 否	1 是
06	设定值使能	0 否	1 是
07	故障确定	0 否	1 是

位	含义	生效值	
08	正向点动	0 否	1 是
09	反向点动	0 否	1 是
10	由 PLC 进行控制	0 否	1 是
11	设定值反向	0 否	1 是
12	保留		
13	MOP（用电动电位计）升速	0 否	1 是
14	用 MOP 降速	0 否	1 是
15	保留		

第二个控制字为主速度设定值，数值是以十六进制的形式发送的，即 4000H 规格化为由 p2000 设定的速度（如默认值为 1 500 r/min），那么 2000H 即规格化为750 r/min。

（2）I/O 分配表。

I/O 分配表如表 5 – 2 所示。

表 5 – 2　I/O 分配表

序号	PLC 地址	符号	功能
1	I0. 2	SB1	启动（绿按钮）
2	I0. 3	SB2	停止（红按钮）
3	I0. 5	SA1	正转/反转运行（转换开关）

（3）编写 PLC 控制程序。

第 1 步。打开 TIA Portal V16 软件，新建项目，选择"设备与网络"→"添加新设备"选项，如图 5 – 55 所示。

图 5 – 55　新建项目和添加新设备

第 2 步。根据所提供的 PLC，找到相应的 CPU 型号进行添加，如图 5 – 56 所示。

第 3 步。修改 PLC 的 IP 地址为 192. 168. 0. 1，如图 5 – 57 所示。

图 5 - 56   添加 PLC 设备

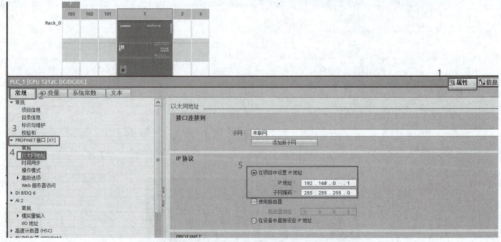

图 5 - 57   修改 PLC 的 IP 地址

　　第 4 步。添加所对应的变频器单元。单击"网络视图"标签，选择"硬件目录"任务卡下的"其他现场设备"选项，依次选择 PROFINET IO→Drives→SINAMICS→SINAMICS G120C PN V4.7 选项，然后双击 SINAMICA G120C PN V4.7 选项，添加变频器到网络中，如图 5 - 58 所示。

　　第 5 步。网络连接 PLC 与变频器。在"网络视图"选项卡中，单击变频器模块"未分配"按钮，然后选择所对应 PLC 的"PROFINET 接口"选项，如图 5 - 59 所示。

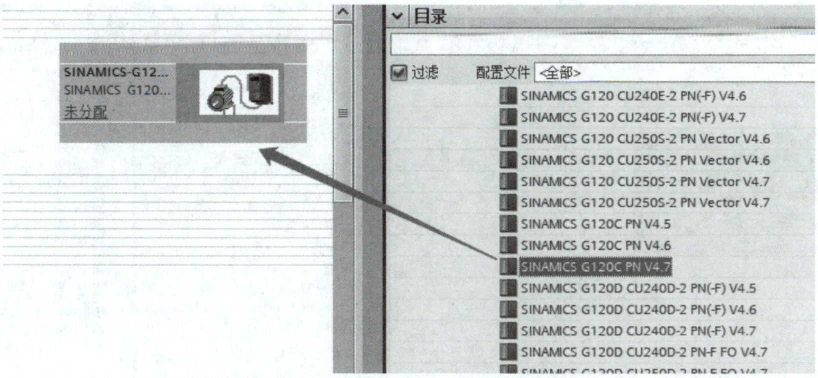

图 5 - 58   添加 G120 变频器设备

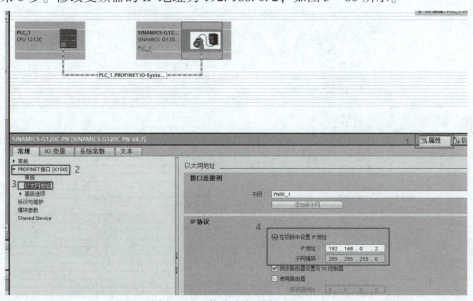

图 5 - 59   进行 PLC 与变频器的网络连接

第 6 步。修改变频器的 IP 地址为 192.168.0.2，如图 5 - 60 所示。

图 5 - 60   修改变频器的 IP 地址

第 7 步。在变频器的"设备视图"选项卡中，添加变频器的报文，如图 5 - 61 所示。

第 8 步。在变频器的"设备视图"选项卡中，设置 G120 变频器控制的 I/O 起始地址，将输入起始地址从默认值修改为"100"，输出起始地址从默认值修改为"100"，如图 5 - 62 所示。

第 9 步。根据 I/O 分配表建立 PLC 变量，如图 5 - 63 所示。

第 10 步。根据控制要求编写程序，如图 5 - 64 所示。

图 5 – 61　添加变频器报文

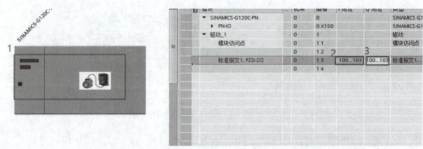

图 5 – 62　设定变频器的 I/O 起始地址

		名称	数据类型	地址
1		SB1（绿按钮）	Bool	%I0.2
2		SB2（红按钮）	Bool	%I0.3
3		SA1（转换开关）	Bool	%I0.5

默认变量表

图 5 – 63　建立 PLC 变量

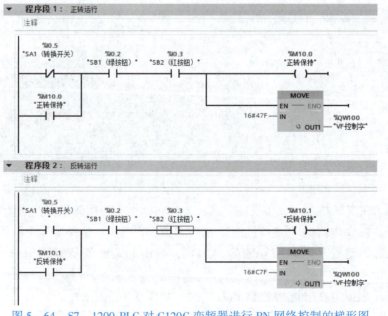

图 5 – 64　S7 – 1200 PLC 对 G120C 变频器进行 PN 网络控制的梯形图

程序段 3： 停止

注释

%M10.0
"正转保持"   %M10.1
"反转保持"

MOVE
EN — ENO
16#47E — IN
⚡ OUT1 — %QW100
"VF控制字"

MOVE
EN — ENO
0.0 — IN
⚡ OUT1 — %MD20
"转速设定值"

程序段 4： 转速值设定

注释

%I0.0
"SB1 (绿按钮)"
—|P|—
%M100.0
"Tag_1"

%MD20
"转速设定值"
—| < |—
Real
1400.0

ADD
Auto (Real)
EN — ENO
%MD20
"转速设定值" — IN1   OUT — %MD20
"转速设定值"
100.0 — IN2

程序段 5： 转速值转换输出

注释

NORM_X
Real to Real
EN — ENO
0.0 — MIN
%MD20
"转速设定值" — VALUE   OUT — %MD24
"临时"
1400.0 — MAX

SCALE_X
Real to Int
EN — ENO
0 — MIN
%MD24
"临时" — VALUE   OUT — %QW102
"VF-速度字"
16384 — MAX

图 5 – 64　S7 – 1200 PLC 对 G120C 变频器进行 PN 网络控制的梯形图（续）

任务实施

5.1.4　自动生产线物料输送控制系统的编程与调试

G120 变频器的
电机控制

食品机械输送带传动的 PLC 控制系统主要包括本地操作单元、上位机、PLC 变频器等，如图 5 – 65 所示。

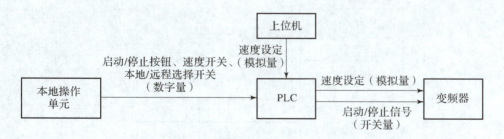

图 5 – 65　食品机械输送带传动的 PLC 控制系统

1. I/O 分配

根据控制要求，首先确定 I/O 个数，进行 I/O 地址分配，I/O 地址分配如表 5 – 3 所示。

表5-3 食品机械输送带传动的 PLC 控制系统 I/O 分配表

输入			输出		
符号	地址	功能	符号	地址	功能
SA1	I0.0	本地/远程选择开关	KA	Q0.0	变频器启动信号
SA2	I0.1	速度1开关	—	—	—
SA3	I0.2	速度2开关	—	—	—
SA4	I0.3	速度3开关	—	—	—
SB1	I0.4	停止按钮	—	—	—
SB2	I0.5	启动按钮	—	—	—

2. PLC 硬件接线图

根据西门子 S7-1200 PLC CPU 1214C DC/DC/DC 的特点，该 PLC 标配有 2 个模拟量输入，没有模拟量输出，需要增加模拟量扩展模块。为了确保该食品机械输送带传动 PLC 控制系统的后续升级和改造，本任务选用具有 4 路模拟量输入和 2 路模拟量输出的 SM1234 4×AI/2×AQ 扩展模块。

图5-66 为食品机械输送带传动 PLC 控制系统的电气接线图。需要注意的是，SM1234 模块 I/O 的接线与电压或电流信号的类型无关，只需要在硬件配置中进行相应的设定即可。

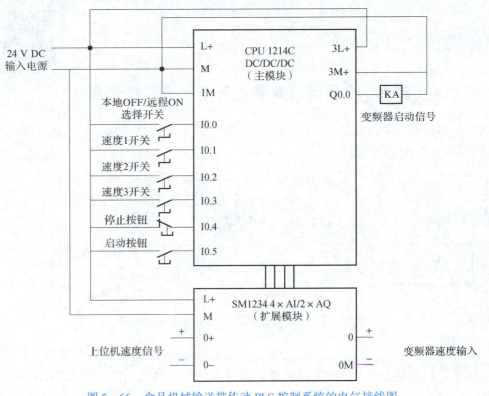

图5-66 食品机械输送带传动 PLC 控制系统的电气接线图

3. PLC 程序设计

（1）硬件配置。

在 CPU 1214C DC/DC/DC 的基础上，从"硬件目录"任务卡中选择 SM1234 扩展模块。添加扩展模块后的结果，如图 5-67 所示。

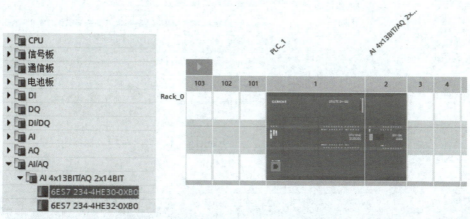

图 5-67　选择、添加 SM1234 扩展模块

如图 5-68 所示，用户可以在硬件组态中定义 SM1234 扩展模块 I/O 地址，地址的范围为 0~1 023。

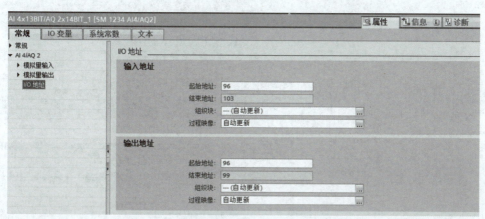

图 5-68　定义 SM1234 扩展模块的 I/O 地址

由于受现场电磁环境的影响，模拟量的模块会出现数据失真或漂移，这时可以采取滤波属性，如图 5-69 所示，选择使用 10 Hz/50 Hz/60 Hz/400 Hz 的积分时间进行滤波，以抵抗现场的电磁干扰。

模拟量输入信号是电压还是电流可以通过图 5-70 所示的测量类型进行设置。如果选择电压类型，则可以选择相应的电压范围值，如图 5-71 所示。

根据输入动态响应的高、低选择输入滤波的弱、强，如图 5-72 所示。图 5-73 显示了模拟量输出的一些属性，如对 CPU STOP 模式的响应及图 5-74 所示的模拟量输出类型等。

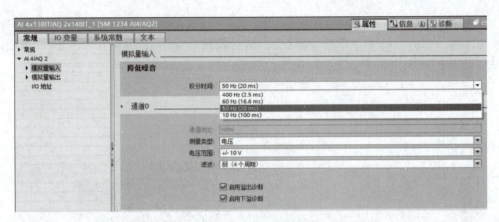

图 5 – 69　设置积分时间

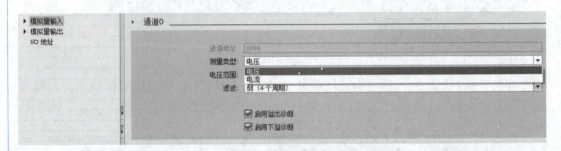

图 5 – 70　设置测量类型

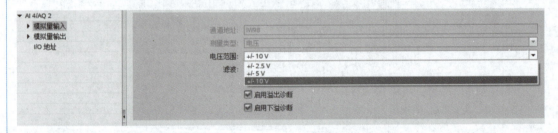

图 5 – 71　设置电压范围

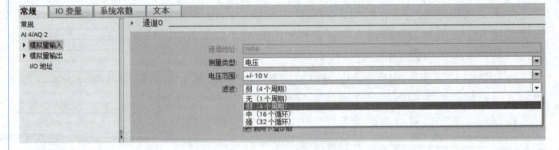

图 5 – 72　设置滤波

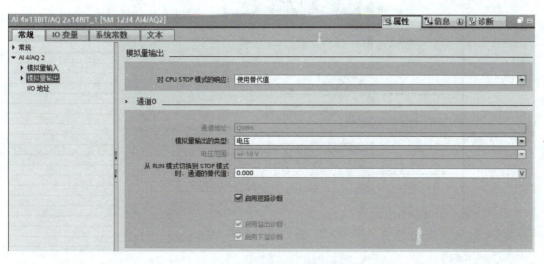

图 5 - 73　模拟量输出属性

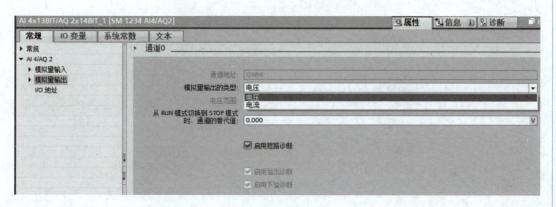

图 5 - 74　设置模拟量输出的类型

（2）添加 FC。

在食品机械输送带传动的 PLC 控制系统中，"远程功能"使用了 FC，其接口参数定义如图 5 - 75 所示。

		名称	数据类型	默认值	注释
1	▼	Input			
2	■	Ana_in	Int		模拟量输入（整数）
3	■	Kp	Real		增益值
4	▼	Output			
5	■	Ana_out	Int		模拟量输出（整数）
6	▶	InOut			
7	▼	Temp			
8	■	temp1	Real		中间变量（实数）

（表格标题行：**远程功能**）

图 5 - 75　FC 块接口参数定义

图 5 - 76 为 FC1 "远程功能" 梯形图，即将模拟量输入 #Kp 送到模拟量输出。

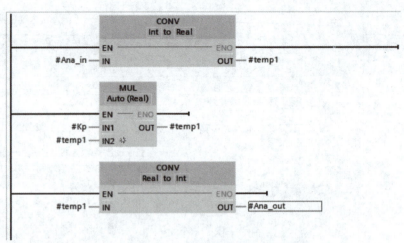

图 5 - 76　FC1"远程功能"梯形图

（3）添加 FB。

在食品机械输送带传动的 PLC 系统中使用了 FB，其接口参数的定义如图 5 - 77
所示。

本地功能			
	名称	数据类型	默认值
▼	Input		
■	Select_1	Bool	false
■	Select_2	Bool	false
■	Select_3	Bool	false
■	Speed_1	Int	0
■	Speed_2	Int	0
■	Speed_3	Int	0
▼	Output		
■	Ana_out	Int	0

图 5 - 77　FB 接口参数定义

图 5 - 78 为 FB1"本地功能"梯形图。图中，三种选择开关分别与三种速度相匹
配。注意，这里忽略了三种选择开关中的两种同时开启或三种同时开启的情况。如果
两种或三种同时开启，则参照图 5 - 78 增加程序段即可。

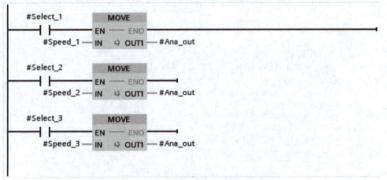

图 5 - 78　FB1"本地功能"梯形图

（4）变量分配。

变量定义如图 5 - 79 所示，包括本地/远程选择、本地速度 1、本地速度 2、本地速

度3、启动按钮、停止按钮、远程速度信号（模拟量）、变频器启动及变频器速度输入（模拟量）。

	名称	数据类型	地址
1	本地/远程选择	Bool	%I0.0
2	本地速度1	Bool	%I0.1
3	本地速度2	Bool	%I0.2
4	本地速度3	Bool	%I0.3
5	停止按钮	Bool	%I0.4
6	启动按钮	Bool	%I0.5
7	远程速度信号	Word	%IW96
8	变频器启动	Bool	%Q0.0
9	变频器速度输入	Word	%QW96

默认变量表

图 5-79 变量定义

（5）主程序编程。

主程序 OB1 梯形图，如图 5-80 所示。程序段 1 用于变频器的启停控制；程序段 2 用于在 I0.0 为 ON 时，调用 FC1 "远程功能"；程序段 3 用于 I0.0 为 OFF 时，调用 FB1 "本地功能"，即分别将三段速度输出到 QW96。

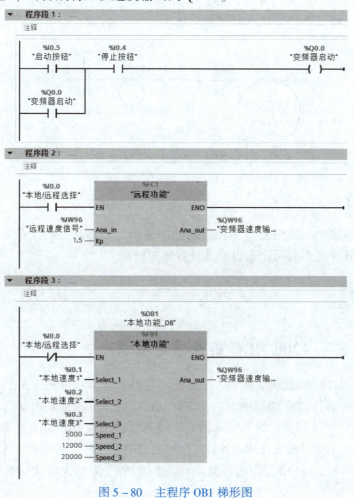

图 5-80 主程序 OB1 梯形图

任务5.2　物料输送控制系统设计

任务导入 NEWS！

如图 5 – 81 所示，板料由驱动轮驱动前进，当前进至设定长度时，通过切刀进行切断，控制要求如下。

（1）编码器由电机同轴带动，编码器每转产生 400 个脉冲，若驱动轮周长为 80 mm，则编码器每输出一个脉冲，板材移动 0.2 mm。

（2）若要求板材的切断长度为 800 mm，则 PLC 需要驱动电机使编码器输出 4 000 个脉冲。

（3）当按下启动按钮（I0.2）后，电机（Q0.0）开始运行，PLC 读取编码器的脉冲数，当脉冲数到达 4 000 个（即板材移动了 800 mm）时，电机停止转动。PLC 给出"下刀"信号（Q0.1），5 s 后电机重新启动，如此循环运行。

（4）当按下暂停按钮（I0.3）后，电机并不马上停止，而是在完成当前的切割动作后，才停止运行。在暂停状态时按下启动按钮，系统按第（3）步的动作继续运行。

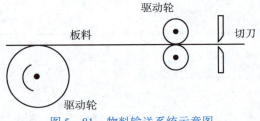

图 5 – 81　物料输送系统示意图

任务分析

板料传送过程中，编码器产生稳定的脉冲输出，根据脉冲的个数就可以确定板材的输送长度。脉冲的个数可以通过高速计数器来检测。

知识链接

5.2.1　S7 – 1200 PLC 的高速计数器

S7 – 1200 PLC CPU 提供了最多 6 个高速计数器（即最多可连接 6 个编码器），高速计数器的运行独立于 CPU 的扫描周期。CPU 1217C 最高可测量 1 MHz 频率的高速脉冲，其他型号的 CPU 本体可测量的单相脉冲频率最高可达 100 kHz、AB 相脉冲最高频率可达 80 kHz。若使用信号板进行脉冲计数，则可测量的单相脉冲频率最大为 200 kHz、A/B 相脉冲最高频率为 160 kHz。高速计数器可以连接 PNP 或 NPN 脉冲输入信号的编码器。

1. 高速计数器概述

（1）高速脉冲输入相关信息。

S7-1200 PLC CPU 本体可使用的高速输入通道的相关信息，如表 5-4 所示。

表 5-4　高速输入通道的相关信息表

CPU	CPU 输入通道	单相		两相位		A/B 正交	
		频率/kHz	计数器最大数量	频率/kHz	计数器最大数量	频率/kHz	计数器最大数量
1211C	Ia.0~Ia.5	100	6	100	3	80	3
1212C	Ia.0~Ia.5	100	6	100	3	80	3
	Ia.6~Ia.7	30	2	30	1	20	1
1214C/1215C	Ia.0~Ia.5	100	6	100	3	80	3
	Ia.6~Ib.5	30	6	30	4	20	4
1217C	Ia.0~Ia.5	100	6	100	3	80	3
	Ia.6~Ib.1	30	4	30	3	20	3
	Ib.2~Ib.5	1 000	4	1 000	3	1 000	3

除 CPU 本体支持高速脉冲输入外，信号板也支持高速脉冲输入，信号板计数输入相关信息，如表 5-5 所示。

表 5-5　信号板计数输入相关信息表

信号板 SB	SB 输入通道	单相		两相位		A/B 正交	
		频率/kHz	计数器最大数量	频率/kHz	计数器最大数量	频率/kHz	计数器最大数量
6ES7221-3BD30-0XB0	Ie.0~Ie.3	200	4	200	2	160	2
6ES7221-3AD30-0XB0							
6ES7223-3BD30-0XB0	Ie.0~Ie.1	200	2	200	1	160	1
6ES7223-0BD30-0XB0	Ie.0~Ie.1	30	2	30	1	20	1

CPU 将每个高速计数器的测量值，存储在输入过程映像区内，数据类型为 32 位双整型有符号数，用户可以在设备组态中修改这些存储地址，在程序中可直接访问这些地址，但由于过程映像区受扫描周期影响，读取到的值并不是当前时刻的实际值，在一个扫描周期内，此数值不会发生变化，但计数器中的实际值有可能会在一个周期内变化，用户无法读到此变化。用户可通过读取外设地址的方式，读取到当前时刻的实际值。以 ID1000 为例，其外设地址为 ID1000:P。表 5-6 所示为高速计数器寻址列表。

表 5-6　高速计数器寻址列表

高速计数器号	数据类型	默认地址
HSC1	DINT	ID1000
HSC2	DINT	ID1004

高速计数器号	数据类型	默认地址
HSC3	DINT	ID1008
HSC4	DINT	ID1012
HSC5	DINT	ID1016
HSC6	DINT	ID1020

（2）工作模式。

CPU 支持以下 4 种高速计数器工作模式。

1）单相位计数器（单脉冲输入时进行计数，可通过方向输入设置为向上计数或向下计数）。

2）双相位计数器（一路脉冲输入为向上计数，一路脉冲输入为向下计数）。

3）A/B 相一倍频计数器（双脉冲输入，带相位偏移脉冲，单计数值）。

4）A/B 相四倍频计数器（双脉冲输入，带相位偏移脉冲，四倍计数值）。

CPU 支持的 4 种高速计数器工作模式如图 5-82 所示。

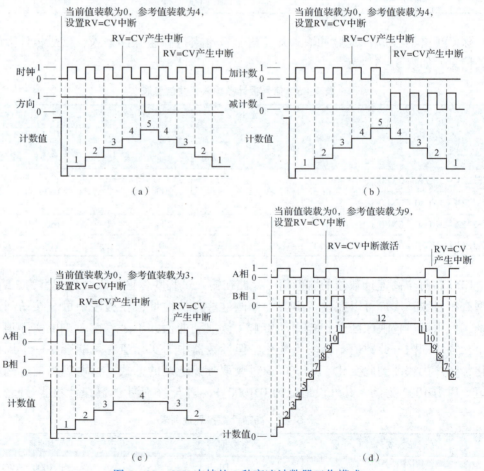

图 5-82　CPU 支持的 4 种高速计数器工作模式

（a）单相计数时序图；（b）双相计数时序图；（c）A/B 相一倍频计数时序图；（d）A/B 相四倍频计数时序图

2. 高速计数器参数组态

在进行高速计数编程前，需要进行参数组态，如图 5-83 所示，选择"设备视图"标签，选择 CPU 模块，在下面的巡视窗口，选择"属性"→"常规"标签，在"常规"选项卡中选择"高速计数器（HSC）"选项，可分别对 6 个高速计数器进行组态（HSC1 ～ HSC6），每个高速计数器的参数包括常规、功能、初始值、同步输入、捕捉输入、门输入、比较输出、事件组态、硬件输入、硬件输出与 I/O 地址。

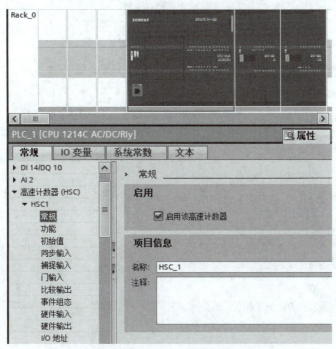

图 5-83　对高速计数器进行组态

CPU 1211C：HSC1 ～ HSC3 及带 DI2/DO2 信号板的 HSC5。

CPU 1212C：HSC1 ～ HSC4 及带 DI2/DO2 信号板的 HSC5。

CPU 1214C/1215C/1217C：HSC1 到 HSC6。

（1）常规。

勾选"启用高速计数器"复选框，在"项目信息"选项组中，可以输入计数器的名称和注释信息，如图 5-84 所示。

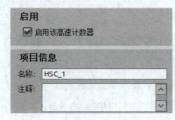

图 5-84　启用高速计数器并设置项目信息

（2）功能。

定义计数器的以下功能，如图 5-85 所示。

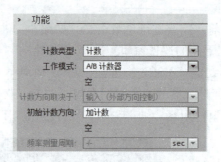

图5-85 功能设置

1）计数类型：计数（确定脉冲数量）、周期（测量脉冲周期）、频率（测量脉冲频率）、运动控制（将计数器用于运动控制）。

2）工作模式：单相位、双相位、A/B计数器、A/B四倍计数器。

3）计数方向取决于：如果工作模式选择"单相位"选项，则可以选择由用户程序（CTRL_HSC指令的DIR和NEW_DIR参数）或数字量输入确定计数方向。其他模式时固定选择"外部方向控制"选项。

4）初始计数方向：用于在计数开始时选择计数方向为"加计数"选项还是"减计数"选项。

5）频率测量周期：如果计数类型选择"频率"或"周期"选项，则可从下拉列表框中选择测量周期的频宽。

（3）初始值。

用于指定计数器的初始值和复位条件。选择HSCI→"初始值"选项，设置如图5-86所示。

图5-86 初始值设置

1）初始计数器值：输入计数器在开始计数时的起始值，CPU从STOP模式转变为RUN模式时，程序会将"初始计数器值"设置为当前计数值。

2）初始参考值：计数最终要达到目标值，在当前计数达到初始参考值时，如已设置相关功能，则可以产生一个中断和（或）脉冲。

3）初始参考值2：在当前计数达到初始参考值2时，如已设置相关功能，则可以产生一个脉冲。

在计数器运行时，计数器的当前计数值将与参考值进行比较，如果当前计数器值等于参考值，则触发某个事件（如果在"事件组态"中启用）。

（4）同步输入。

勾选"使用外部同步输入"复选框，同步输入功能可通过外部输入信号给高速计数器设置初始值。当同步输入信号出现时，用于将当前计数值同步为更新的初始值。更新的初始值存储在 HSC_Count. NewStartValue 内。将高速计数器指令 CTRL_HSC_EXT 的 HSC_Count. EnSyne 设置为 true，才能启用同步输入功能，如图 5 - 87 所示。

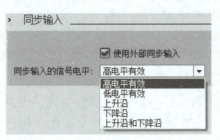

图 5 - 87　同步输入设置

（5）捕捉输入。

勾选"使用外部输入捕获电流计数"复选框，可通过外部输入信号来保存高速计数器的当前计数值。执行 CTRL_HSC_EXT 指令后，捕捉值保存在 HSC_Count. CapturedCount 内。将高速计数器指令 CTRL_HSC_EXT 的 HSC_Count. EnCapture 设置为 true，才能启用捕捉输入功能，会在外部输入沿出现的位置捕获当前计数，如图 5 - 88 所示。

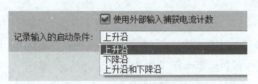

图 5 - 88　捕捉输入设置

（6）门输入。

通过是否勾选"使用外部门输入"复选框，可以选择开启或关闭计数，许多应用需要根据其他事件的情况来开启或关闭计数程序，如图 5 - 89 所示。

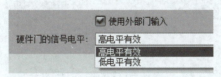

图 5 - 89　门输入设置

每个高速计数器通道都有两个门：软件门和硬件门。硬件门需要在硬件组态内激活（见图 5 - 89），可组态为"高电平有效"或"低电平有效"；软件门需要调用高速计数器指令 CTRL_HSC_EXT，并创建一个 HSC_Count 类型的变量与指令关联，变量中的 HSC_Count. EnHSC 用于控制软件门的打开和关闭，将其设置为 true 则打开软件门、设置为 false 则关闭软件门。

软件门和硬件门的状态将决定内部门的状态。如果软件门和硬件门都处于打开状态或尚未进行组态，则内部门会打开，如表 5 - 7 所示。如果内部门打开，则开始计数。如果内部门关闭，则会忽略其他所有计数脉冲，且停止计数。

表 5 - 7　硬件门、软件门和内部门的状态关系

硬件门	软件门	内部门
打开/未组态	打开	打开
打开/未组态	已关闭	已关闭
已关闭	打开	已关闭
已关闭	已关闭	已关闭

（7）比较输出。

勾选"为计数事件生成输出脉冲"复选框会生成一个可组态脉冲，每次发生组态事件时便会产生脉冲。如果正在输出脉冲期间又发生了组态的事件，则该事件不会产生新的脉冲，如图 5 - 90 所示。

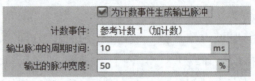

图 5 - 90　比较输出设置

（8）事件组态。

如图 5 - 91 所示，CPU 在高速计数器中提供了中断功能，在某些特定条件下触发程序，包括 3 种中断事件：计数器值等于参考值中断、外部同步中断、计数方向变更中断。本书以"计数器值等于参考值"中断进行讲解。勾选"为计数器值等于参考值这一事件生成中断"复选框，可设置事件名称，并为事件指定一个硬件中断 OB。

优先级：触发某个事件时，根据组态的优先级，CPU 将执行所指定的硬件中断 OB。

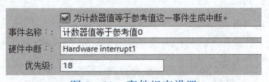

图 5 - 91　事件组态设置

（9）硬件输入。

为前面启用的脉冲、同步输入等功能分配输入点，如图 5 - 92 所示。

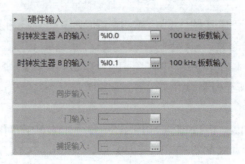

图 5 - 92　硬件输入设置

（10）硬件输出。

设置比较输出的硬件输出点，如图 5 – 93 所示。

比较输出： %Q0.1 ... 100 kHz 板载输出

图 5 – 93   硬件输出设置

（11）I/O 地址。

起始地址：CPU 将计数器值写入指定起始地址的地址区域（数据类型为 DInt）。

组织块：将该地址区域分配给一个组织块。

过程映像：将该地址区域分配给一个过程映像分区（PIP）。默认设置为自动更新，如图 5 – 94 所示。

起始地址：	1000	.0
结束地址：	1003	.7
组织块：	--- (自动更新)	...
过程映像：	自动更新	...

图 5 – 94   I/O 地址设置

3. 高速计数器指令与编程示例

（1）指令说明。

如图 5 – 95 所示，在"工艺"选项组内选择"计数"→CTRL_HSC_EXT 选项，将其拖动到程序段内进行编程，在添加 CTRL_HSC_EXT 选项时会弹出"创建背景数据块"对话框，单击"确认"按钮即可。

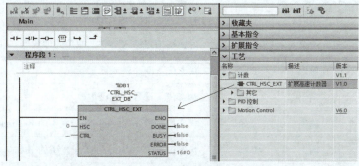

图 5 – 95   高速计数器指令选择

使用高速计数器指令首先需要创建一个"数据块_1"（见图 5 – 96），并在 DB 中根据计数类型（脉冲计数、周期、频率等），手动创建 HSC_Count、HSC_Period 或 HSC_Frequency 数据类型的变量并将其连接在 CTRL_HSC_EXT 指令的 CTRL 引脚，如图 5 – 96 所示。本任务创建了一个名称为 HSC1_C、数据类型为 HSC_Count 的变量。

在 CTRL_HSC_EXT 指令的 HSC 引脚输入高速计数器的硬件标识符，在 TIA 博途软件的"设备视图"选项卡内选择 CPU 模块后，选择"属性"→"系统常数"标签，在"系统常数"选项卡内可查看各高速计数器的硬件标识符，如高速计数器 HSC_1 的硬件标识符为 257，如图 5 – 97 所示。

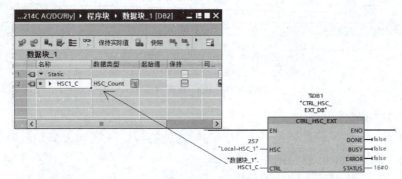

图 5 – 96　高速计数器 DB

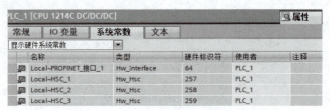

图 5 – 97　各高速计数器的硬件标识符

表 5 – 8 列出了与指令 CTRL 引脚连接的 DB 中 HSC_Count 数据类型变量包含的各元素的含义。

表 5 – 8　HSC_Count 结构体变量的元素

结构元素	声明	数据类型	描述
CurrentCount	输出	Dint	返回 HSC 的当前计数值
CapturedCount	输出	Dint	返回在指定输入事件上捕获的计数值
SyncActive	输出	Bool	状态位：同步输入已激活
DirChange	输出	Bool	状态位：计数方向已更改
CmpResult1	输出	Bool	状态位：CurrentCount 等于发生的 Reference1 事件
CmpResult2	输出	Bool	状态位：CurrentCount 等于发生的 Reference2 事件
OverflowNeg	输出	Bool	状态位：CurrentCount 达到最低下限值
OverflowPos	输出	Bool	状态位：CurrentCount 达到最高上限值
EnHSC	输入	Bool	当为真时，启用 HSC 进行脉冲计数；当为假时，禁用计数功能
EnCapture	输入	Bool	当为真时，启用捕获输入；当为假时，捕获输入无效
EnSync	输入	Bool	当为真时，启用同步输入；当为假时，同步输入无效
EnDir	输入	Bool	启用 NewDirection 值生效
EnCV	输入	Bool	启用 NewCurrentCount 值生效

结构元素	声明	数据类型	描述
EnSV	输入	Bool	启用 NewStartValue 值生效
EnReference1	输入	Bool	启用 NewReference1 值生效
EnReference2	输入	Bool	启用 NewReference2 值生效
EnUpperLmt	输入	Bool	启用 NewUpperLimit 值生效
EnLowerLmt	输入	Bool	启用 New_Lower_Limit 值生效
EnOpMode	输入	Bool	启用 NewOpModeBehavior 值生效
EnLmtBehavior	输入	Bool	启用 NewLimitBehavior 值生效
EnSyncBehavior	输入	Bool	不使用此值
NewDirection	输入	Int	计数方向：1 = 加计数；−1 = 减计数；所有其他值保留
NewOpModeBehavior	输入	Int	正在溢出的 HSC 的：1 = HSC 停止计数（HSC 必须禁用并重新启用才能继续计数）；2 = HSC 继续操作；所有其他值保留
NewLimitBehavior	输入	Int	正在溢出的 CurrentCount 值的结果：1 = 将 CurrentCount 设置为相反限值；2 = 将 CurrentCount 设置为开始值；所有其他值保留
NewSyncBehavior	输入	Int	不使用此值
NewCurrentCount	输入	Dint	CurrentCount 值
NewStartValue	输入	Dint	StartValue：HSC 初始值
NewReference1	输入	Dint	Reference1 值
NewReference2	输入	Dint	Reference2 值
NewUpperLimit	输入	Dint	计数上限值
New_Lower_Limit	输入	Dint	计数下限值

（2）编程举例。

假设在旋转机械上有单相增量编码器作为反馈，接入到 S7 – 1200 PLC CPU，要求在计数 250 个脉冲时，计数器复位，置位 M0.5，并通过 M0.5 将 PLC 输出点 Q0.0 接通，同时设定新预置值为 500 个脉冲，当计满 500 个脉冲后复位 M0.5（输出点 Q0.0 也随之断开），并将预置值再设为 250 个脉冲，周而复始执行此功能。

针对此应用，选择 CPU 1214C，高速计数器为 HSC1，模式为单相计数，内部方向控制，无外部复位。据此，脉冲输入应接入 I0.0，使用 HSC1 的预置值中断（CV = RV）功能实现此应用。

组态步骤如下。

先在设备与组态中，选择 CPU，单击"属性"标签，激活高速计数器，并设置相关参数，此步骤必须事先执行，S7-1200 PLC 的高速计数器功能必须要先在硬件组态中激活，才能进行后面的步骤。添加硬件中断 OB，关联相对应的高速计数器所产生的预置值中断，在中断 OB 中添加高速计数器指令块，编写修改预置值程序，设置复位计数器等参数。将程序下载，执行功能。

1）在"常规"选项中，勾选"启用该高速计数器"选项，启用高速计数器，如图 5-98 所示。

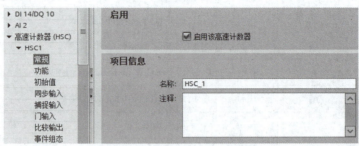

图 5-98　启用高速计数器

2）在"功能"选项内，设置计数类型等参数，如图 5-99 所示。

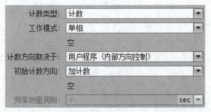

图 5-99　高速计数器功能参数设置

3）"初始值"组态设置，如图 5-100 所示。

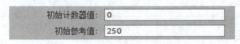

图 5-100　"初始值"组态设置

4）在"事件组态"选项中，勾选"为计数器值等于参考值这一事件生成中断"选项，单击"硬件中断"右侧的 ... 按钮，如图 5-101 所示。

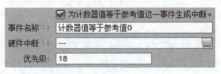

图 5-101　"事件组态"设置

在弹出的硬件中断添加窗口中，单击"新增"按钮，添加硬件中断按钮，如图 5-102 所示。

图 5-102　添加硬件中断

如图 5 – 103 所示，添加一个名称为 Hardware interrupt 的中断 OB。

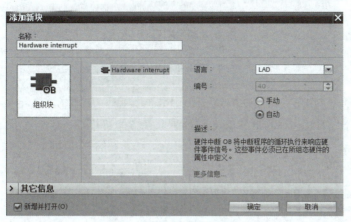

图 5 – 103　添加中断 OB

5）I/O 地址及其他组态选择默认参数，如图 5 – 104 所示。

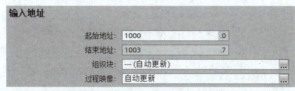

图 5 – 104　"输入地址"设置

6）在"设备视图"标签内，选择 CPU 模块，在下面的巡视窗口中选择"属性"→"系统常数"标签，在"系统常数"选项卡内查看高速计数器的硬件标识号，如图 5 – 105 所示，HSC_1 的硬件标识号为 257，需要在编程指令中指定该标识号。

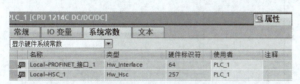

图 5 – 105　查看高速计数器的硬件标识号

7）修改脉冲输入通道（本书为 I0.0）的滤波时间，将默认的 6.4 ms 修改为 3.2 ms，如图 5 – 106 所示。

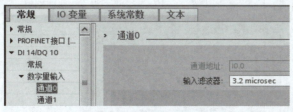

图 5 – 106　修改输入滤波时间

8）双击添加的 Hardware interrupt ［OB40］，在程序段内添加一个 CTRL_HSC_EXT 高速计数器指令，如图 5 – 107 所示。

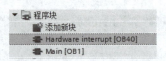

图 5 - 107　添加 CTRL_HSC_EXT 高速计数器指令

再创建一个全局 DB，在 DB 内定义一个数据类型为 HSC_Count 的变量HSC1_C，该变量将作为 CTRL_HSC_EXT 指令的 CTRL 输入参数，如图 5 - 108 所示。

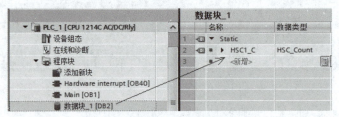

图 5 - 108　定义 CTRL 输入参数

编写 OB40 中断程序，如图 5 - 109 所示。每次进入中断会使 M0.5 的状态发生改变，例如，当第一次进入中断时（计数器当前值为 250，将预置值更改为 500），M0.5 置位，当下次进入时（计数器当前值为 500，再将预置值更改为 250），M0.5 复位。

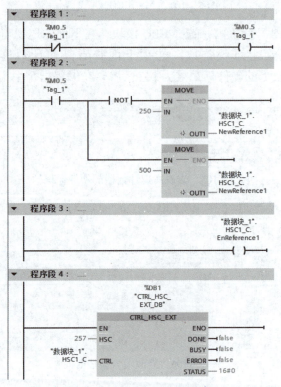

图 5 - 109　OB40 中断程序

图 5 – 110 为主程序 OB1 中的程序。在程序段 1 中，启用高速计数器；在程序段 2 中，将 OB40 中断程序中的程序段 4，即 CTRL_HSC_EXT 指令程序复制粘贴到 OB1 内；在程序段 3 中，M0.5 的常开触点作为 Q0.0 的接通条件；在程序段 4 中，每次 M0.5 的状态发生变化都复位计数器的当前值（默认为 0）。

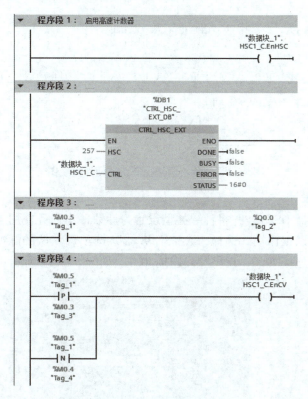

图 5 – 110　主程序 OB1

5.2.2　物料输送控制系统的编程与调试

1. I/O 分配
物料输送控制系统 I/O 分配表，如表 5 – 9 所示。

表 5 – 9　物料输送控制系统 I/O 分配表

输入			输出		
符号	地址	功能	符号	地址	功能
SB1	I0.2	启动按钮	KM1	Q0.0	驱动轮电机
SB2	I0.3	暂停按钮	KM2	Q0.1	切刀

2. PLC 硬件接线图
物料输送控制系统硬件接线图，如图 5 – 111 所示。

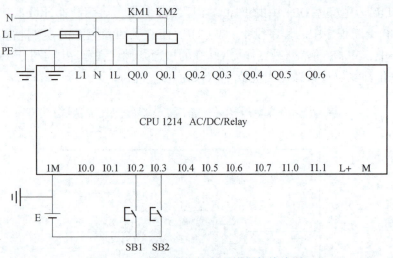

图 5 – 111 物料输送控制系统硬件接线图

3. PLC 程序设计

激活高速计数器 HSC1，并将计数类型设置为计数，本任务使用了具有 A/B 相计数功能的编码器，所以工作模式选择 "A/B 计数器" 选项。默认的脉冲输入通道为 I0.0 和 I0.1，A 相脉冲连接 I0.0，B 相脉冲连接 I0.1，如图 5 –112 所示。

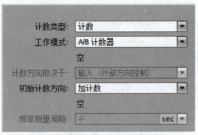

图 5 – 112 "计数类型" 设置

设置初始参考值为 4 000，如图 5 – 113 所示。

图 5 – 113 设置 "初始参考值"

在 "事件组态" 选项中关联硬件中断组织块 OB40，则当计数器的当前值等于 4 000 时，PLC 执行一次 OB40 内的程序，如图 5 – 114 所示。

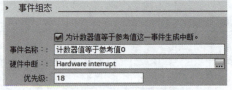

图 5 – 114 设置 "事件组态"

高速计数器的其他参数保持默认即可，然后修改脉冲输入通道（本书为 I0.0 和 I0.1）的滤波时间，将默认的 6.4 ms 修改为 3.2 ms，如图 5 –115 所示。

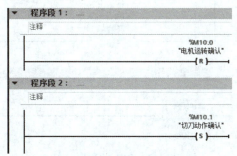

图 5 – 115　设置输入滤波时间

图 5 – 116 为 OB40 的程序，每次高速计数器的当前值等于 4 000 时就触发中断事件。执行图中的程序，在程序中将电机运转确认信号复位，即停止电机运行，再将切刀动作确认信号置位，即使切刀动作。

图 5 – 116　OB40 的程序

图 5 – 117 为 OB1 的程序，在程序段内添加一个 CTRL_HSC_EXT 高速计数器指令，并创建一个全局 DB，在其内定义一个数据类型为 HSC_Count 的变量 HSC1_C，该变量将作为 CTRL_HSC_EXT 指令的 CTRL 输入参数。在程序段 2 中启用高速计数器。在程序段 4 中，每次电机运转时都将高速计数器的当前值进行复位。

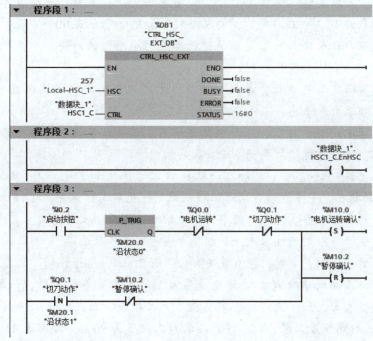

图 5 – 117　OB1 的程序

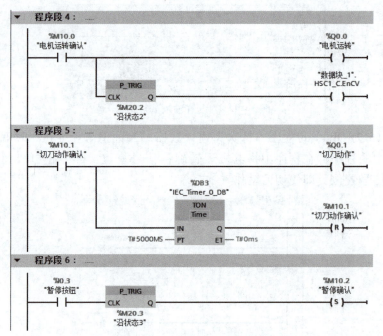

图 5-117　OB1 的程序（续）

大国工匠：火箭核心部件的"主刀手"——洪海涛

大国工匠案例

洪海涛是中国航天科工六院红岗公司特级技师，承担着火箭发动机动力部件生产加工任务。这项工作工艺精度要求高、操作难度大，且批次多、数量大。尤其是加工部件尺寸小，仅有拳头大小，且结构十分复杂，其间的点火孔仅有黄豆粒大小。加工完成后，要求与装配面完全贴合至90%以上。此前，这项技术一直是行业内让人挠头的难题，平时就喜欢向难而行的洪海涛却直面挑战，最终取得突破。

洪海涛反复研究工艺流程，寻找突破口。他发现，想要完成这项高难度的操作，需要练就敏锐的眼力和手感，以保证走刀的稳定性与准确性。

洪海涛用家中的鸡蛋练手，从车削熟鸡蛋到生鸡蛋，无数次磨炼手眼配合，经过一段时间练习，终于练就了剥蛋壳不破蛋膜的切削绝活。

当洪海涛把这一绝活用于火箭发动机核心零部件的加工生产时，很快就达到了"人机合一"的状态，一举攻破这项加工技术难题，优质高效地完成了该批次火箭发动机核心零部件的加工任务。为此，同事们都亲切地称他为"火箭点火主刀手"。

洪海涛在生产一线创新技术手段和加工方法的例子不胜枚举。

在加工某型号铝制产品时，现有装夹部位只有2 mm，用传统的"四爪找正"方法加工，难以保证产品的平行度和对称度。再加上产品需要断续车削，如果装夹得紧，产品容易被夹伤表面，如果夹得松，容易造成产品报废。为此，洪海涛设计出了"镶嵌工装法"，并自制镶嵌工装，让一件产品的加工时长由90 min缩短至1 min，大幅提升了工作效率。

科研生产任务最忙的阶段，洪海涛3天要加工出24件产品，不得不披星戴月、早出晚归，每天只睡三四个小时。多年来，他自主设计制造工艺装备30多种，解决了多项生产瓶颈问题。

2009年，深圳一家公司以年薪20万元邀请洪海涛加入，这差不多是他当时收入的三四倍。当时洪海涛父母退休、儿子上学，正是需要钱的时候，洪海涛也曾心动，但他最终选择留了下来。洪海涛说，车床已经成为他身体的一部分，自己舍不得离开这个奋斗了21年的地方。

思考与练习

1. 某温度变送器的量程为 −200 ~ 850 ℃，输出信号为4 ~ 20 mA，符号地址为模拟值的 IW96 将 0 ~ 20 mA 的电流信号转换为数字 0 ~ 27 648，求以℃为单位的浮点数温度值。

2. 地址为 QW96 的整型变量 AQ 输入转换后的 0 ~ 10 V DC 作为变频器的模拟量输入值，0 ~ 10 V 的电压对应的转速为 0 ~ 1 800 r/min。求以 r/min 为单位的整型变量转速对应的 AQ 模块的输入值。

3. 查阅 G120 变频器的相关资料，如果转速的设定值由模拟量开关输入控制，如何进行变频器参数的设置和变频器硬件的接线？

4. 某机械加工企业要进行螺纹孔加工，在螺纹孔加工过程中要进行钻孔和攻丝这两道工序，按以下控制要求设计梯形图。

控制要求：按下启动按钮，电机带动工作台运动，旋转编码器连接至电机轴上做同轴转动。

第一步：工件自动夹紧（输出 Q0.2），延时 1 s。

第二步：电机正转（输出 Q0.0）。

第三步：至 72.22 mm 位置，打一个孔（输出 Q0.3）。

第四步：在 144.44 mm 的位置，攻丝（输出 Q0.4）。

第五步：完毕，返回（输出 Q0.1）。

注意：电机每转一圈，工作台走 72.22 mm，编码器分辨率为 1 000 p/r（脉冲/转）。

项目 6 触摸屏组态与温度 PID 控制系统

 项目引入

在各行各业中，温度检测都非常重要，它涉及工业制造、医疗保健、环境监测等方方面面。温度检测方法主要包括接触式测温和非接触式测温。接触式测温使温度传感器直接接触到被测物体表面，如通过热电偶或热电阻进行温度检测，该检测方式精度高、响应速度快，适用于对温度精度要求较高的场合。非接触式测温是通过红外线、微波等辐射能量来测温。无论哪种测温方式，都会涉及温度数据的处理、监控及温度阈值的调整等，在工业现场一般通过 PLC 和触摸屏来实现此功能。PLC 将温度传感器（变送器）传输过来的模拟量信号（电压或电流）转换为数字量，数字量数据经过处理后由触摸屏监控显示。

在温度控制系统中经常会采用 PID 控制策略来提高系统的及时性、精确性。PID 控制是一种广泛应用于工业过程控制的控制策略，它根据系统的误差来计算控制量，以调整系统的输入值，从而使输出值尽可能接近期望值。

 项目目标

知识目标

（1）掌握 S7 – 1200 PLC 的数据类型转换指令、计算指令及 PID_Compact 指令。

（2）掌握西门子触摸屏的参数设置与画面组态。

（3）掌握 S7 – 1200 PLC 的 PID 工艺对象组态。

能力目标

（1）能够正确使用 S7 – 1200 PLC 的数据类型转换指令、计算指令、PID_Compact 指令进行编程。

（2）能够熟练操作 TIA 博途软件进行触摸屏设计。

（3）能够熟练操作 TIA 博途软件进行 PID 工艺对象组态。

 职业能力图谱

职业能力图谱如图 6 – 1 所示。

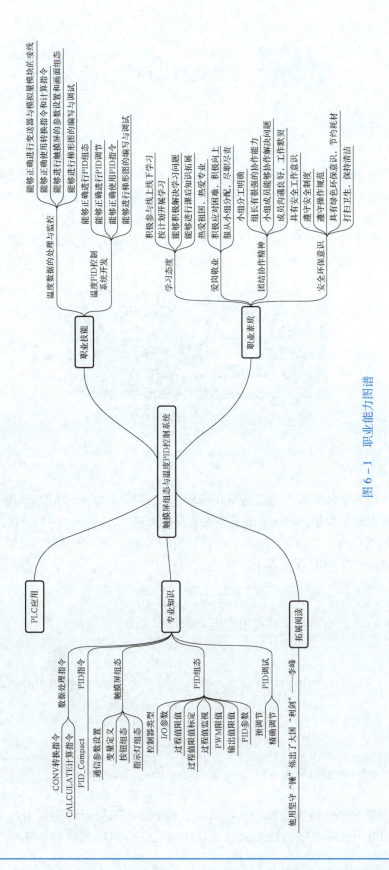

图 6-1　职业能力图谱

任务6.1 温度数据处理与监控

任务导入

图6-2所示为一个温度采集与监控系统示意图，S7-1200 PLC通过模拟量模块采集外部温度传感器输出的模拟量信号，并将其转换为数字量。PLC运行程序进行数据处理，实现通过触摸屏实时监控温度值并设定温度报警限值。

温度上限值可以通过"上限值增加"和"上限值降低"按钮在50.0~100.0之间调整，温度下限值可以通过"下限值增加"和"下限值降低"按钮在10.0~50.0之间调整，每次点击按钮后温度限值的变化量为2.0。

图6-2 温度采集与监控系统触摸屏画面

任务分析

在本项目中温度传感器与变送器将0~250 ℃之间的温度值转换为4~20 mA的电流信号，PLC的模拟量模块再将4~20 mA电流信号转换为数字量0~27 648，则过程值0~250 ℃与转换值0~27 648之间有了线性对应的关系，设转换的数字量值为N，实际的温度值为P，则N与P存在如下关系式：

$$\frac{N}{27\,648 - 0} = \frac{P}{250 - 0} \tag{6-1}$$

对式（6-1）进行转换，可得温度值P的计算式为

$$P = 250 \times \frac{N}{27\,648} \tag{6-2}$$

在PLC内采用CALCULATE计算指令执行式（6-2），可以获得实时温度值。

知识链接

6.1.1 温度的检测

温度传感器主要包括热电偶、热电阻等，其中热电阻测温应用较为广泛，它是基于金属导体的电阻值随温度的增加而增加这一特性进行温度测量的。热电阻的主要特

点是测量精度高、性能稳定。热电阻大都由纯金属材料制成，应用最多的是铂和铜。其中铂热电阻的测量精确度是最高的，它不仅广泛应用于工业测温，而且被制成标准的基准仪。

温度的采集过程如图 6 – 3 所示，首先传感器将外界温度转换为非标准的微弱的电信号，再由变送器对这些电信号进行放大、整定，变为标准的电压或电流信号（如 0 ~ 10 V、±5 V、0 ~ 20 mA、4 ~ 20 mA 等），模拟量输入模块将标准的电压或电流信号转换为 0 ~ 27 648 之间的数字量。

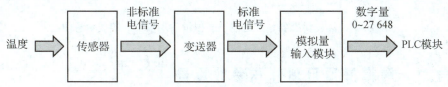

图 6 – 3   温度的采集与转换

温度采集过程中所用到的元器件实物如图 6 – 4、图 6 – 5、图 6 – 6 所示。

图 6 – 4   温度传感器   图 6 – 5   变送器

图 6 – 6   模拟量输入模块

温度传感器、变送器与模拟量输入模块的接线示意图如图 6 – 7 所示。对于三线制热电阻传感器，其三根线的颜色一般为黑色、红色、黄色，红色线与黄色线在内部是直通的，与变送器连接时，黑色线连接变送器输入端的" + "，剩下的两个端子连接红色线和黄色线（位置可互换）。模拟量输入模块与变送器连接时，模拟量输入模块中通道的" 0 + "连接变送器的" – "，通道的" 0 – "连接直流电源的负极，变送器的" + "连接直流电源的正极。

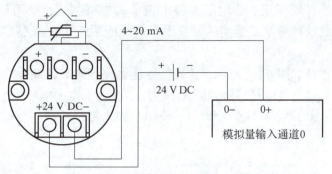

图 6 - 7　温度传感器、变送器与模拟量输入模块的接线示意图

6.1.2　触摸屏项目创建与参数设置

触摸屏在工业现场应用非常广泛，通过触摸屏可以直观地显示设备的各种运行状态、故障与报警信息等，也可以通过触摸屏调整现场设备的各项工艺参数或控制设备运行状态，如图 6 - 8 所示。

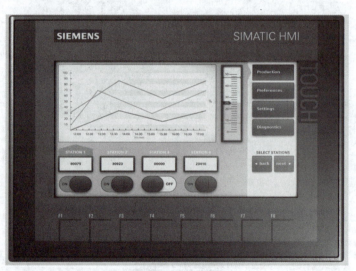

图 6 - 8　西门子触摸屏

西门子触摸屏主要包括精简系列面板、精智面板、移动式面板和 SIPLUS 系列面板。本项目以一台精简系列触摸屏 KTP700 Basic 为例进行讲解，触摸屏外观构成如图 6 - 9 所示，其他型号的触摸屏在软件上的操作和本章所讲内容基本一致，可参考阅读。

1. 创建项目并添加触摸屏设备

在 TIA 博途软件内创建一个新项目，打开"项目视图"窗口，双击项目树内的"添加新设备"选项，弹出"添加新设备"对话框，如图 6 - 10 所示，选择 HMI 选项，中间区域选择与实际相符的触摸屏型号（如 KTP700 Basic），并修改设备名称（默认为 HMI_1），最后单击"确定"按钮退出。

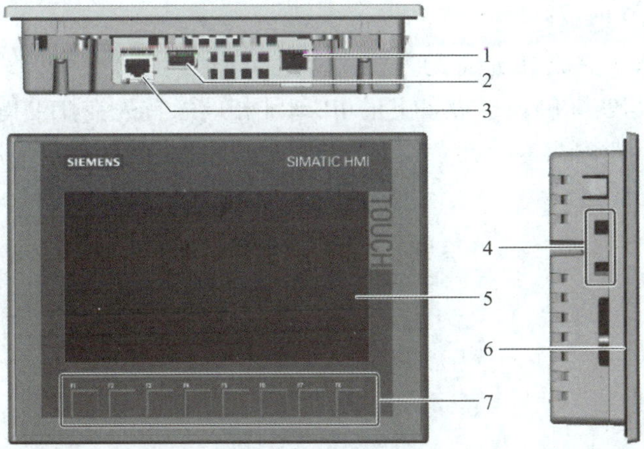

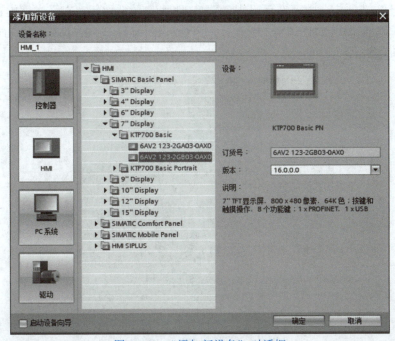

图 6 - 9　触摸屏构成

1—电源接口；2—USB 接口；3—PROFINET 以太网接口；4—装配夹的插口；

5—显示屏；6—嵌入式密封件；7—功能键

图 6 - 10　"添加新设备"对话框

2. 连接设置

设备添加完成后首先要进行通信连接相关设置。

（1）触摸屏本体上的 IP 地址查看与设置。

在触摸屏上电启动后，会弹出"启动中心"对话框，如图 6 - 11 所示，点击 Settings（设置）按钮，进入设置窗口，然后点击 Network Interface（网络接口）按钮，即可查看或设置触摸屏的 IP 地址和子网掩码等参数。

图 6 - 11　"启动中心"对话框

（2）触摸屏 IP 地址设置。

在触摸屏本体上完成 IP 地址的查看或设置后，还应在 TIA 博途软件内修改触摸屏的 IP 地址，使其与实际触摸屏设备上的 IP 地址相同。首先在 TIA 博途软件"项目视图"窗口中的项目树内双击"设备组态"选项，如图 6 - 12 所示，弹出"设备组态"对话框。

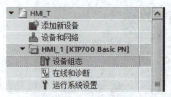

图 6 - 12　项目树

在"设备视图"选项卡内选择 HMI_1 触摸屏设备，在下方的巡视窗口内依次选择"属性"→"常规"标签，进入"常规"选项卡，选择"PROFINET 接口［X1］"→"以太网地址"选项，选中"在项目中设置 IP 地址"单选按钮，在文本框内输入触摸屏 IP 地址和子网掩码，如图 6 - 13 所示，例如，IP 地址 = 192. 168. 1. 4，子网掩码 = 255. 255. 255. 0。

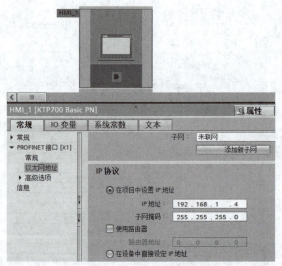

图 6 - 13　设置触摸屏 IP 地址

（3）连接设置。

如图 6 - 14 所示，在项目树内双击"连接"→"添加"选项，软件自动添加一条默认名称为 Connection_1 的连接。通信驱动程序列选择 SIMATIC S7 1200 选项，HMI 时间同步模式用于设置触摸屏系统时间是否与 PLC 同步，当选择"从站"选项时，则由 PLC 设置时间。

在"参数"选项卡"接口"下拉列表框中选择 PROFINET（X1）选项，所设置触摸屏的 IP 地址应与设备组态中的 IP 地址相同，如设置为 192. 168. 1. 4。所设置 PLC 的 IP 地址应与实际 PLC 的 IP 地址保持一致，并与触摸屏的 IP 地址处于同一个网段内（即

IP 地址的前三个字节相同），如 192. 168. 1. 5。

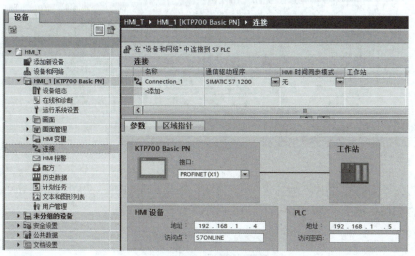

图 6 – 14　连接设置

3. 定义变量

根据项目需要，在触摸屏内定义表 6 – 1 所示的变量，该变量应与 PLC 内对应的变量含义相同。

表 6 – 1　触摸屏内需要定义的变量

变量名称	数据类型	地址
温度上限值	Real	MD20
温度下限值	Real	MD24
实时温度值	Real	MD28
上限值增加	Bool	M10. 0
上限值降低	Bool	M10. 1
下限值增加	Bool	M10. 2
下限值降低	Bool	M10. 3
上限报警	Bool	M10. 4
下限报警	Bool	M10. 5

在 TIA 博途软件的项目树内双击 HMI_1→"默认变量表"选项，在打开的默认变量表内按照表 6 – 1 逐个定义与 PLC 关联的变量，如图 6 – 15 所示。

以变量"温度上限值"为例，讲解变量的添加过程如下。

（1）在默认变量表内双击"名称"单元格中的"＜添加＞"选项，修改名称为"温度上限值"。

图 6 – 15　变量表

（2）选中变量"温度上限值"的"数据类型"单元格，单击▦按钮，在下拉列表框内选择 Real 数据类型，如图 6 – 16 所示。

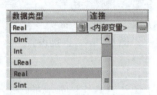

图 6 – 16　选择"数据类型"

（3）选中变量"温度上限值"的"连接"单元格，单击▦按钮，如图 6 – 17 所示，在弹出的"名称"对话框内选择之前创建的 Connection_1 选项，单击☑按钮确认。

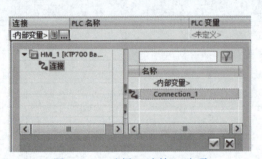

图 6 – 17　选择"连接"选项

（4）选中变量"温度上限值"的"访问模式"单元格，单击▦按钮，选择"绝对访问"选项。

（5）双击变量"温度上限值"的"地址"单元格，输入地址 MD20，变量定义完成。

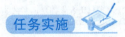
任务实施

6.1.3　触摸屏组态技术与功能开发

1. 组态按钮

（1）在项目树内双击"画面"→"画面_1"选项，如图 6 – 18 所示，打开"画面_1"的编辑窗口。

（2）在右侧工具箱的"元素"选项组内找到"按钮"选项，如图6-19所示，以拖动或双山的方式将其添加至编辑窗口内。

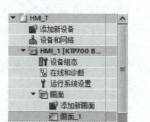

图6-18 "画面_1"选项

图6-19 "按钮"选项

添加的按钮如图6-20所示，默认按钮文本为Text。

Text

图6-20 按钮

（3）选择添加的按钮，在"属性"选项卡内可组态该按钮的各种参数，如图6-21所示，选择"常规"选项后，可将默认的按钮文本Text修改为"上限值增加"。

图6-21 修改"按钮"的标签

（4）打开"事件"选项卡，选择"按下"选项，在右侧单击" <添加函数 >"单元格内的 ▾ 按钮，在弹出的下拉列表框内选择"系统函数"→"编辑位"→"置位位"选项，如图6-22所示。

图6-22 添加函数

（5）函数添加完成后，再选择与该函数关联的变量，在"变量（输入/输出）"右侧的单元格内，单击 ▦ 按钮，在弹出的"名称"对话框内选择之前创建的"上限值增加"选项，单击 ☑ 按钮确认退出，则按钮的"按下"事件组态完成，如图6-23所示。

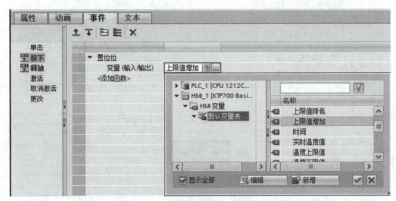

图6-23　为"按下"事件关联变量

与"按下"事件的组态方式相同，再组态"释放"事件，添加"复位位"函数，变量依然选择"上限值增加"选项，如图6-24所示。

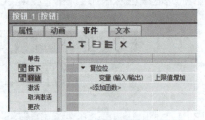

图6-24　组态"释放"事件

2. 组态指示灯

（1）打开"画面_1"的编辑窗口，在右侧工具箱的"基本对象"选项组内选择"圆"选项，如图6-25所示，再在画面编辑窗口内拖动可生成一个"圆"图形，如图6-26所示。

图6-25　基本对象中的圆组件

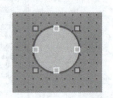

图6-26　生成的"圆"图形

（2）选择已添加的"圆"选项，打开下方的"动画"选项卡，如图6-27所示，双击"显示"→"添加新动画"选项，添加一个外观动画。在外观动画的配置界面中选择变量名称为变量表中的某个变量，如"上限报警"，双击"范围"单元格中的"＜添加＞"选项，添加两条动作属性并对属性进行设置。当变量的范围值为0时背景色为灰色，当范围值是 1 时背景色为红色，如此设置可实现圆形的背景色随变量的状态变化而变化，达到指示灯的效果。

图 6-27　添加外观动画

3. 组态 I/O 域

在工具箱的"元素"选项组内选择"I/O 域"选项可以在触摸屏上查看或输入变量的值，如图 6-28 所示，以拖动或双击的方式将"I/O"域选项添加至画面窗口内，生成一个 I/O 域组件，如图 6-29 所示。

图 6-28　"元素"选项组中的 I/O 域组件

```
0000000
```

图 6-29　生成的 I/O 域组件

选择已添加的"I/O 域"选项，在"属性"选项卡中选择"常规"选项，可以设置与该 I/O 域关联的过程变量，如"实时温度值"选项，如图 6-30 所示。

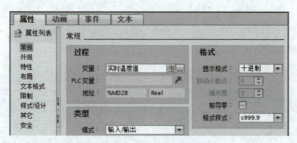

图 6-30　I/O 域属性设置

除了设置过程变量，用户也可以选择 I/O 域的类型模式，包括"输入""输出"和"输入/输出"。

（1）输入：只能在 I/O 域中输入值。

（2）输出：I/O 域仅用于输出显示值。

（3）输入/输出：既可以在 I/O 域中输入数值，也可以输出显示变量的值。

"格式"选项组用于设置过程变量值的格式参数，其中，显示格式包括二进制、日期、日期/时间、十进制、十六进制、时间及字符串。其中，日期、日期/时间及时间的格式依赖于在 HMI 设备上的语言设置，在本项目中所有与 I/O 域组件关联的变量数据都是十进制数，所以显示格式选择"十进制"选项。

"格式样式"下拉列表框用于定义 I/O 域中值的显示样式，当选择"十进制"选项的格式时，格式代码 9 指定允许用于显示十进制数值的位数，也可用于具有前缀"–"的负值。如果实际的十进制位数超出显示格式中指定的数目，则显示的数值四舍五入计算。

其中，"."定义小数点的位置，只能使用一次，仅支持浮点数据类型的小数。

s 表示十进制数字带符号显示，格式代码 s 应该位于输出格式的第一个位置，且只能使用一次。

例如，若实际的过程变量值为浮点数 123.456，设置不同的"格式样式"选项，I/O 域中显示的值会不同，如表 6 – 2 所示。

表 6 – 2　格式样式示例

格式样式	显示的值
999	123
999.9	123.5
s999.9	+ 123.5
999.999	123.456
9999.9999	0123.4560
s9999.9999	+ 0123.4560

6.1.4　温度数据检测与处理的 PLC 程序设计

程序段 1 如图 6 – 31 所示，地址 IW96 存储模拟量模块的输入值，该值为整数类型，需要将其转换为浮点数，才能进行实时温度值的计算，使用 CONV 指令将其转换为浮点数后暂存在 MD4 变量内。

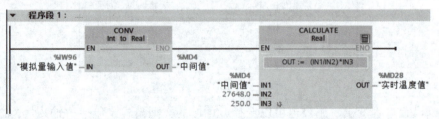

图 6 – 31　程序段 1

CONV 指令是"转换值"指令，该指令位于"基本指令"→"转换操作"选项组内，该指令会读取参数 IN 的内容，并根据指令框中选择的数据类型对其进行转换，转换值将在 OUT 处输出。

CALCULATE 指令用于执行式（6 – 3），式中 N 为转换的数字量值，P 为实际的温度值，通过该公式可将模拟量模块的输入值换算为实时温度值。CALCULATE 是"计算"指令，使用该指令可定义并执行表达式，根据所选数据类型计算数学运算或复杂逻辑运算，本项目中 CALCULATE 指令的计算表达式为 IN3(IN1/IN2)。

$$P = 250 \times \frac{N}{27\,648} \qquad (6-3)$$

程序段 2 如图 6-32 所示，实时温度值与限值比较，根据比较结果控制报警信号的状态，当"实时温度值"大于"温度上限值"时，M10.4 的状态变为 ON，产生"上限报警"信号，触摸屏上的上限报警指示灯将显示红色；当"实时温度值"小于"温度下限值"时，M10.5 的状态变为 ON，产生下限报警信号，触摸屏上的下限报警指示灯显示红色。

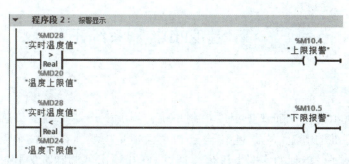

图 6-32　程序段 2

程序段 3 如图 6-33 所示，当在触摸屏上点击"上限值增加"按钮时，M10.0 的状态由 0 变为 1，若"温度上限值"小于 100.0，则执行 ADD 指令，使"温度上限值"加 2.0，否则不执行 ADD 指令。同样的，当在触摸屏上点击"上限值降低"按钮时，M10.1 的状态由 0 变为 1，若"温度上限值"大于 50.0，则执行 SUB 指令，使"温度上限值"减 2.0，否则不执行 SUB 指令。

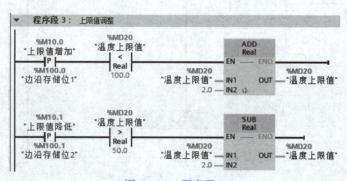

图 6-33　程序段 3

程序段 4 如图 6-34 所示，当在触摸屏上点击"下限值增加"按钮时，M10.2 的状态由 0 变为 1，若"温度下限值"小于 50.0，则执行 ADD 指令，使"温度下限值"加 2.0，否则不执行 ADD 指令。同样的，当在触摸屏上点击"下限值降低"按钮时，M10.3 的状态由 0 变为 1，若"温度下限值"大于 10.0，则执行 SUB 指令，使"温度下限值"减 2.0，否则不执行 SUB 指令。

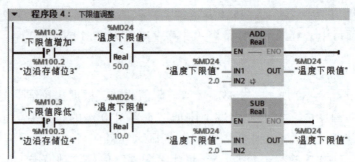

图 6 - 34   程序段 4

任务6.2   温度PID控制系统开发

任务导入

图 6 - 35 所示为一个加热炉温度控制系统,温度变送器将温度传感器检测的微弱电信号转换为标准的电流信号,再传输至 PLC 模拟量模块,在 PLC 中设计 PID 指令控制程序,PLC 根据采集到的实时温度值,通过 Q0.0 输出可调脉宽的脉冲信号,再通过固态继电器控制加热棒进行加热。

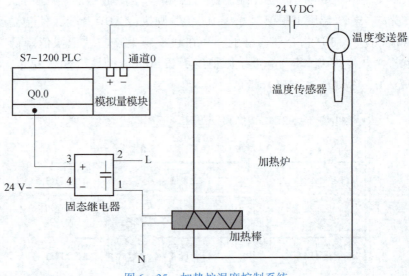

图 6 - 35   加热炉温度控制系统

任务分析

在本项目中温度传感器与变送器将 -50 ~ 150 ℃ 之间的温度值转换为 4 ~ 20 mA 的电流信号,PLC 的模拟量模块再将 4 ~ 20 mA 电流信号转换为数字量 0 ~ 27 648,则过程值 -50 ~ 150 ℃ 与转换值 0 ~ 27 648 之间有了线性对应的关系,用户可通过工艺对象组态进行过程值标定。

6.2.1　PID 控制技术

PID 控制技术用于对闭环过程进行控制。PID 控制适用于温度、压力、流量等物理量，是工业现场中应用最为广泛的一种控制方式。其原理是对被控对象设定一个给定值，然后将实际值测量出来，并与给定值比较，将其差值送入 PID 控制器，PID 控制器按照一定的运算规律，计算出结果，即为输出值，送到执行器进行调节，其中的 P、I、D 指的是比例、积分、微分，是一种闭环控制算法。通过这些参数，可以使被控对象追随给定值变化并使系统达到稳定，自动消除各种干扰对控制过程的影响。

PID 调节器是一种线性、负反馈、闭环调节器，能够抑制系统闭环内的各种因素所引起的扰动，使反馈值跟随给定值变化。如图 6-36 所示，PID 调节器将给定值 $r(t)$ 与实际输出值 $c(t)$ 的偏差的比例、积分、微分通过线性组合构成控制量，对控制对象进行控制。

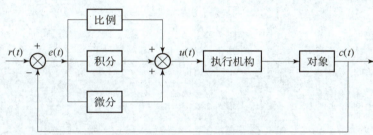

图 6-36　PID 调节器

PID 控制的效果就是看反馈（也就是控制对象）是否跟随设定值（给定值），是否响应快速、稳定，是否能够抑制闭环中的各种扰动而恢复稳定。

6.2.2　S7-1200 PLC 的 PID 控制器

S7-1200 PLC 的 PID 控制器功能主要依靠三部分实现：循环中断块、PID 指令块、工艺对象背景 DB。用户在调用 PID 指令时需要定义其背景 DB，而此背景 DB 需要在工艺对象中添加，称为工艺对象背景 DB。PID 指令与其相对应的工艺对象背景 DB 组合使用，形成完整的 PID 控制器。PID 控制器结构如图 6-37 所示。

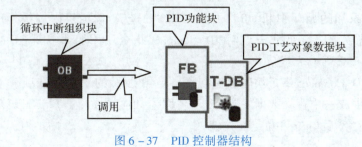

图 6-37　PID 控制器结构

循环中断 OB 可按一定周期（如 100 ms）产生中断，执行其中的程序。PID 指令块（如 PID_Compact）定义了控制器的控制算法，随着循环中断块产生中断而周期性执行，其背景 DB 用于定义 I/O 参数、调试参数及监控参数。此背景 DB 并非普通 DB，需要在项目树内双击"工艺对象"选项后才能找到并定义。

6.2.3 S7 – 1200 PLC 的 PID 指令块

1. 添加 PID 指令块

为保证以恒定的采样时间间隔执行 PID 指令，必须在循环 OB 中调用 PID 指令块，如图 6 – 38 所示，双击"程序块"→"添加新块"选项，在弹出的"添加新块"对话框内选择"组织块"选项组中的 Cyclic interrupt（循环中断）选项，如 OB30，默认循环时间为 100 ms。

图 6 – 38 添加循环中断 OB

双击打开添加的循环中断 OB，再在右侧"工艺"选项组内选择"PID 控制"→Compact PID 选项，以拖动的方式将 PID_Compact 指令块添加到中断 OB 的程序编辑窗口内，如图 6 – 39 所示。

在添加 PID_Compact 指令块时会弹出图 6 – 40 所示的"调用选项"对话框，提示为"PID 指令生成一个背景数据块"，默认名称为 PID_Compact_1，可以修改默认名称，此处保持默认，然后单击"确定"按钮。

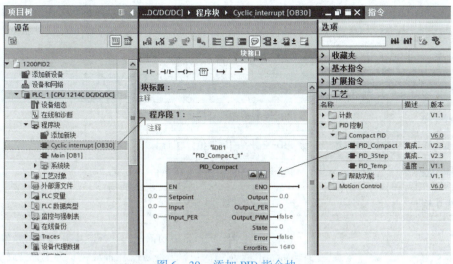

图 6 – 39　添加 PID 指令块

图 6 – 40　生成背景 DB

2. PID 指令块说明

PID_Compact 指令块的参数分为输入参数与输出参数两部分。指令块的视图分为扩展视图与集成视图，如图 6 – 41 所示。在不同的视图下所能看见的参数是不一样的，在集成视图中可看到的参数为最基本的默认参数，如给定值、反馈值、输出值等，定义这些参数可以实现 PID 控制器最基本的控制功能；而在扩展视图中，可看到更多的相关参数，如手动/自动切换、模式切换等，使用这些参数可使 PID 控制器具有更丰富的功能。

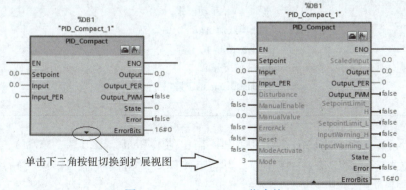

图 6 – 41　PID_Compact 指令块

PID_Compact 的输入参数包括 PID 设定值、过程值、手动/自动切换、故障确认、模式切换等，如表 6-3 所示。

表 6-3　PID_Compact 输入参数

参数	数据类型	说明
Setpoint	Real	PID 控制器在自动模式下的设定值
Input	Real	PID 控制器的反馈值（工程量）
Input_PER	Int	PID 控制器的反馈值（模拟量）
Disturbance	Real	扰动变量或预控制值
ManualEnable	Bool	出现上升沿时，会激活手动模式，与当前 Mode 参数的数值无关。当 ManualEnable = ON 时，无法通过 ModeActivate 的上升沿或使用调试对话框来更改工作模式。出现下降沿时，会激活由 Mode 参数指定的工作模式
ManualValue	Real	用作手动模式下的 PID 输出值
ErrorAck	Bool	OFF > ON 上升沿时，错误确认，清除已经离开的错误信息
Reset	Bool	出现上升沿时指令被切换到未激活模式，同时复位 ErrorBits 和 Warnings，清除积分作用（保留 PID 参数）。只要 Reset = ON，指令便会保持在未激活模式下（State = 0）。出现下降沿时，指令将切换到保存在 Mode 参数中的工作模式
ModeActivate	Bool	上升沿时，指令将切换到保存在 Mode 参数中的工作模式
Mode	Int	指定工作模式，默认值为 3，可设定的数值如下所示。 Mode = 0：未激活。 Mode = 1：预调节。 Mode = 2：精确调节。 Mode = 3：自动模式。 Mode = 4：手动模式。 工作模式通过以下方式激活。 ModeActivate 的上升沿。 Reset 的下降沿。 ManualEnable 的下降沿

PID_Compact 指令块输出参数包括 PID 输出值（Real、模拟量、PWM）、标定的过程值、限位报警（设定值、过程值）、当前工作模式、错误状态及错误代码，如表 6-4 所示。

表 6 - 4 PID_Compact 输出参数

参数	数据类型	说明
ScaledInput	Real	标定的过程值
Output	Real	PID 的输出值（Real 形式）
Output_PER	Int	PID 的输出值（模拟量）
Output_PWM	Bool	PID 的输出值（脉宽调制）
SetpointLimit_H	Bool	如果为 true，则说明达到了设定值的绝对上限
SetpointLimit_L	Bool	如果为 true，则说明已达到设定值的绝对下限
InputWarning_H	Bool	如果为 true，则说明过程值已达到或超出警告上限
InputWarning_L	Bool	如果为 true，则说明过程值已达到或低于警告下限
State	Int	该参数显示了 PID 控制器的当前工作模式。可以使用输入参数 Mode 和 ModeActivate 处的上升沿更改工作模式，具体如下。 State = 0：未激活。 State = 1：预调节。 State = 2：精确调节。 State = 3：自动模式。 State = 4：手动模式。 State = 5：带错误监视的替代输出值
Error	Bool	如果为 true，则此周期内至少有一条错误消息处于未决状态
ErrorBits	Dword	ErrorBits 参数显示了处于未决状态的错误消息。通过 Reset 或 ErrorAck 的上升沿来保持并复位 ErrorBits

6.2.4 S7 - 1200 PLC 的 PID 工艺对象

在循环中断 OB 中添加 PID_Compact 指令块后，系统自动在工艺对象文件内生成一个 PID 工艺对象，对象名称为指令背景 DB 的名称，即默认的 PID_Compact_1，如图 6 - 42 所示。可以选择"工艺对象"→PID_Compact_1→"组态"选项进行 PID 控制系统的各项参数设置，或选择"调试"选项进行 PID 自整定等。

图 6 - 42 生成的 PID 工艺对象

双击"组态"选项，可以打开功能参数设置窗口，如图 6-43 所示，包括基本设置、过程值设置和高级设置。

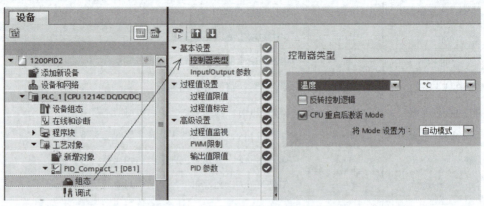

图 6-43 "控制器类型"选项设置

1. 基本设置

（1）控制器类型。

如图 6-43 所示，通过控制器类型设置，为设定值、过程值和扰动变量选择物理量和测量单位。控制类型包括常规、温度、压力、长度等，此处选择"温度"选项，单位为℃。

反转控制逻辑，不勾选则为正作用，随着 PID 控制器的偏差增大，输出值增大；勾选后为反作用，随着 PID 控制器的偏差增大，输出值减小。

要在 CPU 重启后切换到 Mode 参数中保存的工作模式，请勾选"CPU 重启后激活 Mode"复选框，可选择 Mode 设置为非活动、预调节、精确调节、自动模式和手动模式。

（2）Input/Output 参数。

如图 6-44 所示，定义 PID 输入过程值和输出值的内容，对应 PID_Compact 指令输入、输出变量的引脚和数据类型。

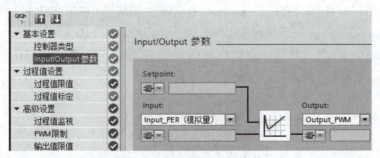

图 6-44 Input/Output 参数

Input 设置包括如下内容。

1）Input_PER（模拟量），过程值是一种 I/O 格式的模拟值（INT 型），例如，模拟量输入模块通道 0 的过程值地址 IW96。

2）Input，过程值是实数值或用户程序的变量（REAL 型）。

Output 设置包括如下内容。

1）Output_PWM，使用数字量开关输出，并通过脉宽调制的方式对其进行控制。输出值由最短开关时间形成。

2）Output_PER，使用模拟量输出作为输出值，输出值以 I/O 格式输出。

3）Output，使用用户程序的变量作为输出值。

Input/Output 参数与 PID_Compact 指令参数的对应关系如图 6 – 45 所示，例如，若在"工艺对象"选项组的"组态"选项中选择了 Input_PER 和 Output_PWM 选项，则编程时只需对指令的 Input_PER 和 Output_PWM 引脚进行定义即可，无须定义 Input、Output、Output_PER 引脚。

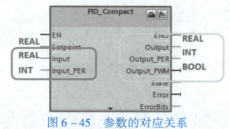

图 6 – 45　参数的对应关系

2. 过程值设置

（1）过程值限值。

如图 6 – 46 所示，在"控制器类型"选项组中物理量选择"温度"选项，则单位为℃，在设置"过程值限值"选项时必须满足"过程值下限"选项的值小于"过程值上限"选项的值。如果过程值超出限值，就会出现错误。

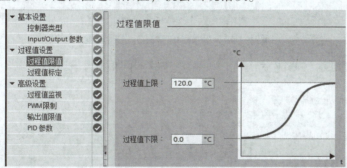

图 6 –46　"过程值限值"选项设置

（2）过程值标定。

在本任务中实际的温度变送器测量范围为 – 50 ~ 150 ℃，通过模拟量输入模块处理后，对应数值为 0 ~ 27 648，则过程标定按图 6 – 47 设置。

3. 高级设置

（1）过程值监视。

过程值的监视限值范围需要在"过程值限值"组态的范围之内。当过程值超过监视限值的设置值后，会输出警告，仅仅是警告，不影响系统运行，但是若过程值超过"过程值限值"选项的设置值后，PID 输出报错，切换工作模式。如图 6 – 48 所示，警告的默认设置为较大的值，此时"过程值限值"选项的设置值即为警告值。

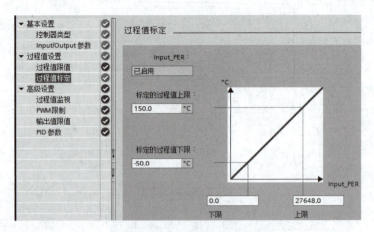

图 6－47 "过程值标定"选项设置

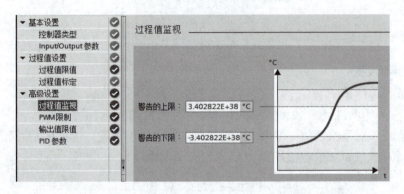

图 6－48 "过程值监视"选项设置

如图 6－49 所示，修改默认值，设置警告的上限值和下限值。

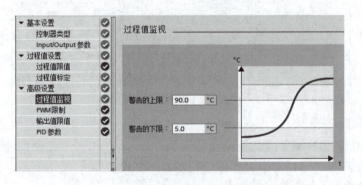

图 6－49 实际的警告上限值/下限值设置

（2）PWM 限制。

当在"Input/Output 参数"选项组中将 Output 设置为 Output_PWM 选项时，可进行"PWM 限制"选项的设置，默认的最短接通和关闭时间都为 0.0 s，如图 6－50 所示。

图 6-50 "PWM 限制"选项设置

若 Output 设置为 Output_PWM，则输出参数 Output 中的值被转换为一个脉冲序列，该序列通过脉宽调制在输出参数 Output_PWM 中输出。在 PID 算法采样时间内计算 Output，在循环中断时间内输出 Output_PWM，如图 6-51 所示。

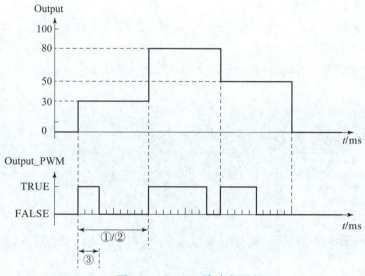

图 6-51 PWM 脉冲序列
注：①循环中断时间；
②PID 算法采样时间；
③脉冲持续时间，Output 占空比

设置该参数的目的是保护外部执行机构不因频繁通断而损坏（如固态继电器等），延长执行机构的使用寿命，因为当 PLC 输出脉冲时，执行机构会频繁地通断。

在当前 PID 算法采样周期中，如果输出小于"最短接通时间"选项设置的值，将不输出脉冲，如果输出大于（PID 算法采样时间 - 最短关闭时间），则整个周期输出高电平。

需要注意的是，在当前 PID 算法采样周期中，因小于最短接通时间未能输出脉冲的，会在下一个 PID 算法采样周期中累加和补偿由此引起的误差。

循环中断时间 = 100 ms；PID 算法采样时间 = 100 ms；最短接通时间 = 20 ms（即已组态的最小接通脉冲为 PID_Compact 的 20%），若此时 PID 输出恒定为 15%，则在第一个周期内不输出脉冲，在第二个周期内将第一个周期内未输出的脉冲累加到第二个周期的脉冲，依次输出，如图 6-52 所示。

图 6 - 52　PWM 示例

注：①为最短接通时间。

（3）输出值限值。

如图 6 - 53 所示，在"输出值限值"选项中，以百分比形式组态输出值的限值。无论是在手动模式还是自动模式下，都不要超过输出值的限值。手动模式下的设定值 ManualValue，必须是介于输出值的下限与输出值的上限之间的值。

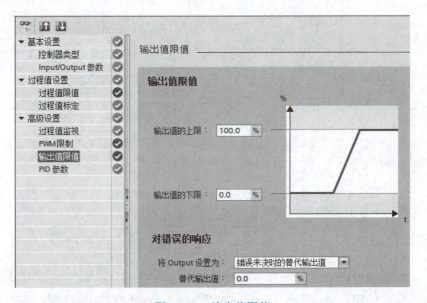

图 6 - 53　输出值限值

如果在手动模式下指定了一个超出限值范围的输出值，则 CPU 会将有效值限制为组态的限值。

PID_Compact 指令可以通过"组态"选项中输出值的上限和下限修改限值。最广范围为 - 100.0 ~ 100.0，如果采用 Output_PWM 输出，限值为 0.0 ~ 100.0。

可以在"输出值限值"选项中预先设置错误响应时 PID 的输出状态，如图 6 - 54 所示，以便在发生错误时，控制器在大多数情况下均可保持激活状态。需要注意的是，如果控制器频繁发生错误，建议检查指令 Errorbits 参数并消除错误原因。

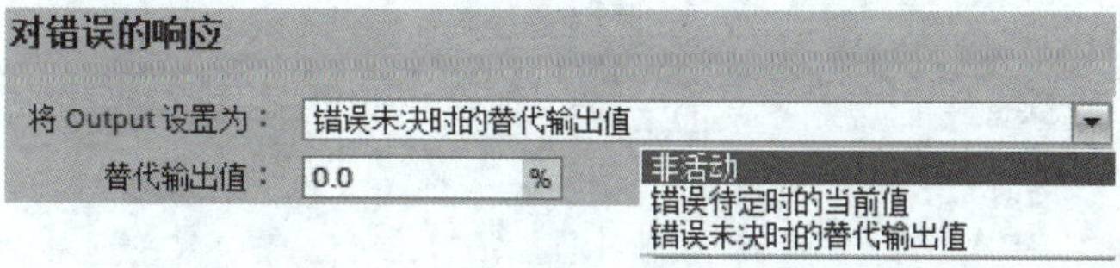

对错误的响应

将 Output 设置为：错误未决时的替代输出值

替代输出值：0.0 %

非活动
错误待定时的当前值
错误未决时的替代输出值

图 6 – 54 "对错误的响应"选项设置

（4）PID 参数。

如图 6 – 55 所示，在"PID 参数"选项勾选"启用手动输入"复选框后可以修改 PID 参数，通过此处修改的参数对应在"工艺对象"背景数据块的 Static 和 Retain 选项组中的 PID 参数。

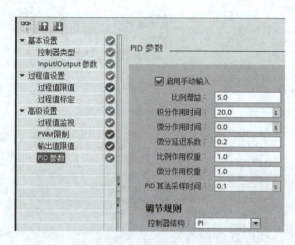

图 6 – 55 "PID 参数"选项设置

通过"组态"选项组修改参数需要重新下载组态并重启 PLC，建议直接对工艺对象背景 DB 进行操作。

控制结构可选择 PID 或 PI，当选择 PI 时只有比例和积分作用，没有微分作用，大多数情况下，通过 PI 控制即可达到控制要求。

另外，需要注意的是，建议将"PID 算法采样时间"设置为与循环中断时间（默认 100 ms）相同。

4. 关于背景 DB

PID_Compact 指令的背景 DB 属于"工艺对象"选项组的 DB，如图 6 – 56 所示，右击数据块名称（如 PID_Compact_1），在弹出的快捷菜单内选择"打开 DB 编辑器"选项，可打开背景 DB。

工艺对象 DB 主要分为 10 部分：1 – Input、2 – Output、3 – Inout、4 – Static、5 – Config、6 – CycleTime、7 – CtrlParamsBackUp、8 – PIDSelfTune、9 – PIDCtrl、10 – Retain。其中 1、2、3 这部分参数在 PID_Compact 指令中有参数引脚。工艺对象 DB 的属性为优化的块访问，即以符号进行寻址。

常用的 PID 参数：比例增益（Gain）、积分时间（Ti）、微分时间（Td）、算法采样时间（Cycle）等在 DB 的 Retain 选项组下，如图 6 – 57 所示。

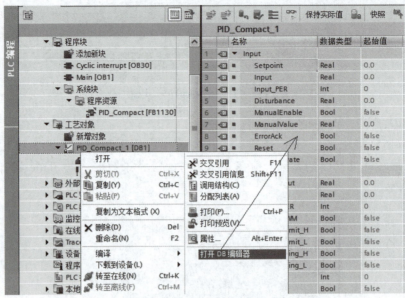

图 6-56　PID 工艺对象 DB

		名称	数据类型	起始值
21	■	SubstituteOutput	Real	0.0
22	■ ▶	Config	PID_Com...	
23	■ ▶	CycleTime	PID_Cycle...	
24	■ ▶	CtrlParamsBackUp	PID_Com...	
25	■ ▶	PIDSelfTune	PID_Com...	
26	■ ▶	PIDCtrl	PID_Com...	
27	■ ▼	Retain	PID_Com...	
28	■ ▼	CtrlParams	PID_Com...	
29	■	Gain	Real	5.0
30	■	Ti	Real	20.0
31	■	Td	Real	0.0
32	■	TdFiltRatio	Real	0.2
33	■	PWeighting	Real	1.0
34	■	DWeighting	Real	1.0
35	■	Cycle	Real	0.1

图 6-57　常用的 PID 参数

6.2.5　S7-1200 PLC 的 PID 调试功能

在"工艺对象"选项组下，双击"调试"选项，可以打开"调试"对话框，如图 6-58 所示。

PID 控制器能否正常运行，需要符合实际运行系统及工艺要求的参数设置。由于每套系统都不完全一样，因此每套系统的控制参数也不相同。

用户可以通过参数访问方式手动调试控制参数，在"调试"对话框中观察曲线图后修改对应的 PID 参数，也可使用系统提供的参数自整定功能进行调试。PID 自整定功能是按照一定的数学算法，通过外部输入信号、激励系统、系统的反应方式来确定 PID 参数。

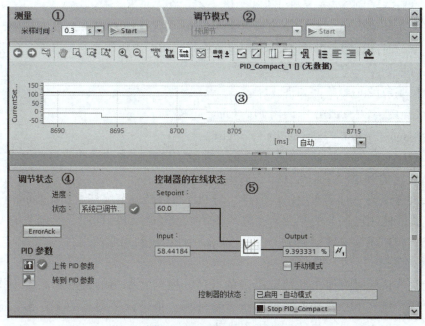

图 6 – 58 "调试"对话框

S7 – 1200 提供的两种自整定方式（调节模式）为预调节和精确调节，可在执行预调节和精确调节时获得最佳 PID 参数。

（1）测量，可选择调试面板测量功能的采样时间，单击 Start 按钮可激活 PID Compact 趋势采集功能。

（2）调节模式，可以选择 PID 自整定方式（包括预调节和精确调节），单击 Start 按钮可激活所选择的调节模式。

（3）实时趋势图显示，以曲线方式显示 Setpoint（给定值）、Input（输入值）和 Output（输出值）。

（4）调节状态，显示进度条与调节状态。当调节完成后，整定出的参数会实时更新至工艺对象背景 DB 的 Retain 变量组中。

单击 ErrorAck 按钮，可用于确认警告和错误，单击 ErrorAck 按钮时，ErrorAck = true，释放时 ErrorAck = false。

单击"上传 PID 参数"按钮，可将调节出的参数更新至 DB 初始值。

单击"转到 PID 参数"按钮，可转换到"组态"对话框，默认选择"高级设置"→"PID 参数"选项。

（5）可以监视 Setpoint（给定值）、Input（输入值）、Output（输出值）的在线状态，并可以手动强制输出值。Stop PID_Compact 按钮用于禁用 PID 控制器，使其处于非活动状态。

注意：上传参数时要保证软件与 CPU 之间的在线连接，并且调试选项要在测量模式，即能实时监控状态值，单击"上传"按钮后，PID 工艺对象 DB 会显示与 CPU 中的值不一致，因为此时项目中工艺对象 DB 的初始值与 CPU 中的不一致，可将此块重新下载。

1. 预调节

预调节功能可以确定对输出值跳变的过程响应，并搜索拐点。根据受控系统的最大上升速率与时间计算 PID 参数。过程值越稳定，PID 参数就越容易计算，结果的精度也会越高。

启动预调节的必要条件如下。

（1）已在循环中断 OB 中调用 PID_Compact 指令。

（2）ManualEnable = false 且 Reset = false。

（3）PID_Compact 处于下列模式之一：未激活模式、手动模式或自动模式。

（4）设定值和过程值均处于组态的限值范围内。

如果执行预调节时未产生错误消息，则 PID 参数已调节完毕。PID_Compact 将切换到自动模式并使用已调节的参数。在电源关闭以及重启 CPU 期间，已调节的 PID 参数保持不变。如果无法实现预调节，PID_Compact 将切换到未激活模式。

2. 精确调节

精确调节将使过程值出现恒定受限的振荡，根据此振荡的幅度和频率为操作点调节 PID 参数，所有 PID 参数都根据结果重新计算。精确调节得出的 PID 参数通常比预调节得出的 PID 参数具有更好的主控和扰动特性。

启动精确调节的必要条件如下。

（1）已在循环中断 OB 中调用 PID_Compact 指令。

（2）ManualEnable = false 且 Reset = false。

（3）PID_Compact 处于未激活模式、手动模式或自动模式。

（4）设定值和过程值均处于组态的限值范围内。

（5）在操作点处，控制回路已稳定，过程值与设定值一致时，表明到达了操作点。

（6）不能被干扰。

可以在未激活模式、自动模式或手动模式下启动精确调节。如果希望通过控制器调节来改进现有 PID 参数，可在自动模式下启动精确调节。

如果已执行精确调节且没有错误，则 PID 参数已得到优化。PID_Compact 切换到自动模式，并使用优化的参数。在电源关闭及重启 CPU 期间，优化的 PID 参数保持不变。如果精确调节期间出错，PID_Compact 将切换到未激活模式。

6.2.6 温度 PID 控制系统开发

1. 模拟量输入模块设置

如图 6-59 所示，在"设备视图"选项卡下添加一个模拟量输入模块，设置模拟量输入通道 0 的测量类型为电流，电流范围为 4～20 mA，默认的通道地址为 IW96。

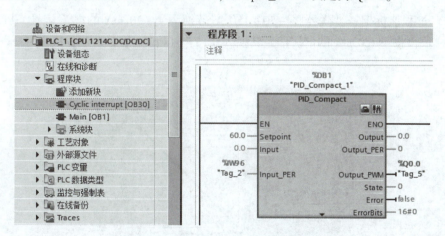

图 6-59 模拟量模块参数设置

2. 编程

添加一个循环中断 OB，再在 OB 内添加一个 PID_Compact 指令块，如图 6-60 所示，将给定值 Setpoint 设定为 60.0，即通过 PID 调节，使炉温保持在 60.0 ℃，将 Input_PER 设定为模拟量模块通道 0 的地址 IW96，Output_PWM 设定为 Q0.0。

图 6-60 PID_Compact 指令编程

3. PID 工艺对象组态

由于系统采用自然冷却的方式降温，升温和降温的时间差异比较大，根据控制要求，按照如下步骤进行向导设置。

（1）控制器类型，如图 6-61 所示，控制量选择"温度"选项，CPU 重启后激活自动模式。

图 6 - 61　控制器类型

（2）Input/Output 参数，如图 6 - 62 所示，Input 参数选择 "Input_PER（模拟量）"
选项，Output 参数选择 Output_PWM（即脉冲输出）选项。

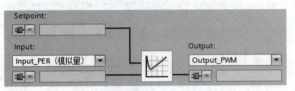

图 6 - 62　Input/Output 参数

（3）过程值限值，根据实际情况设置，此处按图 6 - 63 设置。

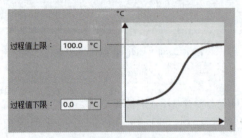

图 6 - 63　过程值限值

（4）过程值标定，变送器将 - 50~150 ℃ 转换为 4~20 mA 的电流信号，PLC 模拟
量输入模块再将 4~20 mA 的电流信号转换为 0~27 648 的数值，则过程值标定按图 6 - 64
设置。

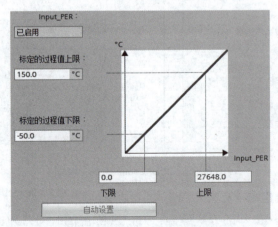

图 6 - 64　过程值标定

（5）过程值监视、PWM 限制、输出值限制的组态按默认设置。

PID 参数保持如图 6 - 65 所示的默认设置，若要修改默认设置，先勾选 "启用手动
输入" 复选框后，再修改 PID 参数，须重新下载 PID 组态。因为工艺对象背景 DB 的数

据结构未发生变化，需要 CPU 从 STOP 到 RUN 后才生效。

此处的 PID 参数只是一组临时参数，最终的 PID 参数还是要靠自整定获得，通过 PID 调试面板的预调节、精确调节功能，由 TIA 博途软件根据一定的算法计算得到最终的 PID 参数。若在自整定中发生调节失败，还需要对该参数进行再次修改。

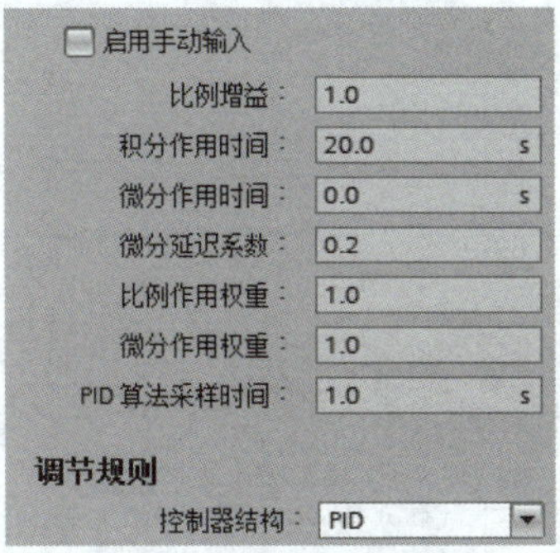

图 6-65　PID 参数

4. PID 参数自整定

在 PID 参数自整定前，应确保外部的硬件装置已连接，包括温度传感器、变送器、固态继电器、加热棒等，系统运行稳定，没有异常干扰（如炉温不会突然降低或升高），具备 PID 自整定调节的基础条件。PID 自整定时首先单击 Start 按钮，启动测量功能，再选择调节模式为"预调节"选项，单击 Start 按钮，启动调节功能。

预调节前一定要满足以下条件：

$$|设定值-过程值| > 0.3 |过程值上限-过程值下限|$$

$$|设定值-过程值| > 0.5 |设定值|$$

不满足预调节的条件，将会出现错误提示，如图 6-66 所示。

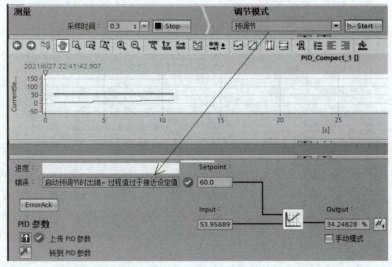

图 6-66　预调节出错

如果完成了预调节，或预调节失败，下一步是进行精确调节，如图 6 - 67 所示。PID 自整定调节是一个比较缓慢的过程，需要耐心等待。

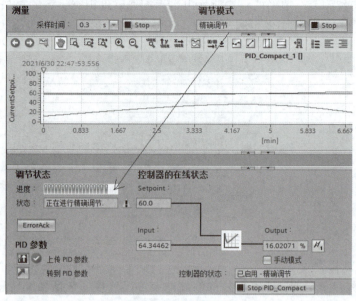

图 6 - 67　精确调节

调节完成后，如图 6 - 68 所示，在"状态"一栏显示"系统已调节"，此时单击"上传 PID 参数"按钮，自动打开 PID"组态"对话框，默认选择"高级设置"→"PID 参数"选项。

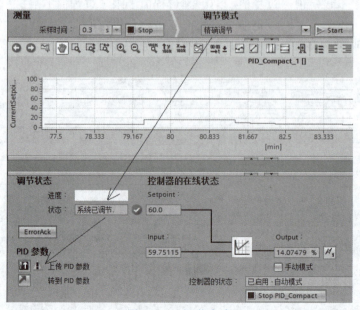

图 6 - 68　调节完成

在"PID 参数"选项组中显示自整定调节后的 PID 参数，如图 6 - 69 所示，将该参数下载至 PLC，并重启 PLC，参数值生效。

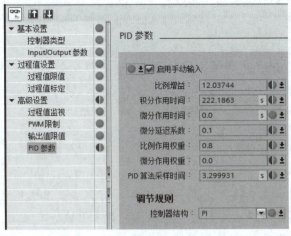

图 6-69　自整定后的 PID 参数

监控 PID 工艺对象的背景 DB，可以看到 PID 参数已写入 DB，如图 6-70 所示。

	名称	数据类型	起始值	监视值
25	▶ CtrlParamsBackUp	PID_CompactContr...		
26	▶ PIDSelfTune	PID_CompactSelfTu...		
27	▶ PIDCtrl	PID_CompactControl		
28	▼ Retain	PID_CompactRetain		
29	▼ CtrlParams	PID_CompactContr...		
30	Gain	Real	12.03744	12.03744
31	Ti	Real	222.1863	222.1863
32	Td	Real	0.0	0.0
33	TdFiltRatio	Real	0.1	0.1
34	PWeighting	Real	0.8	0.8
35	DWeighting	Real	0.0	0.0
36	Cycle	Real	3.299931	3.299931

PID_Compact_1

图 6-70　背景 DB 中的 PID 参数

触摸屏控制的
液体混合系统

大国工匠：他为火箭打造"火眼金睛"——李峰

大国工匠案例

　　航天装备是彰显航天强国实力、提振民族士气的国之重器。惯导系统决定了它们能否飞得稳、打得准，被比作运载火箭等航天装备的"眼睛"。加工的零件每减少 1 mm 误差，就能提高几千米的轨道精度。李峰以其精湛高超的加工技艺，攻克多项技术难题，使加工精度达到了极限。

　　从 1990 年参加工作至今，李峰只干过一个工种——铣工。他加工过很多异形零件。每一次都是在攻坚克难，李峰却始终坚持做到精益求精。他常说："加也是误差，减也是误差，只有零位是最好的。我达不到零对零，但一定要奔着那个方向做调整。"李峰日常用的刀具，都是他凭借多年工作经验在 200 倍显微镜下细心打磨而成的。

　　陀螺仪作为惯导系统的核心，犹如眼睛里的晶状体一般珍贵。陀螺电机是陀螺仪的关键部件，其零件加工难度犹如在几米外穿针引线。李峰针对问题潜心钻研，创造性地提出了"半圆延展整形"辅助支撑技术，并设计高强度刀杆，突破了加工技术瓶颈，产品关键零件安装基准同轴度达到微米级，大大提高了产品精度，大幅缩短了产品研制生产周期，为某型装备的研制做出了重要贡献。

在科研任务紧迫、先进技术封锁、经验不足的情况下，为保证某任务零件生产，李峰提出了"全螺旋"走刀方法，实现了超薄石英玻璃薄壁零件的超声铣磨精密加工，表面粗糙度达到 0.1 μm。他还提出了"快速锁紧反拉胀胎"加工方法，将单件装夹时间由 300 s 缩短到 10 s 以内。一系列加工难题的攻克，使核心产品的加工精度得到大幅提升，研制周期比常规需求缩短 2/3，保证了研制任务顺利完成。他参与生产的该项目斩获国家科学技术进步奖特等奖。

创造经济效益的"铣工发明家"。

面对"技术快速发展、设备不断更新、指标逐年提高"的形势，李峰不断创新组合加工、强力切削等加工方法，发明一次装夹多面加工专用工艺装备，设计制作一系列专用刀具，将技术诀窍量化分解形成标准化、程序化的加工方法，助力型号任务。

在某新型运载火箭系统零件生产任务中，李峰攻克了生产瓶颈，精确计算出支架各点受力，设计了"双侧夹持过定位支撑"工装，使产品合格率得到大幅度提升，确保了任务研制成功。他参与生产的项目又一次获得国家科学技术进步奖特等奖。

针对某结构件材料强度高但脆性大导致的合格率不高问题，李峰反复试验，发明了一套小螺纹加工刀具，并独创了修磨方法，解决了直径 1.6 mm 以下小孔的钻削和攻丝难题，开创了用普通高速钢丝锥加工特殊材料小螺纹孔的行业先河，使系统产品质量大幅减轻，有效确保发射任务顺利完成。

30 多年来，李峰不忘航天报国初心，勇担航天强国使命，坚守小小三尺铣台，铸就件件大国重器。他用专注与奉献诠释了航天技能人员的追求和梦想，实现了从一名普通技工到技能大师的完美蜕变，为航天强国建设做出了自己的贡献。

思考与练习

1. 温度的采集与数据转换有哪些关键过程？

2. 为了在触摸屏中实现按钮的点动控制需要如何组态？

3. S7 – 1200 PLC 的 PID 控制器功能主要依靠哪三部分实现？

4. S7 – 1200 PLC 的 PID 自整定模式有哪两种？

5. PID_Compact 指令在集成视图下有哪些输入参数？各输入参数的功能是什么？

6. 绘制温度传感器、变送器与模拟量输入模块的接线示意图。

7. 组态触摸屏，实现触摸屏对 PLC 中变量地址 MD50 的数据监控。

8. 配置模拟量输入模块并编写程序，完成对外部传感器数据的采集与处理，传感器检测温度范围为 0 ~ 100 ℃，电流信号为 0 ~ 20 mA。

项目 7　产品码垛装箱控制系统

项目引入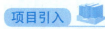

码垛装箱是将一定数量的货物按一定规则堆叠于箱体容器的过程，其主要目的是便于运输、存储或工业生产等场合的使用。码垛可以分为多种形式，如单列码垛、多列码垛、十字垛等。码垛装箱技术被广泛应用于多个行业，如物流、制造业和仓储等。它不仅可以提高装载效率、降低运输成本，还可以优化生产流程、提高生产效率。

机械手是实现码垛装箱的一种自动化控制设备，在机械手上安装有一系列传动装置，特别是伺服定位机构的使用，可以准确地运送货物到达目标位置，从而完成各种形式的码垛任务。

项目目标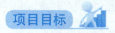

知识目标

（1）掌握 S7 – 1200 PLC 运动控制指令。

（2）掌握 S7 – 1200 PLC 位置轴工艺对象组态方法。

（3）掌握西门子 V90 PN 伺服驱动器参数设置方法。

能力目标

（1）能够正确使用 S7 – 1200 PLC 的运动控制指令编写程序并调试。

（2）能够根据控制要求完成 S7 – 1200 PLC 位置轴工艺对象组态。

（3）能够根据控制要求完成 V90 PN 伺服驱动器参数设置与调试。

职业能力图谱

职业能力图谱如图 7 – 1 所示。

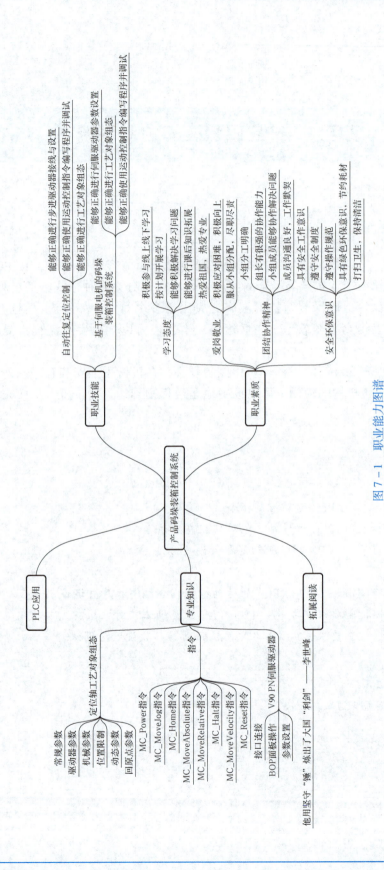

图 7 - 1　职业能力图谱

任务7.1 基于步进电机的自动往复定位控制

项目导入

自动往复定位控制示意图如图7-2所示，按下启动按钮，工作台在步进电机驱动下首先向B点移动，到达B点后延时2 s再移动至A点，到达A点后延时2 s再向B点移动，如此在A、B两点之间循环往复运行。按下停止按钮，工作台立即停止。在工作台停止后若按下复位按钮，则工作台返回到原点位置。

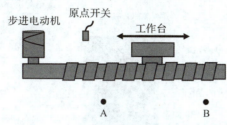

图7-2 自动往复定位控制示意图

任务分析

工作台从原点运行到A点，PLC需要输出3 000个脉冲给步进驱动器；而从原点运行到B点，PLC需要输出8 000个脉冲给步进驱动器。PLC先执行回原点操作，工作台到达原点后位置存储器清零，原点是所有目标位置的参考点；原点位置确定后，PLC再通过输出口输出目标脉冲数，从而实现工作台的准确定位。

知识链接

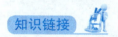

7.1.1 步进驱动技术

1. 步进电机

步进电机是一种将电脉冲信号转换成相应角位移或线位移的电机，如图7-3所示。步进电机是现代工业自动化控制系统中的主要执行元件，应用广泛。步进电机的转速、旋转角度只取决于脉冲信号的频率和脉冲数，而不受负载变化的影响。当步进驱动器接收到一个脉冲信号时，它就驱动步进电机按照设定的方向转动一个固定的角度，电机的旋转是以固定的角度一步一步运行的，所以称为步进电机。可以通过控制脉冲个数来控制电机的角位移量，从而达到准确定位的目的；同时可以通过控制脉冲频率来控制电机转动的速度，达到调速的目的。

2. 步进驱动器连接

步进电机需要连接步进驱动器才能运行，而步进驱动器的命令信号来自PLC，如图7-4所示，PLC发出能够进行速度、位置和转向控制的脉冲串，通过步进驱动器驱动电机运行。

图 7 - 3 步进电机

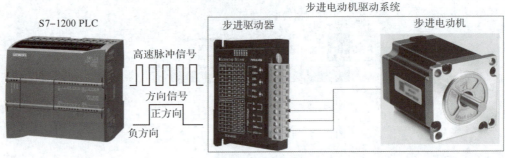

图 7 - 4 步进电机驱动系统构成

步进驱动器的连接示意图如图 7 - 5 所示，DIR + /DIR - 为方向信号输入端口，PLS + /PLS - 为脉冲信号输入端口。对于 S7 - 1200 晶体管输出类型的 CPU 模块，输出为正极信号，与步进驱动器连接时 PLS - 和 DIR - 与直流电源负极连接，PLS + 和 DIR + 分别连接 PLC 控制脉冲信号输出（如 Q0.0）和方向信号输出（如 Q0.1）的端子上。

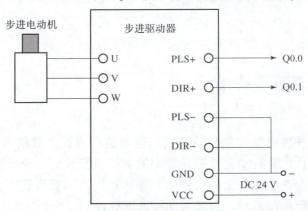

图 7 - 5 步进驱动器接线示意图

3. 步进驱动器设置

步进驱动器的参数设置主要包括细分数设置和工作电流设置，步进电机的细分数是指每个电机步进角的细分数量，这个概念定义了电机旋转一周所需的脉冲数。可以通过驱动器本体上的拨码开关进行设置，如图 7 - 6 所示。拨码开关包括一组细分数设定开关（SW1、SW2、

图 7 - 6 步进驱动器拨码开关

SW3）和一组工作电流设定开关（SW4、SW5、SW6），将拨码开关向下拨动为 ON 状态，向上拨动为 OFF 状态。

（1）细分数设置。

以某款步进驱动器为例，如表 7 - 1 所示，SW1、SW2、SW3 开关处于不同的位置状态，对应的电机"每转脉冲数"就不同。

表 7 - 1　细分数设置

每转脉冲数	200	400	800	1 600	3 200	6 400
SW1 位置	ON	ON	OFF	OFF	OFF	OFF
SW2 位置	ON	OFF	ON	ON	OFF	OFF
SW3 位置	OFF	ON	ON	OFF	ON	OFF

（2）工作电流设置。

如表 7 - 2 所示，通过 SW4、SW5、SW6 开关设定工作电流时，工作电流必须等于或小于电机的额定电流。

表 7 - 2　工作电流设置

工作电流/A	0.5	1.0	1.5	2.0	2.5	2.8	3.0	3.5
SW4 位置	ON	ON	ON	ON	OFF	OFF	OFF	OFF
SW5 位置	ON	OFF	ON	OFF	ON	OFF	ON	OFF
SW6 位置	ON	ON	OFF	OFF	ON	ON	OFF	OFF

7.1.2　S7 - 1200 PLC 的定位控制技术

1. 定位功能

S7 - 1200 PLC 可以通过 PTO 方式控制步进驱动器，该方式是目前为止所有版本的 S7 - 1200 PLC 都具有的功能，由 PLC 向驱动器发送高速脉冲信号（及方向信号）来控制驱动器的运行。

S7 - 1200 PLC 集成了 4 路 100 kHz 的高速脉冲输出口，用于步进电机或伺服电机的旋转速度和位置控制。PLC 从输出端口（如 Q0.0）发送高速脉冲信号以控制步进电机的旋转角位移和速度，脉冲个数决定了电机角位移量，脉冲频率决定了电机的转速。为了控制电机的旋转方向，PLC 还应从另一个输出端口输出方向信号（如 Q0.1），低电平时电机负方向旋转，高电平时电机正方向旋转。

2. 定位方式

工作台在步进电机或伺服电机驱动下做直线移动时，工作台位置的确定方式有两种：绝对定位和相对定位。

在进行绝对定位时，目标位置是基于坐标原点，如图 7 - 7 所示，当在位置①给定位置值 100 后，工作台会运动至距离原点 100 mm 的位置，若在位置②又给了一次位置值

100 mm，由于此时工作台所处位置即为距离原点 100 mm 的位置，因此工作台不会移动。

在进行相对定位时，目标位置是基于当前位置，如图 7-8 所示，当在位置①给定位置值 100 mm 后，工作台会运动至与当前位置相距 100 mm 的位置，若在位置②又给了一次位置值 100，工作台会继续运动至距当前位置为 100 mm 的位置。

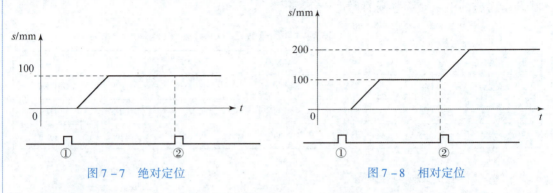

图 7-7　绝对定位　　　　　　　　　　　图 7-8　相对定位

3. 回原点

原点是工作台运动的起始位置，在定位控制中，系统每次断电后，工作台所停止的位置不一定是原点，但 PLC 内部当前的位置数据都已清零，这时就需要回到原点。虽然可以通过设置断电保持功能将当前位置保存至内部存储器，无须断电后回到原点，但是在控制系统初次运行时也必须做一次回原点操作，确保原点位置的准确性。

如图 7-9 所示，原点并不一定是原点开关信号为 ON 的位置，也可能是原点开关信号由 ON 变为 OFF 的位置，原点位置与回原点方式有关。

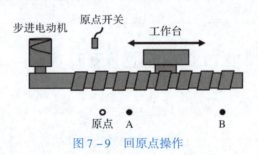

图 7-9　回原点操作

7.1.3　基于 PTO 的定位轴工艺对象组态

在进行 S7-1200 PLC 定位控制程序开发前应添加工艺对象并组态，每一个工艺对象都对应于外部的一台步进或伺服驱动器（轴）。

1. 添加定位轴工艺对象

不论何种控制方式，每一个轴都需要添加一个轴"工艺对象"，在 TIA 博途软件中单击"创建新项目"按钮并添加一台 S7-1200 PLC 设备，在项目树内双击"工艺对象"→"新增对象"选项，在弹出的"新增对象"对话框内选择"运动控制"→Motion Control→TO_PositioningAxis 选项并输入名称（默认为"轴_1"），背景 DB 默认为"自动"生成方式，如图 7-10 所示，单击"确定"按钮后工艺对象添加完成。

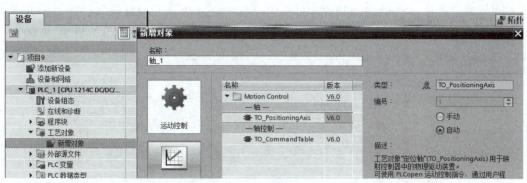

图 7 – 10　添加定位轴工艺对象

2. 定位轴工艺对象组态窗口

定位轴工艺对象新增完成后,在"工艺对象"选项组内可看到新增的名称为"轴_1"的工艺对象,如图 7 – 11 所示,DB1 与其关联。工艺对象包含的三个操作选项为"组态""调试"和"诊断",其中"组态"选项用于设置轴的各项参数。

图 7 – 11　"轴_1"工艺对象

双击"组态"选项,弹出"轴_1[DB1]"对话框,进入"功能图"选项卡,如图 7 – 12 所示,组态参数包括基本参数和扩展参数两类。每项参数都有状态标记,提示用户轴参数的设置状态。

●图标表示参数配置正确(蓝色背景对勾),为系统默认配置,用户没有做过修改。

●图标表示参数配置正确(绿色背景对勾),不是系统默认配置,用户做过修改。

●图标表示参数配置没有完成或是有错误。

▲图标表示参数组态正确,但是有报警,如只组态了一侧的限位开关等。

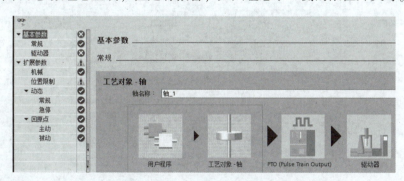

图 7 – 12　"功能图"选项卡

3. 定位轴工艺对象组态

(1)常规参数。

如图 7 – 13 所示,"基本参数"选项组中包括"常规"和"驱动器"两个选项,常规参数包括轴名称、驱动器和测量单位。

1)轴名称:定义该工艺轴的名称,用户可以采用系统默认值,也可以自行定义。

2)驱动器:选择通过 PTO(CPU 输出高速脉冲)的方式控制驱动器。

3）测量单位：TIA 博途软件提供了几种轴的位置单位，包括脉冲、距离和角度。距离单位有毫米（mm）、米（m）、英寸①（in）、英尺②（ft）；角度单位是度（°）。

注意：测量单位是很重要的一个参数，后续轴的参数和指令中的参数都是基于该测量单位进行设定的。

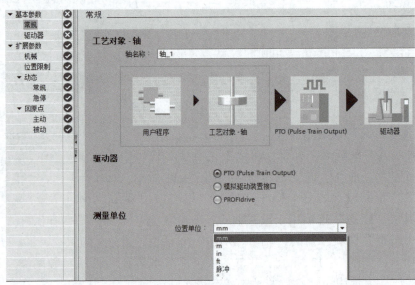

图 7 - 13　常规参数界面

（2）驱动器参数。

驱动器参数界面如图 7 - 14 所示。

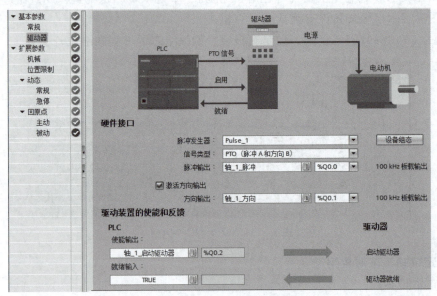

图 7 - 14　驱动器参数界面

---

① 1 英寸（in）= 25.4 毫米（mm）。
② 1 英尺（ft）= 30.48 厘米（cm）。

1）脉冲发生器：从 Pulse_1 ~ Pulse_4 共 4 个脉冲发生器中选择，如 Pulse_1。

2）信号类型：一般选择"PTO（脉冲 A 和方向 B）"选项。

3）脉冲输出：根据 PLC 与伺服驱动器的硬件连接情况，选择实际的脉冲输出点（如 Q0.0）。

4）激活方向输出：是否使能方向控制位，若信号类型选择了"PTO（脉冲 A 和方向 B）"选项，此处默认勾选。

5）方向输出：选择方向信号的输出点（如 Q0.1）。

6）设备组态：单击该按钮可以跳转到"设备视图"标签下，可回到 CPU 设备属性修改组态。

7）使能输出：步进或是伺服驱动器一般都需要一个使能信号，该使能信号的作用是让驱动器通电。可以组态一个输出点（如 Q0.2）作为驱动器的使能信号，也可以不配置。

8）就绪输入：如果驱动器在接收到使能信号之后准备好开始执行运动时，会向 CPU 发送驱动器就绪信号。可以选择一个输入点作为输入 PLC 的信号，如果驱动器不包含此类型的任何接口，则不需要组态该参数。

（3）机械参数。

如图 7-15 所示，扩展参数中的机械参数包括以下设置项。

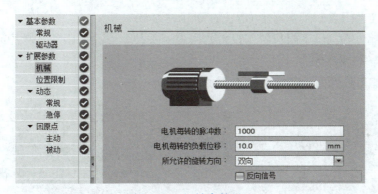

图 7-15　机械参数界面

1）电机每转的脉冲数：组态电机每转所需的脉冲数，此值应与实际电机的每转脉冲数相同（一般通过步进驱动器的细分数或伺服驱动器的电子齿轮比参数进行调整）。

2）电机每转的负载位移：组态电机每旋转一圈负载（或工作台）的移动距离，此值也应与实际相符。例如，与电机直连的滚珠丝杠的螺距为 10 mm，则此处设置为 10 mm。

3）所允许的旋转方向：确定系统机械是否允许朝两个方向运动，还是只朝正向或负向运动。

4）反向信号：可以使用"反向信号"选项，根据驱动器的方向逻辑对控制系统进行调整。方向逻辑将根据所选脉冲发生器的模式反转。

（4）位置限制参数。

如图 7-16 所示，位置限制参数用于设置软/硬限位开关。软/硬限位开关是用来保证轴能够在工作台的有效范围内运行，不管轴碰到了硬限位还是超出了软限位的限制范围，轴都会停止运行并报错。软限位的范围应小于硬限位，硬限位的位置要在工作台机械范围之内。

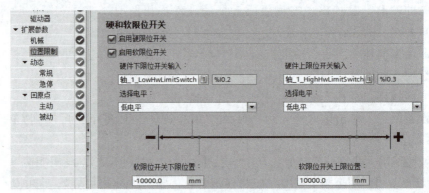

图 7-16　位置限制参数界面

1）启用硬限位开关：激活硬件限位功能。

2）启用软限位开关：激活软件限位功能。

3）硬件上/下限位开关输入：设置硬件上/下限位开关输入点，如 I0.3 和 I0.2。

4）选择电平：设置硬件上/下限位开关输入点的有效电平，一般设置成低电平有效（即开关接常闭点，正常时为 ON，碰到开关为 OFF）。

5）软限位开关上/下限位置：设置软限位开关位置点，用距离、脉冲或角度表示。

（5）动态常规参数。

动态常规参数界面，如图 7-17 所示。

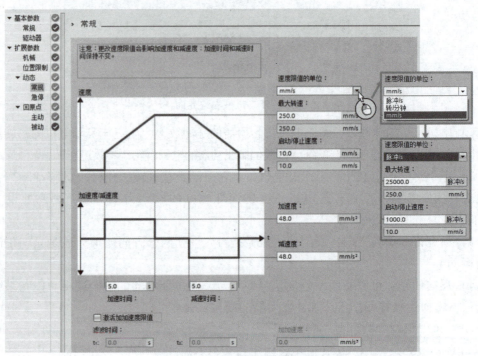

图 7-17　动态常规参数界面

1）速度限值的单位：设置"最大转速"和"启动/停止速度"两个选项的参数的显示单位。

根据测量单位的不同，可以选择的选项也不同，如在"基本参数"选项组的常规选项组中设置"位置单位"选项为 mm，则该选项除了"脉冲/s"和"转/分钟"外，又多了一个 mm/s 选项。

2）最大转速：用来设定电机运行的最大转速。最大转速由 PTO 输出最大频率和电机允许的最大速度共同限定。

3）启动/停止速度：根据电机的启动/停止速度来设定该值，这是轴的最小允许速度。

4）加速度：根据电机和实际控制要求设置加速度。

5）减速度：根据电机和实际控制要求设置减速度。

6）加速时间：如果用户先设定了加速度，则加速时间由软件自动计算生成。用户也可以先设定加速时间，这样加速度由系统计算。

7）减速时间：如果用户先设定了减速度，则减速时间由软件自动计算生成。用户也可以先设定减速时间，这样减速度由系统计算。

8）激活加加速度限值：可以降低在加速和减速斜坡运行期间施加到机械上的应力。如果激活了加加速度限值，则不会突然停止轴加速和轴减速，而是根据设置的步进或平滑时间逐渐调整。

9）滤波时间：如果用户先设定了加加速度，则滤波时间由软件自动计算生成。用户也可以先设定滤波时间，这样加加速度由系统计算。$t1$ 为加速斜坡的平滑时间，$t2$ 为减速斜坡的平滑时间，$t2$ 值与 $t1$ 相同。

10）加加速度：设置加加速度的值，激活了加加速度限值后，轴加减速曲线衔接处就变得平滑。

（6）动态急停参数。

在以下情况下会让轴使用急停速度/时间参数。

1）轴出现错误时，采用急停速度停止轴。

2）MC_Power 指令的输入参数 StopMode = 0 或 StopMode = 2 时（禁用轴）。

急停参数界面如图 7 – 18 所示。

1）最大转速：与常规中的最大转速一致。

2）启动/停止速度：与常规中的启动/停止速度一致。

3）紧急减速度：设置急停时的减速度。

4）急停减速时间：如果先设定了紧急减速度，则急停减速时间由软件自动计算生成。用户也可以先设定急停减速时间，这样紧急减速度由系统计算。

（7）主动回原点参数。

在使能绝对定位之前必须执行回原点操作。主动回原点参数界面如图 7 – 19 所示。

1）输入原点开关：设置原点开关的输入端地址（如 I0.5）。

2）选择电平：选择原点开关的有效电平，也就是当工作台碰到原点开关时，该原点开关对应的输入点是高电平还是低电平。

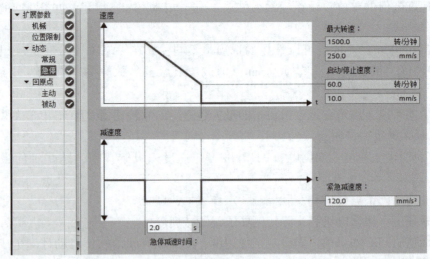

图 7 - 18　急停参数界面

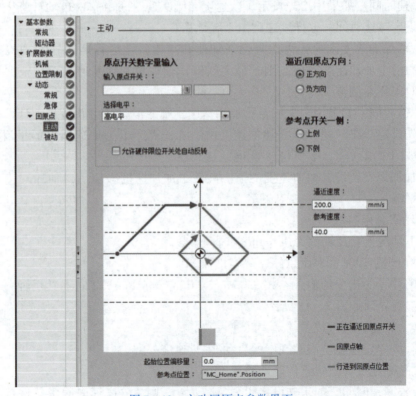

图 7 - 19　主动回原点参数界面

3）允许硬件限位开关处自动反转：勾选后如果工作台在回原点时碰到限位开关，工作台可以自动掉头，向反方向寻找原点。

4）逼近/回原点方向：确定寻找原点的起始方向，触发了寻找原点功能后，工作台是向正方向或是负方向开始寻找原点。

5）参考点开关一侧：上侧是指轴完成回原点指令后，工作台左边沿将停在原点开

关右侧边沿。下侧是指轴完成回原点指令后，工作台右边沿将停在原点开关左侧边沿，如图7-20所示。无论回原点的起始方向为正方向还是负方向，工作台最终停止的位置取决于上侧或下侧。

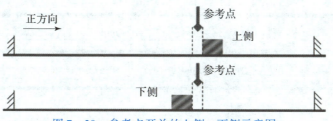

图 7-20　参考点开关的上侧、下侧示意图

6）逼近速度：寻找原点开关的起始速度，当程序中触发了 MC_Home 回原点指令后，轴立即以逼近速度运行方式寻找原点开关。

7）参考速度：最终接近原点开关的速度，当程序中触发了 MC_Home 回原点指令后，轴立即以逼近速度运行方式寻找原点开关，当轴碰到原点开关的有效边沿后轴从逼近速度切换到参考速度完成最终的原点定位。参考速度要小于逼近速度，参考速度和逼近速度都不宜设置得过大，在可接受的范围内设置较小的速度值。

8）起始位置偏移量：该值不为零时，轴会在距离原点开关一段距离（该距离值就是偏移量）的位置停下来，把该位置标记为原点位置值。该值为零时，轴会停在原点开关边沿处。

9）参考点位置：该值就是8）中的原点位置值。

根据工作台与原点开关之间初始相对位置不同，以两种情况为例说明轴主动回原点的执行过程。设置参数逼近速度为 10.0 mm/s，参考速度为 2.0 mm/s，逼近/回原点方向为正方向，参考点开关一侧为上侧。

1）工作台在原点开关左侧（负方向），如图7-21所示。

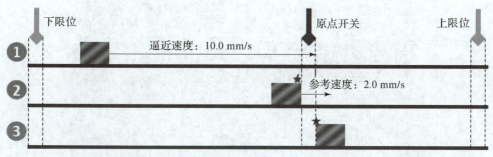

图 7-21　回原点示例 1

①当程序触发 MC_Home 回原点指令时，轴立即以逼近速度 10.0 mm/s 向右（正方向）运行寻找原点开关。

②当工作台碰到原点开关的有效边沿，切换运行速度为参考速度 2.0 mm/s 继续运行。

③当工作台的左边沿与原点开关有效边沿重合时（信号由 ON 变为 OFF），完成回原点动作，工作台所停位置即为原点位置。

2）工作台在原点开关右侧，如图7-22所示。

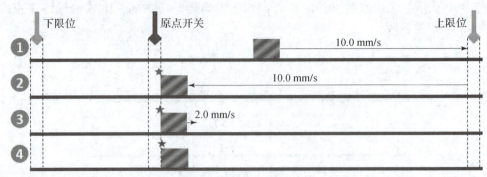

图7-22　回原点示例2

①当工作台在原点开关的右侧时，触发主动回原点指令，工作台会以逼近速度运行直到碰到右限位开关，如果在这种情况下没有使用"允许硬件限位开关处自动反转"选项，则轴因错误取消回原点动作并按急停速度使轴制动；如果使用了该选项，则工作台将以组态的减速度减速（不是以紧急减速度）运行，然后反向运行，继续寻找原点开关。

②当工作台掉头后继续以逼近速度向负方向寻找原点开关的有效边沿。

③原点开关的有效边沿是右侧边沿，当轴碰到原点开关的有效边沿后，将速度切换成参考速度，最终完成定位。

④原点开关信号为OFF的位置即为原点位置。

（8）被动回原点参数。

如图7-23所示，被动回原点指的是轴在运行过程中若碰到原点开关，轴的当前位置将设置为原点。

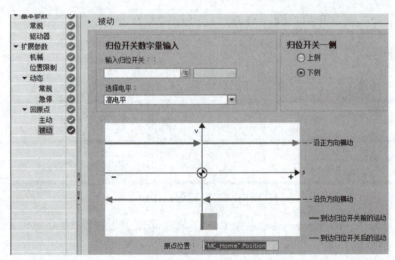

图7-23　被动回原点参数界面

1）输入归位开关：参考主动回原点中1）的说明。

2）选择电平：参考主动回原点中该项的说明。

3）归位开关一侧：参考主动回原点中5）的说明。

4）原点位置：该值是 MC_Home 回原点定位指令中 Position 引脚的数值。

7.1.4 S7 – 1200 PLC 运动控制指令

若添加了定位轴工艺对象，则可以使用运动控制指令编写程序，实现 PLC 对步进电机或伺服电机的定位控制。指令位于"工艺"→Motion Control 选项组内，用户可通过拖动的方式将其添加至编程窗口，如图 7 – 24 所示。

图 7 – 24 运动控制指令

较常用的运动控制指令如下。

1）MC_Power：启动/禁用轴指令。

2）MC_Reset：确认故障指令。

3）MC_Home：回原点指令。

4）MC_Halt：停止轴指令。

5）MC_MoveAbsolute：绝对定位指令。

6）MC_MoveRelative：相对定位指令。

7）MC_MoveVelocity：以设定速度移动轴指令。

8）MC_MoveJog：点动移动轴指令。

运动控制指令有一个 Axis 输入参数，用户需要为该参数指定一个定位轴工艺对象，可以从项目树内以拖动的方式将工艺对象添加给该参数，如图 7 – 25 所示。

1. MC_Power 指令

MC_Power 指令用于使能轴或禁用轴，在程序里一直调用，并且在其他运动控制指令之前调用并使能。为了使轴使能，Enable 参数应一直保持 1 状态。如图 7 – 26 所示，当 M10.0 的状态为 1 后使能轴，当 M10.0 的状态为 0 后禁用轴。

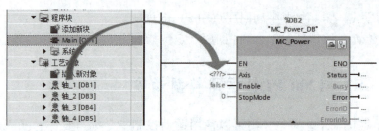

图 7 – 25　Axis 输入参数

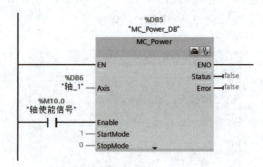

图 7 – 26　MC_Power 指令

2. MC_Reset 指令

MC_Reset 指令用于确认故障，重新启动工艺对象指令，用于确认伴随轴停止出现的运行错误和组态错误。当 Execute 参数检测到上升沿时启动命令。如图 7 – 27 所示，当 M10.1 的状态由 0 变为 1 时，对轴进行故障确认。

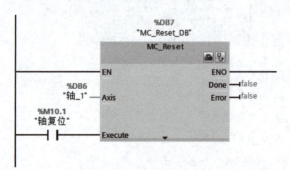

图 7 – 27　MC_Reset 指令

3. MC_Home 指令

MC_Home 指令用于设置参考点指令，使轴回原点。可将轴坐标与实际物理驱动器位置匹配，轴的绝对定位需要回原点。在 Mode 参数中设置回原点模式：Mode = 3 时为主动回原点；Mode = 2 时为被动回原点；Mode = 0 时可将当前的轴位置设置为参数 Position 的值。当 Execute 参数检测到上升沿时启动命令。如图 7 – 28 所示，当 M10.2 的状态由 0 变为 1 时，轴根据工艺对象的组态参数执行主动回原点操作。

4. MC_Halt 指令

MC_Halt 指令可停止所有运动并以工艺对象组态的减速度停止轴，未定义停止位置。当 Execute 参数检测到上升沿时启动命令。如图 7 – 29 所示，当 M10.3 的状态由 0 变为 1 时，轴停止。

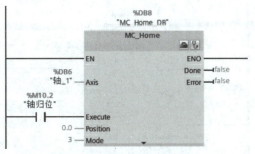

图 7 – 28   MC_Home 指令

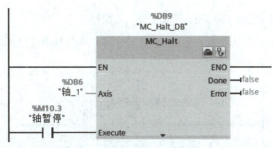

图 7 – 29   MC_Halt 指令

5. MC_MoveAbsolute 指令

MC_MoveAbsolute 指令用于启动轴定位运动，以将轴移动到某个绝对位置。Position 参数用于设置绝对坐标位置，Velocity 参数用于设置轴的速度。当 Execute 参数检测到上升沿时启动命令。如图 7 – 30 所示，当 M10.4 的状态由 0 变为 1 时，轴以 2 000 Hz 的速度移动到距离原点 5 000 个脉冲的位置。

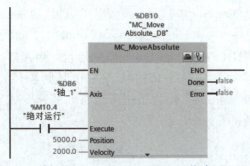

图 7 – 30   MC_MoveAbsolute 指令

6. MC_MoveRelative 指令

MC_MoveRelative 指令用于启动相对于起始位置的定位运动。Distance 参数用于定位操作的移动距离，Velocity 参数用于设置轴的速度。当 Execute 参数检测到上升沿时启动命令。如图 7 – 31 所示，当 M10.5 的状态由 0 变为 1 时，轴以 2 000 Hz 的速度移动到距离当前位置 5 000 个脉冲的位置。

7. MC_MoveVelocity 指令

MC_MoveVelocity 指令用于根据指定的速度连续移动轴。Velocity 参数用于设置轴的

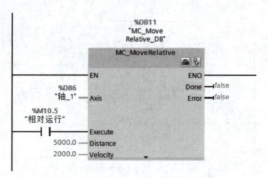

图 7 – 31　MC_MoveRelative 指令

速度。旋转方向取决于参数 Velocity 值的符号。如图 7 – 32 所示，当 M10.6 的状态由 0 变为 1 时，轴以 3 000 Hz 的速度正向移动，在执行 MC_Halt 指令后，轴停止。

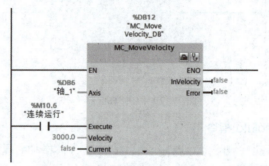

图 7 – 32　MC_MoveVelocity 指令

8. MC_MoveJog 指令

MC_MoveJog 指令用于在点动模式下以指定的速度连续移动轴。可以使用该运动控制指令进行测试和调试。Velocity 参数用于设置轴的速度，JogForward 为正向移动触发，JogBackward 为反向移动触发。如图 7 – 33 所示，当 M10.7 的状态为 1 时，轴以 7 000 Hz 的速度正向移动，当 M10.7 的状态为 0 时则轴停止；当 M11.0 的状态为 1 时，轴以 7 000 Hz 的速度负向移动，当 M11.0 的状态为 0 时则轴停止。如果 JogForward 和 JogBackward 两个参数同时为 true，轴将根据所组态的减速度减速，直至停止，并通过参数 Error、ErrorID 和 ErrorInfo 指出错误。

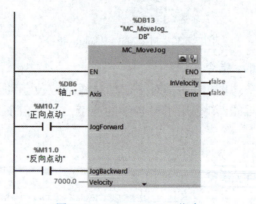

图 7 – 33　MC_MoveJog 指令

7.1.5　自动往复定位控制的设计与编程

1. I/O 分配

根据控制要求，首先确定 I/O 个数，再进行 PLC 的 I/O 地址分配，如表 7 - 3 所示。

表 7 - 3　I/O 地址分配表

输入			输出		
符号	地址	功能	符号	地址	功能
SB1	I0.0	启动按钮	PLS +	Q0.0	输送电机接触器
SB2	I0.1	停止按钮	DIR +	Q0.1	平移电机正转接触器
SB3	I0.2	复位按钮	—	—	—
SQ1	I0.5	原点开关	—	—	—

2. PLC 硬件接线图

自动往复定位控制的 PLC 硬件接线图，如图 7 - 34 所示。

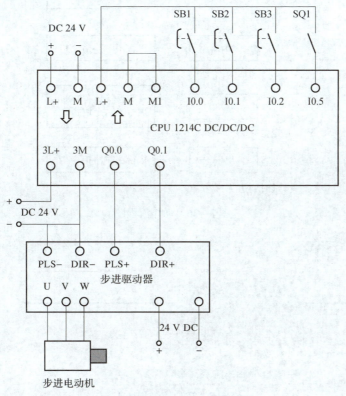

图 7 - 34　PLC 硬件接线图

3. PLC 程序设计

（1）系统存储器字节设置。

如图 7 – 35 所示，在"设备视图"选项卡的"常规"选项卡内选择"系统和时钟存储器"选项，在右侧界面勾选"启用系统存储器字节"复选框，则 M1.0 ~ M1.3 各位地址的状态将根据 PLC 系统的运行状态而变化，例如，在 PLC 启动运行期间 M1.2 的状态始终为 ON。

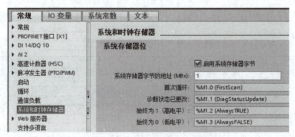

图 7 – 35　启用系统存储器字节

（2）程序采用了顺序控制设计法，如图 7 – 36 所示，使用 M4.0 ~ M4.3 四个位变量标识动作过程。PLC 程序如图 7 – 37、图 7 – 38、图 7 – 39 所示。

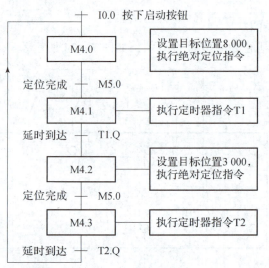

图 7 – 36　动作流程图

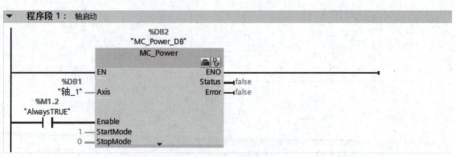

图 7 – 37　控制程序 1

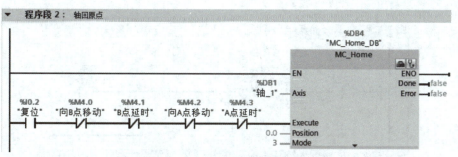

图 7 – 37 控制程序 1（续）

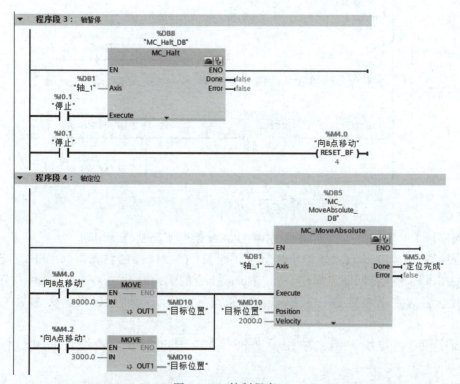

图 7 – 38 控制程序 2

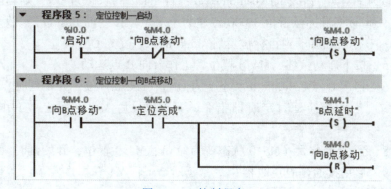

图 7 – 39 控制程序 3

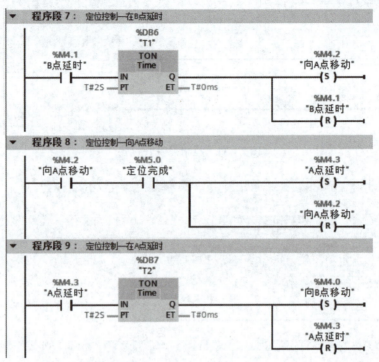

图 7 - 39　控制程序 3（续）

程序段 1。在 PLC 运行期间通过 MC_Power 指令使能轴或禁用轴。

程序段 2。当工作台处于停止状态时（即 M4.0 ～ M4.3 的状态都为 OFF），若按下复位按钮，轴将执行回原点操作。MC_Home 指令的输入参数 Mode = 3，表示按照工艺对象组态中的主动参数进行回原点，回原点后，将新的轴位置设置为参数 Position 的值。

程序段 3。若按下停止按钮，则执行 MC_Halt 指令，轴停止并复位标识位 M4.0 ～ M4.3。

程序段 4。若 M4.0 的状态为 ON，则当前工作台正向 B 点移动，此时将目标位置值 8 000 传递为绝对定位指令的 Position 参数；若 M4.2 的状态为 ON，则当前工作台正向 A 点移动，此时将目标位置值 3 000 传递为绝对定位指令的 Position 参数。轴的运动速度为 2 000 Hz，当轴运动到目标位置后 M5.0 的状态变为 ON。

程序段 5。按下启动按钮，M4.0 置位，工作台向 B 点运动。

程序段 6。到达 B 点后（M5.0 状态变为 ON），M4.1 置位，开始延时。

程序段 7。启用接通延时定时器指令，延时 2 s 后 M4.2 置位，工作台向 A 点运行。

程序段 8。到达 A 点后（M5.0 状态变为 ON），M4.3 置位，开始延时。

程序段 9。启用接通延时定时器指令，延时 2 s 后 M4.0 再次置位，工作台又向 B 点运行，如此循环执行。

任务7.2　基于伺服电机的码垛装箱控制系统开发

项目导入

码垛装箱控制系统构成，如图7-40所示，按下启动按钮，输送线开始运行，工件到达线体末端后，机械臂将工件搬运至箱体位置，进行码垛装箱，当完成3个工件的装箱后停止运行，等待下次启动。

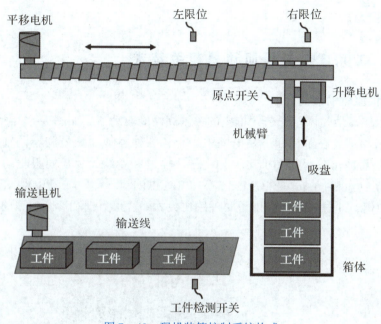

图7-40　码垛装箱控制系统构成

任务分析

在码垛装箱控制系统中，平移电机和输送电机为三相异步电机，系统运行后输送电机由末端的检测开关控制其启停，平移电机可以控制机械臂在左限位和右限位之间移动。升降电机为伺服电机，在西门子V90 PN伺服驱动器驱动下运转。机械臂在搬运过程中共有5个升降位置点：原点位置、取件位置及箱体内的3个码垛位置。各位置点的定位位置值如表7-4所示。

表7-4　目标位置

位置	定位位置值/mm
原点位置	0.0
取件位置	600.0

位置	定位位置值/mm
码垛位置 1	700.0
码垛位置 2	400.0
码垛位置 3	100.0

7.2.1　V90 PN 伺服驱动器相关技术

1. V90 伺服驱动器简介

V90 伺服驱动器是西门子公司推出的一款高性能驱动器，如图 7－41 所示，功率为 0.05~7.0 kW，适合在单相和三相电网中运行，各种驱动器型号和不同轴高电机有广泛的应用，尤其是动态运动和加工，如定位、输送和卷绕。V90 伺服驱动器包含外部脉冲位置控制（pulse train input，PTI）和 PROFINET 两个版本，PROFINET 版本支持 PROFINET 通信，通过一根电缆即可实现用户数据、过程数据和诊断数据的实时传输。

图 7－41　V90 伺服驱动器

2. V90 PN 伺服驱动器部件构成与接口连接

V90 PN 伺服驱动器部件构成如图 7－42 所示。

V90 PN 伺服驱动器各接口连接如图 7－43 所示，电源连接时除了连接交流电源外，还应为其单独提供 24 V 直流电。

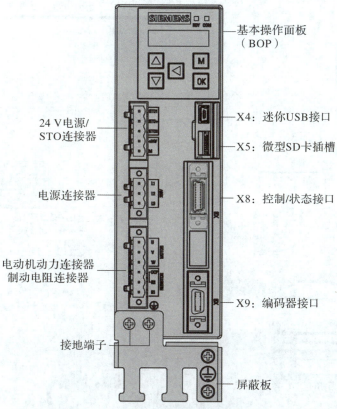

基本操作面板
（BOP）

X4：迷你USB接口

X5：微型SD卡插槽

24 V电源/
STO连接器

X8：控制/状态接口

电源连接器

电动机动力连接器
制动电阻连接器

X9：编码器接口

接地端子

屏蔽板

图 7-42　V90 PN 伺服驱动器部件构成

V90 PN 伺服驱动器的 PROFINET 接口位于驱动器的上端面位置，如图 7-44 所示。PROFINET 接口共有 2 个 RJ45 插口，可以实现 PLC 与多台 V90 PN 伺服驱动器的串接互联。

3．V90 PN 伺服驱动器操作面板

V90 PN 伺服驱动器在其正面设有基本操作面板（BOP），如图 7-45 所示，可在BOP 上进行以下操作。

（1）独立调试。

（2）诊断。

（3）参数查看。

（4）参数设置。

（5）对插入驱动器的微型 SD卡/SD卡进行读写。

（6）驱动重启。

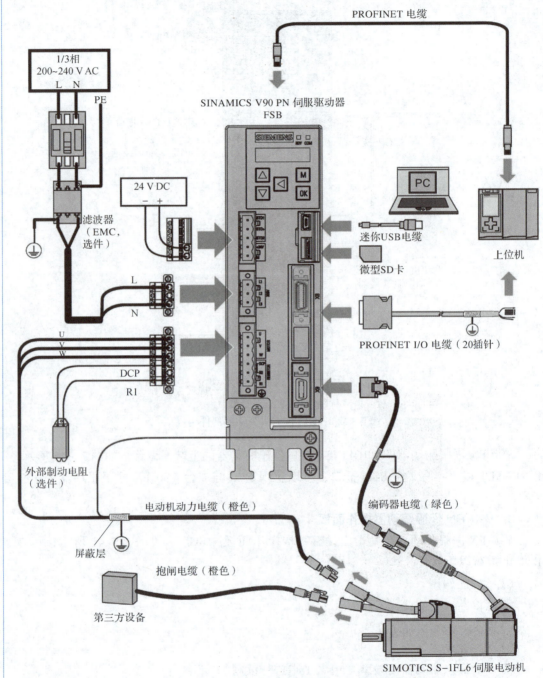

图 7 – 43 V90 PN 伺服驱动器连接示意图

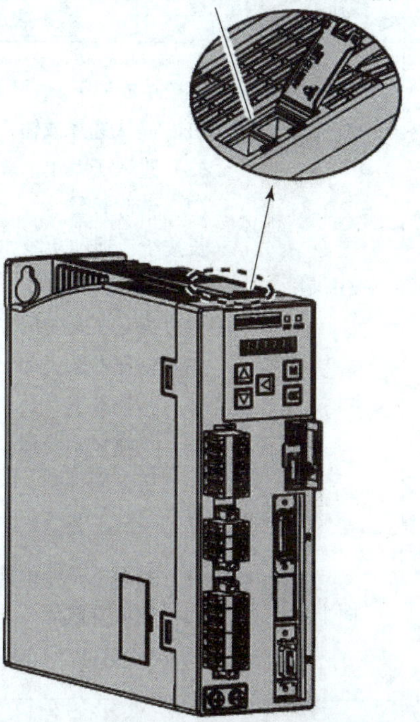

X150P1 X150P2：PROFINET接口

图 7-44　V90 PN 伺服驱动器 PROFINET 接口

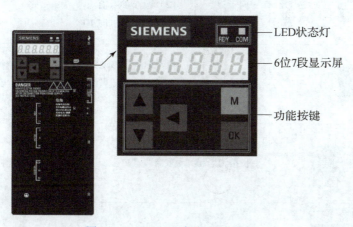

LED状态灯

6位7段显示屏

功能按键

图 7-45　V90 PN 伺服驱动器 BOP

BOP 各按键功能如表 7-5 所示。

表 7-5　BOP 按键功能

按键	功能	描述
M	M 键	（1）退出当前菜单。 （2）在主菜单中进行操作模式的切换

按键	功能	描述
OK	OK 键	短按功能如下。 （1）确认选择或输入。 （2）进入子菜单。 （3）清除报警。 长按激活辅助功能如下。 （1）JOG。 （2）保存驱动中的参数集（RAM 至 ROM）。 （3）恢复参数集的出厂设置。 （4）传输数据（驱动至微型存储卡/存储卡）。 （5）传输数据（微型存储卡/存储卡至驱动）。 （6）更新固件
▲	向上键	（1）翻至下一菜单项。 （2）增大参数值。 （3）顺时针方向 JOG
▼	向下键	（1）翻至上一菜单项。 （2）减小参数值。 （3）逆时针方向 JOG
◄	移位键	将光标从位移动到位进行独立的位编辑，包括正向/负向标记的位。当编辑该位时，"_"表示正，"−"表示负
OK + M		长按组合键 4 s 重启驱动
▲ + ◄		当右上角显示 ⌐ 时，向左移动当前显示页，如 **00.000⌐**
▼ + ◄		当右下角显示 ⌐ 时，向右移动当前显示页，如 **0010⌐**

    表 7-6 展示了 BOP 显示屏常见的显示功能示例，通过显示屏上的显示内容，用户可获知伺服驱动器当前所处的运行状态、故障信息、参数号、参数内容等信息。

表 7-6　BOP 显示屏显示功能示例

数值显示	示例	说明
8. 8. 8. 8. 8. 8.	8.8.8.8.8.8.	驱动正在启动
- - - - - -	- - - - - -	驱动繁忙
F××××	F 7985	故障代码，只有一个故障
A××××	A30016	报警代码，只有一个报警
R×××××	r 0031	参数号，只读参数
P×××××	P 0840	参数号，可编辑参数
In ×××	In 001	带下标参数，In 后面的数字表示索引号。例如，In 001 表示参数的索引号为 1
S Off	S oFF	运行状态：伺服关闭
Para	PArA	可编辑参数组
P ××××	P APP	参数组有如下 5 组。 (1) P APP：应用。 (2) P BASE：基本。 (3) P CON：通信。 (4) P EPOS：基本定位器。 (5) P ALL：所有参数

数值显示	示例	说明
Data	dAtA	只读参数组
Func	FUnC	功能组
Jog	Jog	Jog 功能
Save	SAuE	保存驱动中的数据
defu	dEFU	恢复出厂设置
dr – – sd	dr--Sd	将驱动上的数据存至微型存储卡/存储卡
sd – – dr	Sd--dr	将微型存储卡/存储卡上的数据保存至驱动
Update	UPdAtE	更新固件
DC×××.×	dC549.0	实际直流母线电压
E×××××	E 1853	位置跟随误差
run	rUn	电机正在运行

4. 参数的查看与编辑

（1）参数的查看，如图 7 - 46 所示，操作过程如下。

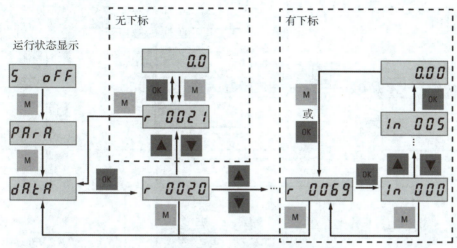

图 7 - 46　参数查看

1）通过 M 键选择 Data。

2）按下 OK 键后进入参数号显示界面。

3）通过向上或向下键改变参数号，直到找到需要查看的参数号。

4）按下 OK 键后显示参数内容，查看参数。

5）通过 M 键逐级退出。

（2）参数的编辑，如图 7 - 47 所示，操作过程如下。

1）通过 M 键选择 Para。

2）按下 OK 键后进入参数组选择界面。

3）通过向上或向下键选择参数组，如 P APP（应用参数组）。

4）按下 OK 键进入参数组。

5）通过向上或向下键更改参数号，按下 OK 键后显示参数内容。

6）通过向上或向下键编辑参数值。

7）按下 OK 键进行编辑确认。

8）通过 M 键逐级退出。

参数编辑后如果需要将修改值保存至驱动器的 ROM 存储器，可按以下操作完成。

①通过 M 键选择 FUNC（功能），按下 OK 键后进入功能选项。

②通过向上或向下键选择功能类别，找到 SAVE（保存）后长按 OK 键直到显示屏显示 "------"，即保存完成。

5. 速度模式下的常用参数说明

伺服驱动器有两种工作模式：速度模式和 EPOS 基本定位器模式。本任务中采用了速度模式，表 7 - 7 列出了在速度模式下常用的几个驱动器参数说明。

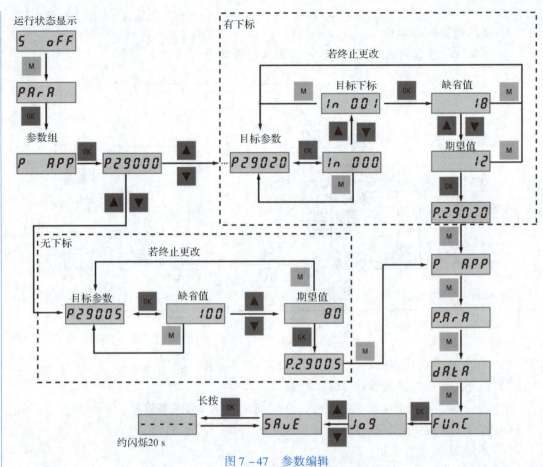

图 7 - 47　参数编辑

表 7 - 7　速度模式下常用驱动器参数功能

参数号	功能
p0922	设置发生和接收报文在速度控制模式下，具体设置如下。 1：标准报文 1，PZD - 2/2。 2：标准报文 2，PZD - 4/4。 3：标准报文 3，PZD - 5/9。 5：标准报文 5，PZD - 9/9。 102：西门子报文 102，PZD - 6/10。 105：西门子报文 105，PZD - 10/10
p8921、p8923	设置设备的 IP 地址
p8920	设置设备名称
p8925	激活 IP 地址和设备名称设置

7.2.2　基于 PROFIdrive 的定位轴工艺对象

使用工艺对象组态运动轴时，应设置 V90 PN 控制模式为速度模式。

（1）在 TIA 博途软件的 V90 PN 的"设备视图"选项卡内为驱动器添加"标准报文 3，PZD－5/9"选项，即 3 号报文，该报文应与在 V90 PN 驱动器中设定的报文相同，如图 7－48 所示。

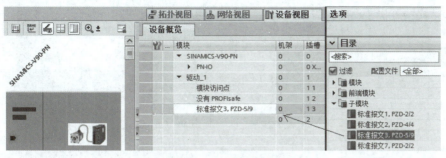

图 7－48　添加报文

（2）新增一个位置轴工艺对象，名称为"轴_1"，如图 7－49 所示。

图 7－49　新增工艺对象

（3）双击"轴_1"→"组态"选项，弹出"轴_1［DB1］"对话框，选择"功能图"→"基本参数"→"常规"选项，设置"驱动器"为 PROFIdrive 选项，设置"位置单位"为 mm，如图 7－50 所示。

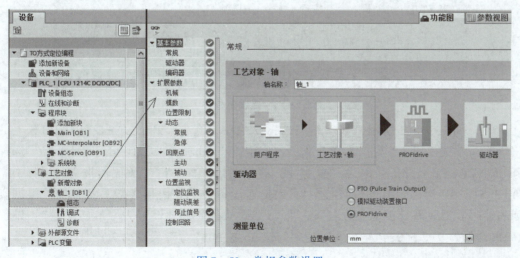

图 7－50　常规参数设置

（4）如图 7 – 51 所示，在"驱动器"选项内，"数据连接"选择"驱动器"选项；"驱动器"选择 PROFINET 网络连接中的 V90 PN 设备；"驱动器报文"选择 DP_TEL3_STANDARD 选项；勾选"自动传送设备中的驱动装置参数"复选框。

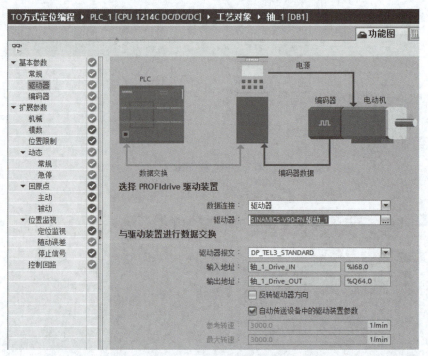

图 7 – 51　驱动器参数设置

在图 7 –51 中单击"驱动器"按钮时会弹出如图 7 – 52 所示的对话框，在对话框中选择 PROFINET 网络中的 V90 PN 设备，名称为"驱动_1"，再单击☑按钮进行确认。

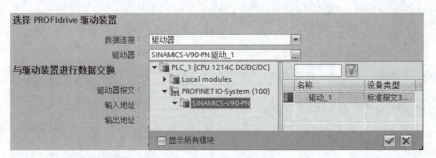

图 7 – 52　选择驱动器

（5）如图 7 – 53 所示，在"编码器"选项中，选中"PROFINET/PROFIBUS 上的编码器"单选按钮；"数据连接"选择"编码器"选项；"PROFIdrive 编码器"选择 PROFINET 网络上设备名称为"驱动_1"的 V90 PN 编码器；"编码器报文"选择 DP_TEL3_STANDARD 选项；取消勾选"自动传送设备中的编码器参数"复选框；根据实际的编码器类型进行手动参数设置，此处"编码器类型"设置为"旋转增量"，设置"每转步数"为 2 500；"增量实际值中的位（GN_XIST1）"设置为 2。

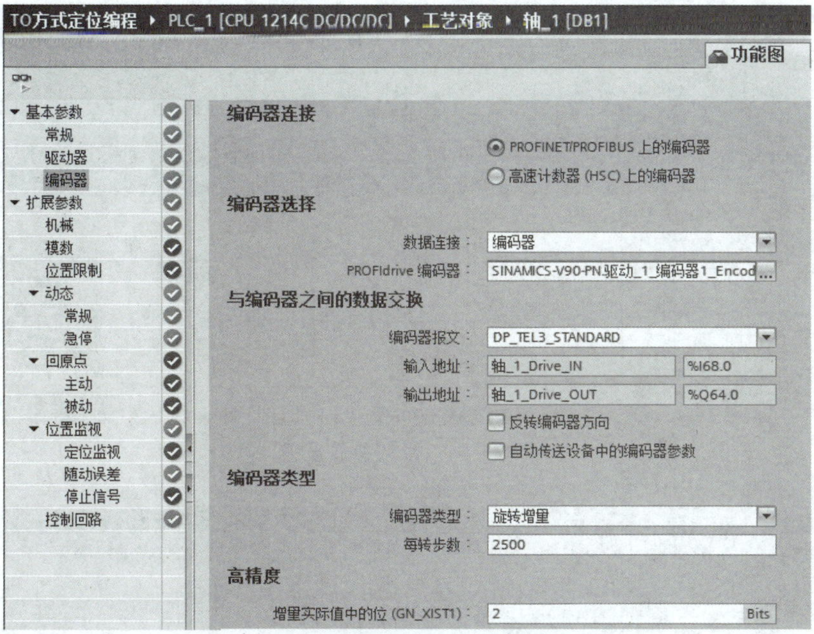

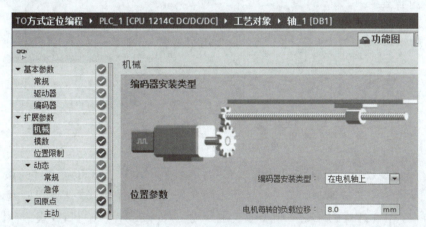

图 7 - 53　编码器参数设置

（6）如图 7 - 54 所示，在"机械"选项中，"编码器安装类型"选择"在电机轴上"选项，根据实际的机械结构情况，设置"电机每转的负载位移"为 8.0 mm。

图 7 - 54　机械参数设置

（7）如果轴只沿一个方向移动，则位置值将持续增大。可以使用模数设置将位置值限制到递归参考系统，本任务保持默认设置（不启用模数），如图 7 - 55 所示。模数范围由起始值和长度定义。例如，要将轴的位置值限制为一整圈，可定义模数范围起始值为 0 mm、长度为 360 mm。编码器精度为 0.1 mm 时，位置值的模数范围是 0.0 ~ 359.9 mm，即当位置值由 359.9 mm 增大时，会重新由 0 mm 开始。

（8）在位置限制参数页面中设置软/硬限位开关，根据实际情况进行设置，本任务中保持默认设置，如图 7 - 56 所示。

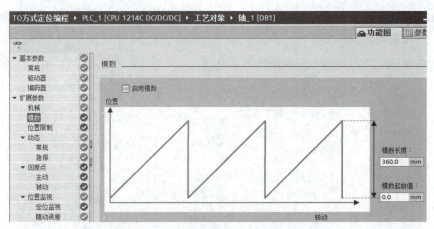

图 7–55　模数参数设置

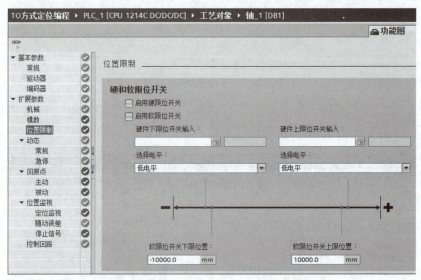

图 7–56　位置限制设置

（9）扩展参数的动态参数包括常规和急停两项，用于组态负载运行的最大速度、加减速时间及急停加减速时间等，具体可参考 7.1.3 节的内容，本任务保持默认设置。

（10）与 PTO 方式的原点回归类似，也分为主动和被动两种回归方式，本任务中保持默认设置。

图 7–57 为主动回原点设置页面，如果将归位模式设置为"通过数字量输入使用原点开关"，则与 PTO 方式的原点回归内容相同。

若设置为"通过 PROFIdrive 报文和接近开关使用零位标记"，在到达接近开关并置于指定的归位方向后，可通过 PROFIdrive 报文启用零位标记检测。在预先选定的方向上到达零位标记后，会将工艺对象的实际位置设置为归位标记位置。

若设置为"通过 PROFIdrive 报文使用零位标记"，当工艺对象的实际值按照指定的归位方向移动时，系统将立即启用零位标记检测。在指定的归位方向上到达零位标记后，会将工艺对象的实际位置设置为归位标记位置。

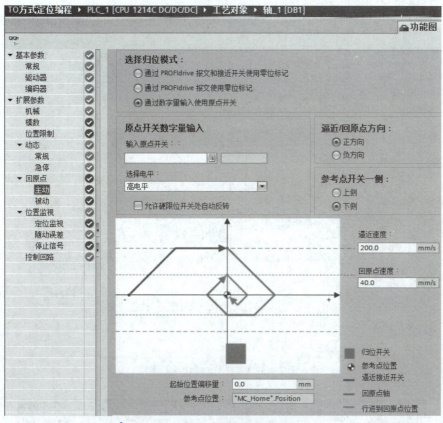

图 7 - 57　主动回原点设置

（11）在"定位监视"选项中，组态用于监视目标位置的标准，本任务中保持默认设置，如图 7 - 58 所示。

定位监视功能将在设定值计算结束时对实际位置的状态进行监控，一旦速度设定值达到零值，则实际位置值必须介于定位窗口的容差时间范围内。实际值在定位窗口内的停留时间必须超出最短停留时间。

当实际位置在容差时间内到达定位窗口，且在最短停留时间内停留在该窗口，则置位状态位 < 轴名称 > . StatusBits. Done，这样就完成了一个运动命令。

在以下情况下，通过定位监控停止轴，并且定位错误（ErrorID 16#800F）显示在运动控制指令中。

1）在容差时间内，实际值未到达定位窗口。

2）在最短停留时间内，实际值离开定位窗口。

（12）如图 7 - 59 所示，在"随动误差"选项中，组态轴的实际位置与位置设定值之间的容许偏差，本任务中未勾选"启用随动误差监视"复选框。

随动误差是轴的位置设定值与实际位置值之间的差值。计算随动误差时，会将设定值到驱动器的传输时间、实际位置值到控制器的传输时间计算在内。超出允许跟随误差时，轴停止，错误（ErrorID 16#800D）显示在运动控制指令中。

最大随动误差：组态最大速度时容许的随动误差。

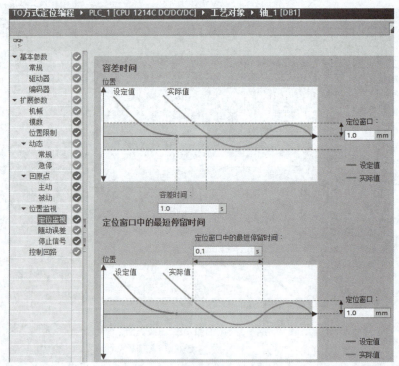

图 7 – 58　定位监视功能设置

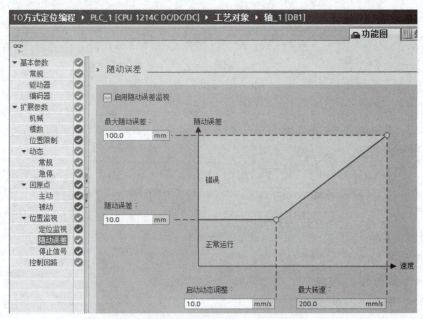

图 7 – 59　随动误差参数设置

随动误差：组态低速度时的容许随动误差（无动态调整）。

启动动态调整：组态一个速度，超过该速度时，将会调整随动误差，直至达到最大速度时的最大随动误差。

最大转速：在"动态"选项组的"常规"选项中设置。

（13）如图7-60所示，在"停止信号"选项中，组态轴停止的检测标准，本任务中保持默认设置。要显示停止 < 轴名称 > . StatusBits. StandStill，轴速度必须在停止窗口内保持最短停留时间。

停止窗口：组态停止窗口的大小。

停止窗口中的最短停留时间：组态停止窗口中的最短停留时间。

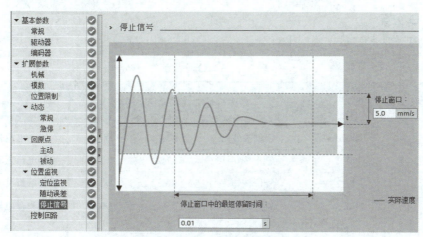

图7-60 停止信号参数设置

（14）如图7-61所示，在"控制回路"选项中组态位置控制回路的预控制和增益。"预控制"选项用于修改控制回路的速度预控制百分比，"增益"选项用于组态控制回路的增益系数。一般轴的机械硬度越高，可设置的增益系数就越大，较大的增益系数可以减少随动误差，实现更快的动态响应，但是过大的增益系数将会使位置控制系统振荡。

若轴在运行时出现过冲的现象，可适当降低预控制的值，默认为100%。本任务中设置为80%。

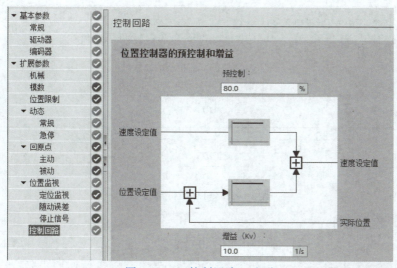

图7-61 "控制回路"选项

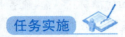

7.2.3 码垛装箱控制系统的设计与编程

1. I/O 分配

根据控制要求，首先确定 I/O 个数，进行 PLC 的 I/O 地址分配，如表 7-8 所示。

表 7-8 I/O 分配表

输入			输出		
符号	地址	功能	符号	地址	功能
SB1	I0.0	启动按钮	KM1	Q0.0	输送电机接触器
SB2	I0.1	停止按钮	KM2	Q0.1	平移电机正转接触器
SB3	I0.2	复位按钮	KM3	Q0.2	平移电机反转接触器
SQ1	I0.3	原点开关	YV1	Q0.3	吸盘电磁阀
SQ2	I0.4	左限位开关	—	—	—
SQ3	I0.5	右限位开关	—	—	—
SQ4	I0.6	工件检测开关	—	—	—

2. PLC 硬件接线图

码垛装箱控制系统的 PLC 硬件接线图，如图 7-62 所示。

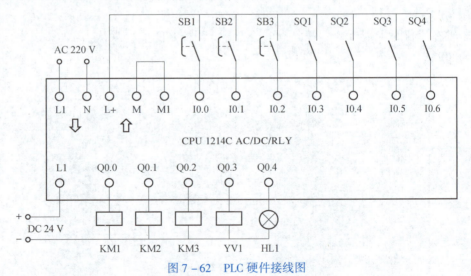

图 7-62 PLC 硬件接线图

3. PLC 程序设计

如图 7-63 所示，在程序段 1 中如果 PLC 启动运行，M1.2 状态变为 ON，"轴_1"启用。在程序段 2 中如果系统未启动，按下复位按钮，将执行回原点指令，轴按照主动回原点的设置定位至原点位置后停止。

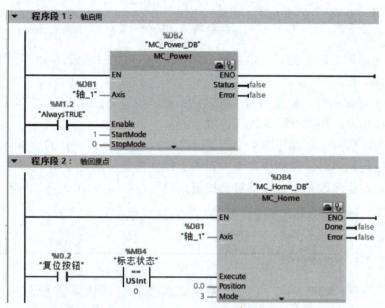

图 7 – 63 控制程序 1

如图 7 – 64 所示，在程序段 3 中通过判断当前的运行状态，确定是否执行绝对定位指令，包括如下内容。

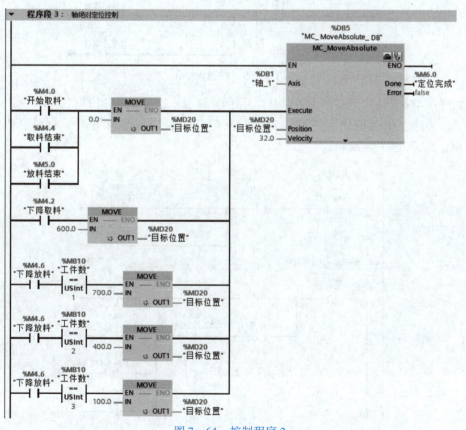

图 7 – 64 控制程序 2

（1）在开始取料、取料结束及放料结束时，将目标位置设置为0，执行绝对定位指令，使轴回到原点。

（2）在下降取料时，将目标位置设置为600，执行绝对定位指令，使轴下降到输送线的取料位置。

（3）在下降放料时，根据当前工件数的不同，将目标位置设置为700、400或100，执行绝对定位指令，使轴下降到放料位置。

如图7-65所示，在程序段4中若系统已运行（MB4不等于0），线体末端未检测到工件，输送电机运转。在程序段5中若按下停止按钮，则置位M7.0，进行停止信号的记忆保持。在程序段6中若按下启动按钮，则首先置位M4.0，开始取料。

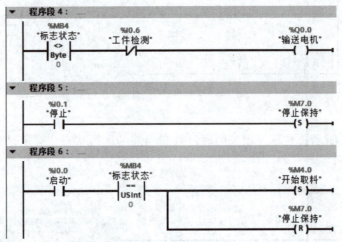

图7-65 控制程序3

如图7-66所示，在程序段7中，开始取料后，若轴已回到原点，则置位M4.1。在程序段8中，机械臂向左平移，到达左限位且输送线末端有工件，向左平移停止，置位M4.2，开始下降取料。

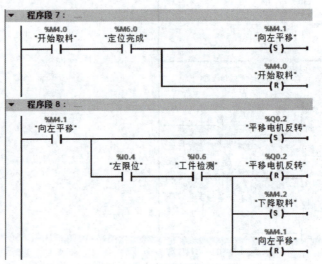

图7-66 控制程序4

如图 7-67 所示，在程序段 9 中，下降取料后，若轴已下降至取料位置，则置位 Q0.3，吸盘动作。在程序段 10 中，延时 1 s 后，确定工件已被吸附，取料结束。

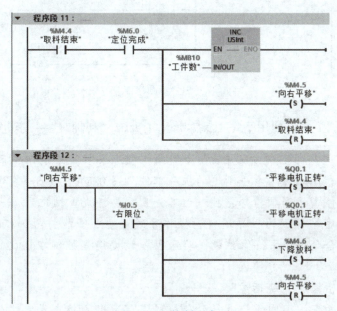

图 7-67　控制程序 5

如图 7-68 所示，在程序段 11 中，取料结束后，轴回到原点，到达原点后工件数加 1，置位 M4.5，开始向右平移。在程序段 12 中，执行向右平移动作，到达右限位后平移停止，置位 M4.6，开始下降放料。

图 7-68　控制程序 6

如图 7-69 所示，在程序段 13 中，开始下降放料后，轴根据工件数移动到指定位置，到达位置后，吸盘复位。在程序段 14 中，延时 1 s 后，置位 M5.0，放料结束。

如图 7-70 所示，在程序段 15 中，放料结束后，轴向原点移动，到达原点后，判断已搬运工件数，若已搬运工件数小于 3，则置位 M4.1，继续搬运。若已搬运工件数等于 3，工件数清零，复位 M5.0，码垛结束。

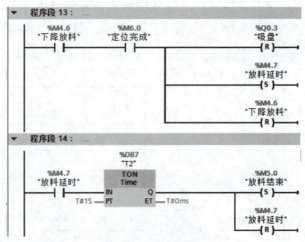

图7-69 控制程序7

图7-70 控制程序8

大国工匠：他用坚守"锤"炼出了大国"利剑"——李世峰

在"9·3"阅兵的空中方队中，5个参阅机型上安装了中航工业西飞钣金工李世峰和他的团队亲手制造的机身零件。歼轰7A、轰6K等战机机身大部分零件由于形状特殊、独一无二，且需要将减重细化到每一克，手工打造精密零件成为世界通行的操作方式。李世峰能将薄如纸、硬如钢的褶皱铝合金板敲击得像丝绸一样服帖，精度误差控制在0.02 mm，被称为西飞的"第一榔头"。

褶皱的金属板锤成"绕指柔"

走进李世峰所在的车间，一张张金属板和叮叮当当的敲击声，让人很难把它和驰骋蓝天的战鹰联系在一起，但是歼轰7A及轰6K等国产战机机身的大部分零件，都是在这里生产的。

战斗机机身所用的材料非常特殊，原料在进厂时都是软料，初次定型后要经过一次500 ℃高温的热处理和一次30 ℃常温的冷处理才能让金属的强度达到装备要求，但这一热一冷，就会让金属板发生不规则扭曲，并且材料越薄变形就越厉害，之后的复原调校工作就是钣金工人最难的工作之一。

将减重细化到每一克，是战鹰为追求最大载重的重要环节之一。飞机机体结构中可使用的最薄的板材，厚度仅有 0.5 mm，未来将被安装在机身和尾翼的连接处，要做到和机体完美贴合，间隙精度就不能超过 0.2 mm，一根头发丝都穿不过去。

钣金工李世峰要做的工作就是要把构件上不平的地方敲平，如果有间隙，机身就会不密封，有可能就从那个部位撕裂。在空中撕裂蒙皮就像撕一张纸那么容易，会造成非常严重的后果。

"真正的高手永远在路上"

没日没夜的苦练，陪伴他的只有几把跟随了他近 30 年的榔头，最终李世峰为工厂捧回了冠军的奖杯，也正是从那次比武之后，李世峰开始意识到，干活不能光凭体力，还要用脑子。

"越干越学是越害怕，发现自己不会的太多了，不懂的太多了。我觉得真正的高手永远都不存在，永远都是在朝高手走的路上，去学去练。学不完，我这辈子是学不完的。"

李世峰从此痴迷上了对材料结构学的研究，在一次次的敲击中，他感受着，体会着，领悟着，也开始越来越痴迷于这些冰冷的金属板。

"就像说的庖丁解牛一样，顺着他的纹理入刀。你不会感觉到任何一点点累，不会感觉到枯燥。"

李世峰用手中榔头敲打出几百架守卫边疆的战鹰，在坚持和坚守中诠释着工匠精神。在他看来，工匠精神就是对极致和美永不停息的追求和努力，100 分的题就是做到99.9 分也不能交卷。真正的高手不是在比武中拿名次，而是永远在去追求极致、突破极限的路上。只要用心，只要努力，每个人都可以成为真正的高手。

思考与练习

1. 什么是绝对定位方式？

2. 什么是相对定位方式？

3. 较常用的运动控制指令有哪些，并说明它们的功能。

4. 主动回原点的设置参数：逼近速度为 10.0 mm/s、参考速度为 2.0 mm/s、逼近/回原点方向为正方向、参考点开关一侧为上侧，若工作台在原点开关左侧，描述回原点过程。

5. 步进驱动器一般需要设置哪些参数？

6. 操作 V90 PN 伺服驱动器，修改参数 p0922，选择标准报文 5。

7. 使用 MC_MoveJog 指令编写一个步进电机点动控制程序，与 I0.0 连接的按钮控制电机正转，与 I0.1 连接的按钮控制电机反转，电机旋转频率为 2 000 Hz。

8. 完成一台 V90 PN 伺服驱动器的工艺对象组态，电机每转的负载位移为10 mm，原点开关信号的输入地址为 I0.5。

项目 8　扫码识别与分拣控制系统

项目引入

在现代的自动化流水线上已经越来越多地使用扫码技术对产品进行识别分拣，取代了原有的人工分拣作业，不仅提高了分拣效率，也提升了分拣准确率。当产品进入扫码区域时，扫码器自动扫描产品上的条形码或二维码数据，并将数据传输给 PLC，PLC 在接收到扫码数据后对数据进行识别、存储和处理，从而完成特定的控制任务。扫码器与 PLC 之间可通过以太网通信方式实现数据传输，也可采用串行通信方式，本项目以串行通信方式为例，讲解 PLC 对扫码数据的读取与处理。

项目目标

知识目标

（1）掌握 S7 – 1200 PLC 的串行通信指令。

（2）掌握 S7 – 1200 PLC 的字符串指令。

（3）掌握 S7 – 1200 PLC 的以太网通信指令。

能力目标

（1）能够正确完成 S7 – 1200 PLC 的串行通信配置。

（2）能够正确完成 S7 – 1200 PLC 的串行通信编程。

（3）能够正确完成 S7 – 1200 PLC 的以太网通信配置。

（4）能够正确完成 S7 – 1200 PLC 的以太网通信编程。

职业能力图谱

职业能力图谱如图 8 – 1 所示。

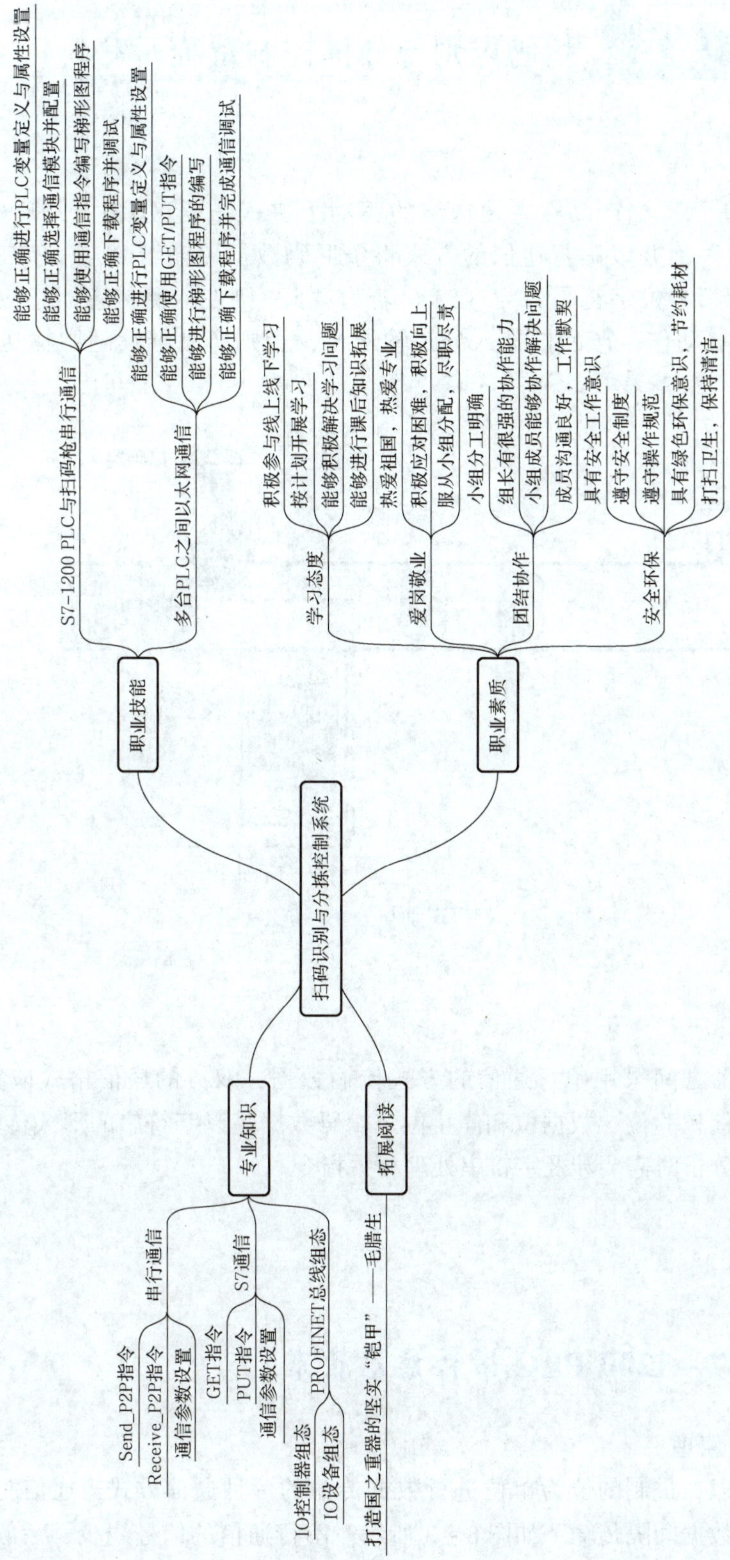

职业技能
- S7-1200 PLC与扫码枪串行通信
  - 能够正确进行PLC变量模块定义与属性设置
  - 能够正确进行选择通信模块并配置
  - 能够正确使用通信指令编写梯形图程序
  - 能够正确进行下载程序并调试
- 多台PLC之间以太网通信
  - 能够正确进行使用GET/PUT指令
  - 能够正确进行PLC变量定义与属性设置
  - 能够正确进行梯形图程序的编写
  - 能够正确下载程序并完成通信调试

职业素质
- 学习态度
  - 积极参与线上线下学习
  - 按计划开展学习
  - 能够积极解决学习问题
  - 能够进行课后知识拓展
- 爱岗敬业
  - 热爱祖国，热爱专业
  - 积极应对困难，积极向上
  - 服从小组分配，尽职尽责
- 团结协作
  - 小组分工明确
  - 组长有很强的协作能力
  - 小组成员能够协作解决问题
  - 成员沟通良好，工作默契
- 安全环保
  - 具有安全工作意识
  - 遵守安全制度
  - 遵守操作规范
  - 具有绿色环保意识，节约耗材
  - 打扫卫生，保持清洁

扫码识别与分拣控制系统

专业知识
- 串行通信
  - Send_P2P指令
  - Receive_P2P指令
  - 通信参数设置
- S7通信
  - GET指令
  - PUT指令
  - 通信参数设置
- PROFINET总线组态
  - IO控制器组态
  - IO设备组态

拓展阅读
- 打造国之重器的坚实"铠甲"——毛腊生

图 8-1 职业能力图谱

任务8.1　扫码识别与分拣控制系统开发

项目导入

如图 8-2 所示，当产品在主输送线的驱动下进入扫码区域时，扫码器自动扫描产品上的条形码，并以串行通信的方式将条形码数据传输给 PLC，PLC 识别并判断条形码数据的第 8 位字符是否为 "5"，若为 "5" 则在检测传感器感应到产品时延时 2 s 分拣气缸动作，产品被推入分拣输送线，否则产品继续随主输送线输送至下一单元。

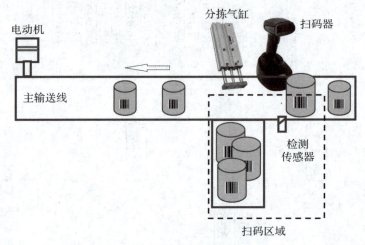

图 8-2　扫码识别与分拣系统示意图

任务分析

PLC 与扫码器之间采用串行通信的方式传输数据，双方的通信格式应完全相同，包括波特率、奇偶校验位、数据位和停止位。扫码数据是以字符串的形式传输至 PLC，PLC 在进行数据分析时需要涉及字符串处理相关指令。

知识链接

8.1.1　S7-1200 PLC 串行通信技术

1. 串行通信原理

串行通信是以二进制的位为单位进行数据传输的一种通信方式，通信时每次只传输 1 位，多个位数据间隔传输，如图 8-3 所示。串行通信的信号线少，一般只需两三根线就可实现数据传输，适用于远距离通信。在工业控制中串行通信应用较为普遍，几乎所有品牌的 PLC 都支持串行通信。

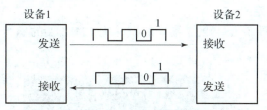

图 8 - 3   串行通信示意图

进行串行通信时需要考虑数据通信格式，通信双方的通信格式应完全相同，否则可能出现通信错误，通信格式包括以下内容。

（1）波特率：每秒传输数据位的个数，例如，1 200 b/s 表示每秒传输 1 200 位，另外还有 2 400 b/s、9 600 b/s、19 200 b/s 等波特率。

（2）起始位：标识数据传输的开始，通信双方确定起始位的个数，一般为 1 个。

（3）数据位：一个字符所对应的数据位数，如 7 位或 8 位。

（4）校验位：指示在传输过程中是否出错，校验方式包括奇校验、偶校验和无校验。

（5）停止位：当一个字符的数据传输完毕后，必须发出传输完成的信号，即停止位。一般为 1 位或 2 位。

2. S7 - 1200 PLC 串行通信模块

西门子 S7 - 1200 PLC 进行串行通信时需要安装并配置 RS - 232 或 RS - 485/422 通信模块，如图 8 - 4 所示，串行通信模块具有如下特点。

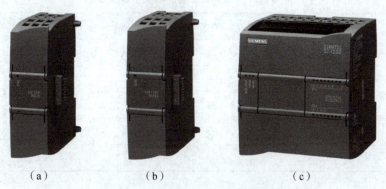

（a）   （b）   （c）

图 8 - 4   串行通信模块安装示意图
(a) RS - 232 模块；(b) RS - 485/422 模块；(c) S7 - 1200 CPU

（1）通信模块安装在 CPU 模块的左侧，如图 8 - 4 所示，且数量之和不能超过 3 块。

（2）串行接口与内部电路隔离。

（3）由 CPU 模块供电，不需要外部供电。

（4）模块上有一个 DIAG 诊断 LED 灯，可根据此 LED 灯的状态判断模块状态，模块盖板下有发送（Tx）和接收（Rx）两个 LED 灯指示数据的收发状态。

（5）支持基于字符的自由口协议（ASCII）。

（6）支持 MODBUS RTU 主从协议。

3. 串行通信接口定义

本任务中采用了具备 RS‒232 接口的型号为 CM1241 的串行通信模块，如图 8‒5 所示。

图 8‒5　RS‒232 通信模块

CM1241 串行通信模块的通信接口为一个 D 型 9 针接口，9 个引脚的功能说明，如表 8‒1 所示，其中引脚 2 为数据接收端，引脚 3 为数据发送端。

表 8‒1　RS‒232 通信模块引脚定义

引脚	说明	引脚	说明	连接器（插头式）
1 DCD	数据载波检测：输入	6 DSR	数据设置就绪：输入	
2 RxD	从终端接收数据：输入	7 RTS	请求发送：输出	
3 TxD	传送数据到终端：输出	8 CTS	允许发送：输入	
4 DTR	数据终端就绪：输出	9 RI	振铃指示器（未用）	
5 GND	逻辑地			

RS‒232 接口连接时一般通过 3 个引脚（RxD、TxD、GND）即可实现两台设备之间的点对点通信，如图 8‒6 所示。

在本任务中扫码器的通信接口为一个 D 型 9 孔插头，如图 8‒7 所示，与 PLC 串行通信模块连接时直接插入模块的 9 针接口上即可。

4. 通信组态

（1）在 TIA 博途软件内创建新项目并添加一台 S7‒1200 PLC 设备，如图 8‒8 所示，单击"设备视图"标签，在右侧的"硬件目录"任务卡内依次选择 Communications modules→Point‒to‒Point→CM1241（RS232）选项组，选择与实际订货号相符的通信模块，以拖动的方式将其添加至"设备视图"选项卡内，如图 8‒8 所示。

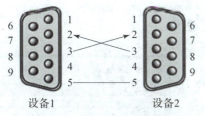

图 8 – 6　RS – 232 连接示意图

图 8 – 7　扫码器通信接口

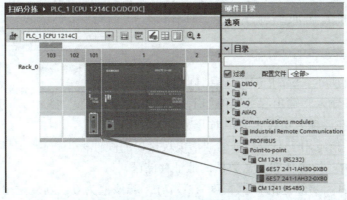

图 8 – 8　添加通信模块

（2）在"设备视图"选项卡内选择 CM1241 串口模块，在下方的"属性"选项卡内单击"常规"标签，再选择 IO – Link 选项，如图 8 – 9 所示，设置通信参数为无校验、8 位数据位、1 位停止位、波特率 9.6 kb/s（软件中为 9.6 kbps），该通信参数应与扫码器的通信参数保持相同。

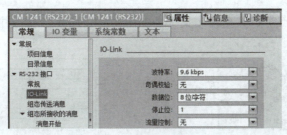

图 8 – 9　IO – Link 参数设置

（3）继续在"属性"选项卡内单击"系统常数"标签，在该选项卡内可查看通信模块接口的硬件标识符（本书为 269），如图 8 – 10 所示，在后续编程时该值将作为通信指令的 PORT 输入参数。

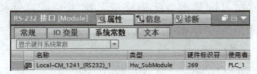

图 8 – 10　"系统常数"选项卡

8.1.2　串行通信指令与字符串处理指令

1. 串行通信指令

在进行串行通信时，会用到点对点通信指令，如 Send_P2P 数据发送指令和 Receive_P2P 数据接收指令。指令位于"通信"选项组中"通信处理器"下方 PtP Communication 选项组内，用户可通过拖动的方式将其添加至编程窗口，如图 8 – 11 所示。

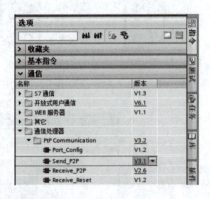

图 8 – 11　点对点通信指令

（1）发送指令。

如图 8 – 12 所示，Send_P2P 是点对点数据发送指令，指令中各输入、输出参数功能如下。

1）REQ：在此输入出现上升沿时开始发送数据。

2）PORT：指定用于发送数据的通信模块接口的硬件标识符。

3）BUFFER：指定存储发送数据的地址存储区。

4）LENGTH：要发送的数据长度（字节），若该值为 0，则发送 BUFFER 指定存储区中的完整内容；若该值大于 0，则发送 BUFFER 指定存储区中所组态长度的内容。

5）DONE：如果上一个发送请求无错完成，将变为 true 并保持一个周期。

6）ERROR：如果上一个请求有错完成，将变为 true 并保持一个周期。

7）STATUS：输出错误代码。

（2）接收指令。

Receive_P2P 是点对点数据接收指令，如图 8–13 所示，指令中各输入、输出参数功能如下。

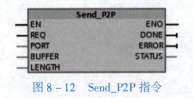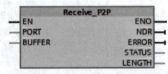

图 8 – 12　Send_P2P 指令　　　　图 8 – 13　Receive_P2P 指令

1）PORT：指定用于接收数据的通信模块接口的硬件标识符。

2）BUFFER：此参数指向接收缓冲区的起始地址。此缓冲区必须足够大，以便接收最大帧长度。

3）NDR：如果新数据可用且指令无错完成，则为 true 且保持一个周期。

4）ERROR：如果上一个请求有错完成，将变为 true 并保持一个周期。

5）STATUS：输出错误代码。

6）LENGTH：接收到的数据的长度（以字节为单位）。

2. 字符串处理指令

PLC 通过 Receive_P2P 指令接收到的扫码数据为字符串类型，编程时用到的字符串处理指令位于"扩展指令"选项组中"字符串 + 字符"选项组，如图 8－14 所示。

图 8－14　字符串指令

（1）LEN 指令。

LEN 指令用于获取字符串长度，如图 8－15 所示，该指令可查询 IN 输入参数中指定的字符串的长度，并将其作为数值输出到输出参数 OUT 中，空字符串（" "）的长度为 0。

（2）S_MOVE 指令。

S_MOVE 是移动字符串指令，如图 8－16 所示，可以使用此指令将参数 IN 中字符串的内容写入参数 OUT 中指定的数据区域。

（3）MID 指令。

MID 指令用于读取字符串中的某几个字符，如图 8－17 所示，使用该指令提取 IN 输入参数中字符串的一部分。P 参数指定要提取的第一个字符的位置。L 参数定义要提取的字符串的长度。OUT 输出参数中输出提取的部分字符串。

图 8－15　LEN 指令

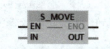

图 8－16　S_MOVE 指令

图 8－17　MID 指令

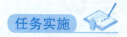

任务实施

8.1.3　扫码识别与分拣控制系统的设计与编程

1. I/O 分配

根据控制要求，首先确定 I/O 个数，进行 PLC 的 I/O 地址分配，如表 8－2 所示。

表 8－2　I/O 分配表

输入			输出		
符号	地址	功能	符号	地址	功能
SB1	I0.0	启动按钮	KM1	Q0.0	主输送线电机接触器
SB2	I0.1	停止按钮	KM2	Q0.1	分拣输送线电机接触器
SB2	I0.2	复位按钮	YV1	Q0.2	分拣气缸电磁阀
BG1	I0.3	产品检测传感器	HL1	Q0.3	报警指示灯

2. PLC 硬件接线图

扫码识别与分拣控制系统的 PLC 硬件接线图，如图 8-18 所示。

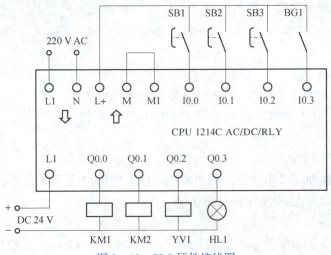

图 8-18 PLC 硬件接线图

3. PLC 程序设计

（1）在编程前先添加一个名称为"扫码"的全局 DB，如图 8-19 所示，在 DB 内定义三个变量：字符串类型的接收变量用于存储接收到的扫码数据，长度变量用于存储扫码数据的长度，标识变量用于存储扫码数据的第 8 位字符。

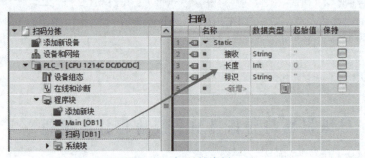

图 8-19 扫码的全局 DB

（2）扫码数据接收与数据处理程序。

如图 8-20 所示，在程序段 1 中调用了 Receive_P2P 数据接收指令，指定 PORT 输入参数的值为串行通信模块接口的硬件标识符（本书为 269），指定 BUFFER 输入参数的变量为扫码 DB 中的接收变量。在程序段 2 中通过 LEN 指令获取扫码数据（字符串类型）长度，若长度为 13，则通过 MID 指令获取扫码数据中第 8 个字符，将其存入扫码 DB 中的标识变量中。

（3）输送线启停程序。

如图 8-21 所示，在程序段 3 中，若按下启动按钮，主输送线与分拣输送线电机同时运转。若按下停止按钮或出现报警信号，两台电机同时停止。在程序段 4 中，当产品检测传感器被感应时，若扫码数据的长度不等于 13，则产生报警信号，通过复位按钮可对报警信号进行复位。

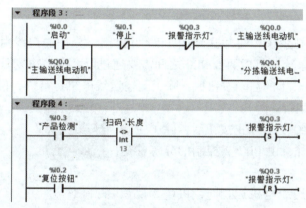

图 8 – 20　控制程序 1

程序段 3:

程序段 4:

图 8 – 21　控制程序 2

（4）分拣程序。

如图 8 – 22 所示，在程序段 5 中，当产品检测传感器被感应时置位 M10.0。在程序段 6 中，若 M10.0 置位，则延时 2 s 后复位 DB 中当前的接收数据，若扫码 DB 中标识变量的字符为"5"，则置位 M10.1。在程序段 7 中，若 M10.1 置位，则分拣气缸推杆伸出，产品被分拣至分拣输送线，2 s 后分拣气缸推杆缩回，分拣完成。

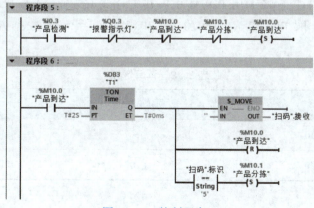

图 8 – 22　控制程序 3

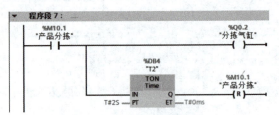

图 8 – 22　控制程序 3（续）

任务8.2　两台S7-1200 PLC之间S7通信

项目导入

在扫码分拣控制系统中主输送线由 PLC_1 控制，分拣输送线由 PLC_2 控制，如图 8 – 23 所示，在系统运行后两台 PLC 之间需要通过以太网传输数据。

（1）当按下 PLC_1 的启动按钮后，除了主输送线电机运行外，由 PLC_2 控制的分拣输送线电机也应运行。

（2）当按下 PLC_1 的停止按钮后，除了主输送线电机需要停止外，由 PLC_2 控制的分拣输送线电机也应停止。

（3）当分拣输送线电机运行时，PLC_2 反馈电机热保护信号给 PLC_1，若电机热保护信号被触发，主输送线与分拣输送线都应停止，由 PLC_1 控制的故障指示灯按照 1 Hz 频率闪烁。

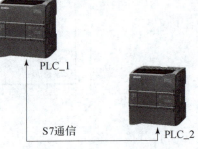

图 8 – 23　通信示意图

任务分析

本任务采用了 S7 通信协议，通过 PUT 和 GET 指令定义数据读写区域，如表 8 – 3 所示，本任务中 PLC_1 将 M10.0 ~ M10.7 共 1 字节的数据写入 PLC_2 的 M10.0 ~ M10.7，PLC_1 读取 PLC_2 中 M20.0 ~ M20.7 共 1 字节的数据并存入 PLC_1 的 M20.0 ~ M20.7。

表 8 – 3　读写区域

PLC_1	数据传输方向	PLC_2
M10.0 ~ M10.7	→ （写）	M10.0 ~ M10.7
M20.0 ~ M20.7	← （读）	M20.0 ~ M20.7

8.2.1 S7 - 1200 PLC 以太网通信技术

S7 - 1200 PLC CPU 本体上集成了一个 PROFINET 通信口（CPU 1211C ～ CPU 1214C）或者两个 PROFINET 通信口（CPU 1215C ～ CPU 1217C），支持以太网和基于 TCP/IP 和 UDP 的通信标准。这个 PROFINET 物理接口是支持 10/100 Mb/s 的 RJ45 口，支持电缆交叉自适应，因此一个标准的或是交叉的以太网线都可以用于这个接口。

S7 - 1200 PLC CPU 的 PROFINET 通信口主要支持以下通信协议及服务。

（1）PROFINET IO。

（2）S7 通信。

（3）TCP。

（4）ISO on TCP。

（5）UDP。

（6）Modbus TCP。

（7）HMI 通信。

（8）Web 通信。

（9）OPC UA 服务器。

S7 - 1200 PLC
以太网通信

通过本体网口，可以进行 CPU 之间的通信，以及与 TIA Portal、HMI、第三方软硬件的通信，同时还可以进行 PROFINET IO 通信，用以连接 ET200、变频器、驱动器、阀岛等，这些通信都可以在一个网络中实现。通过连接 ET200，还可以增加可用的I/O，方便扩展。

8.2.2 PUT/GET 通信指令

S7 通信可用于西门子 PLC 之间相互通信，通信标准未公开，不能用于与第三方设备通信。采用 S7 通信，可实现 S7 - 1200 PLC 与其他 S7 - 300/400/1200/1500 PLC 互传数据。在进行 S7 通信时，需要在客户端侧调用 PUT/GET 指令。PUT/GET 指令位于"通信"→"S7 通信"选项组内，用户可通过拖动的方式将其添加至编程窗口，如图 8 - 24 所示。

1. PUT 指令

PUT 指令如图 8 - 25 所示，使用 PUT 指令可将数据写入一个远程的 PLC 中。

当输入 REQ 出现上升沿时，启动指令，进行数据的写入。输入 ID 用于指定与远程 PLC 连接的寻址参数。输入 ADDR_1 用于指向远程 PLC 上写入数据的区域的指针。输入 SD_1 用于指向本地 PLC 上包含要发送数据的区域的指针。指令执行时，本地 PLC 将发送区域 SD_1 中的数据写入远程 PLC 中由 ADDR_1 指定的地址区域中。

图 8-24 S7 通信指令

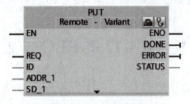

图 8-25 PUT 指令

如果没有出现错误，则下一次指令调用时会使状态参数 DONE 值为"1"来进行标识。上一作业已经结束之后，才可以再次激活写入过程。

如果写入数据时访问出错，或未通过执行检查，则会通过 ERROR 和 STATUS 输出错误和警告。

2. GET 指令

GET 指令如图 8-26 所示，使用 GET 指令可从一个远程 PLC 中读取数据。

当输入 REQ 出现上升沿时，启动指令，进行数据的写入。输入 ID 用于指定与远程 PLC 连接的寻址参数。输入 ADDR_1 用于指向远程 PLC 上读取数据的区域的指针。输入 RD_1 用于指向本地 PLC 上存储所读

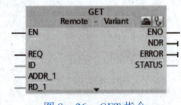

图 8-26 GET 指令

数据的区域的指针。指令执行时，本地 PLC 读取远程 PLC 中由 ADDR_1 指定的地址区域中的数据，并将其存入由 RD_1 指定的区域地址中。

如果状态参数 NDR 的值变为"1"，则表示该动作已经完成。

只有在前一个读取过程已经结束之后，才可以再次激活读取功能。如果读取数据时访问出错，或未通过数据类型检查，则会通过 ERROR 和 STATUS 输出错误和警告。

8.2.3 S7 通信配置与编程

1. 变量定义

根据控制功能要求，定义如表 8-4 所示变量。

表 8-4 变量定义

PLC_1 变量		PLC_2 变量	
地址	功能	地址	功能
M10.0	启动确认	M10.0	主输送线状态
M20.0	分拣线故障	M20.0	热保护故障

2. 通信配置

（1）在项目树内添加两台 S7 - 1200 PLC 新设备，名称分别为 PLC_1 和 PLC_2。

（2）双击项目树内的"设备和网络"选项，单击"网络视图"标签。

（3）选择"网络视图"选项卡内 PLC_1 的以太网接口，在下方的"常规"选项卡中选择"以太网地址"选项，单击"添加新子网"按钮，新子网的默认名称为 PN/IE_1，设置 PLC_1 的 IP 地址为 192.168.0.1，如图 8 - 27 所示。

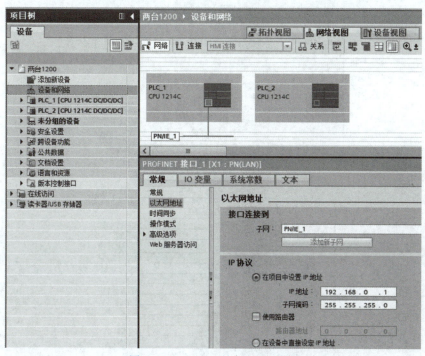

图 8 - 27　PLC_1 的 IP 地址设置

（4）在"网络视图"选项卡内再选择 PLC_2 的以太网接口，在下方的"常规"选项卡选择"以太网地址"选项，在右侧界面的"子网"下拉列表框中选择之前添加的 PN/IE_1 选项，设置 PLC_2 的 IP 地址为 192.168.0.2，如图 8 - 28 所示。

（5）在"网络视图"选项卡内单击上方的"连接"按钮，右击 PLC_1，在弹出的快捷菜单内选择"添加新连接"选项，如图 8 - 29 所示，弹出"添加新连接"对话框，如图 8 - 30 所示。

（6）在"添加新连接"对话框内选择连接类型为"S7 连接"选项，选择左侧的 PLC_2，勾选"主动建立连接"复选框。注意"本地 ID"的值（见图 8 - 30 中的十六进制数 100），在编程时该值将作为 PUT/GET 指令的 ID 输入参数，单击"添加"按钮，完成 PLC_1 与 PLC_2 设备之间的 S7 连接配置，最后单击"关闭"按钮退出。

（7）S7 连接配置完成后，在网络视图内 PLC_1 与 PLC_2 之间的连接线为高亮显示，并显示连接名称为"S7_连接_1"，如图 8 - 31 所示。

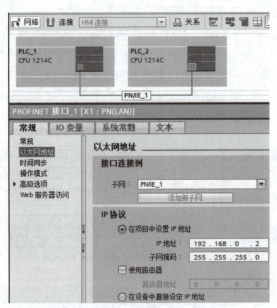

图 8 – 28　PLC_2 的 IP 地址设置

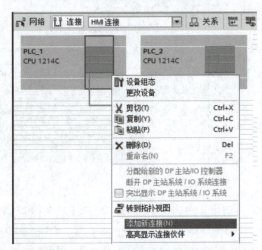

图 8 – 29　"添加新连接"选项

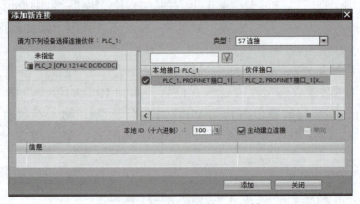

图 8 – 30　"添加新连接"对话框

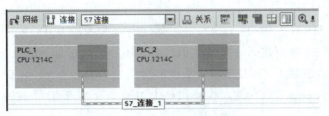

图 8 – 31　连接线高亮显示

（8）在 PLC_2"设备视图"选项卡中的"常规"选项卡内，选择"防护与安全"选项组下的"连接机制"选项，在右侧勾选"允许来自远程对象的 PUT/GET 通信访问"复选框，如图 8 – 32 所示。

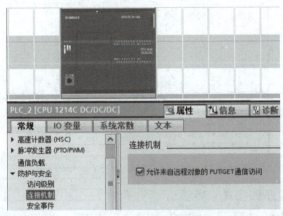

图 8 – 32　连接机制设置

3. PLC_1 程序设计

（1）在 PLC_1"设备视图"选项卡下的"常规"选项卡内选择"系统和时钟存储器"选项，在右侧勾选"启用时钟存储器字节"复选框，则 M0.0 ~ M0.7 各位地址的状态将按照特定的频率进行通断变化，如图 8 – 33 所示。

图 8 – 33　启用时钟存储器字节

（2）PUT/GET 指令程序如图 8 – 34 所示，两个指令的 REQ 输入参数都指定为 M0.3，即指令每隔 0.5 s 启用一次。ID 输入参数指定为在添加新连接时所设置的十六进制数 100。

PUT 指令的 ADDR_1 和 SD_1 输入参数都指定为 P#M10.0 BYTE 1，表示将本地 PLC 中 M10.0 开始的共 1 字节数据写入远程 PLC 中 M10.0 开始的地址区域中。

GET 指令的 ADDR_1 和 RD_1 输入参数都指定为 P#M20.0 BYTE 1，表示将远程 PLC 中 M20.0 开始的共 1 字节数据读入本地 PLC 中 M20.0 开始的地址区域中。

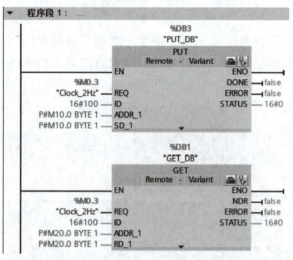

图 8-34　PLC_1 的 PUT/GET 指令程序

（3）逻辑控制程序如图 8-35 所示，在程序段 2 中当 PLC_1 的启动按钮被按下（I0.0 =1）时，M10.0 的状态变为"1"（PLC_2 中 M10.0 的状态也变为"1"），若按下停止按钮或检测到分拣线故障，则 M10.0 的状态变为"0"（PLC_2 中 M10.0 的状态也变为"0"）。在程序段 3 中若 M10.0 的状态为"1"，则主输送线电机启动。在程序段 4 中若检测到分拣线故障，则故障指示灯按照 1 Hz 的频率闪烁。

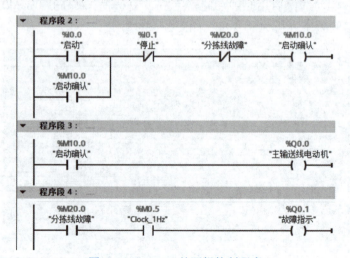

图 8-35　PLC_1 的逻辑控制程序

4. PLC_2 程序设计

PLC_2 中的程序如图 8-36 所示，在程序段 1 中当 M10.0 的状态变为"1"（由 PLC_

1 程序控制）时，分拣线电机启动。在程序段 2 中当电机热保护动作使 I0.3 状态变为
"1" 时，M20.0 的状态变为 "1"，PLC_1 会通过 GET 指令读取 M20.0 的状态控制故障指
示灯的闪烁。

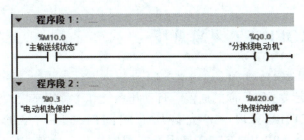

图 8 - 36　PLC_2 的程序

任务8.3　S7-1500 PLC与S7-1200 PLC之间的通信

 项目导入

　　在本任务中 PLC_1 为一台 S7 - 1500 PLC，PLC_2 为一
台 S7 - 1200 PLC，如图 8 - 37 所示，在系统运行后两台
PLC 之间需要通过以太网传输数据。

　　（1）按下 PLC_1 或 PLC_2 上的启动按钮后，连接在
PLC_2 上的电机都会启动。

　　（2）按下 PLC_1 或 PLC_2 上的停止按钮后，连接在
PLC_2 上的电机都会停止。

　　（3）PLC_1 可监控 PLC_2 所连接电机的运行状态，电机
运行时 PLC_1 一侧的绿色指示灯常亮，当电机热保护动作时，
PLC_1 一侧的红色指示灯按照 1 Hz 的频率闪烁。

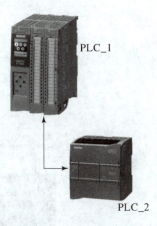

图 8 - 37　通信示意图

任务分析

　　本任务采用了 PROFINET 现场总线通信协议，S7 - 1500 PLC 作为现场总线中的
IO 控制器，S7 - 1200 PLC 作为现场总线中的 IO 设备，在从站中组态数据传输区域。本
任务中 PLC_1 将 Q50.0 ~ Q50.7 共 1 个字节的数据传输给 PLC_2 的 I50.0 ~ I50.7，
PLC_2 将 Q50.0 ~ Q50.7 共 1 个字节的数据传输给 PLC_1 的 I50.0 ~ I50.7，如表 8 - 5
所示。

表 8 - 5　传输区域

IO 控制器	数据传输方向	IO 设备
Q50.0 ~ Q50.7	→	I50.0 ~ I50.7
I50.0 ~ I50.7	←	Q50.0 ~ Q50.7

知识链接

8.3.1　PROFINET 现场总线

PROFINET 是开放的、标准的、实时的工业以太网标准。作为基于以太网的自动化标准，PROFINET 定义了跨厂商的通信、自动化系统和工程组态模式。

借助 PROFINET IO 实现一种允许所有站随时访问网络的交换技术。作为 PROFINET 的一部分，PROFINET IO 是用于实现模块化、分布式应用的通信概念。这样，通过多个节点的并行数据传输可以更有效地使用网络。PROFINET IO 以交换式以太网全双工操作和 100 Mb/s 带宽为基础。

PROFINET IO 基于 PROFIBUS DP 的成功应用经验，并将常用的用户操作与以太网技术中的新概念相结合，这可以确保 PROFIBUS DP 向 PROFINET 环境的平滑移植。

PROFINET IO 分为 IO 控制器、IO 设备、IO 监视器，系统构成示意如图 8 – 38 所示。

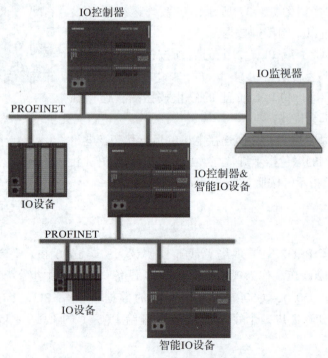

图 8 – 38　PROFINET IO 系统构成示意图

（1）PROFINET IO 控制器是指用于对连接的 IO 设备进行寻址的设备。这意味着 IO 控制器将与分配的现场设备交换输入和输出信号。IO 控制器通常是运行自动化程序的控制器。

（2）PROFINET IO 设备是指分配给其中一个 IO 控制器（例如，远程 IO、阀终端、变频器和交换机）的分布式现场设备，PLC 作为 IO 设备时可称其为智能 IO 设备。

（3）PROFINET IO 监控器是指用于调试和诊断的编程设备、PC 或 HMI 设备。

8.3.2　通信配置与编程

1. 变量定义

根据控制功能要求，定义如表 8 – 6 所示的地址变量。

表 8 – 6　地址变量

PLC_1（S7 – 1500 PLC）		PLC_2（S7 – 1200 PLC）	
地址	功能	地址	功能
I0.0	启动按钮	I0.0	启动按钮
I0.1	停止按钮	I0.1	停止按钮
Q0.0	运行指示灯	I0.2	热保护
Q0.1	故障指示灯	Q0.0	输送线电机
I50.0	从站运行	I50.0	主站启动
I50.1	从站故障	I50.1	主站停止
Q50.0	主站启动	Q50.0	从站运行
Q50.1	主站停止	Q50.1	从站故障

2. 通信配置

（1）在项目树内添加一台 S7 – 1500 PLC 和一台 S7 – 1200 PLC 新设备，名称分别为 PLC_1 和 PLC_2。

（2）双击项目树内的"设备和网络"选项，单击"网络视图"标签。

（3）选择"网络视图"选项卡内 PLC_1 的以太网接口，在下方的"常规"选项卡内选择"以太网地址"选项，单击"添加新子网"按钮，新子网的默认名称为 PN/IE_1，设置 PLC_1 的 IP 地址为 192.168.0.1，如图 8 – 39 所示。

（4）在"网络视图"选项卡内再选择 PLC_2 的以太网接口，在下方的"常规"选项卡内选择"以太网地址"选项，在右侧的"子网"下拉列表框中选择已添加的 PN/IE_1 选项，设置 PLC_2 的 IP 地址为 192.168.0.2，如图 8 – 40 所示。

（5）如图 8 – 41 所示，在"网络视图"选项卡内继续选择 PLC_2 的以太网接口，在下方的"常规"选项卡内选择"操作模式"选项，勾选右侧的"IO 设备"复选框，在"已分配的 IO 控制器"下拉列表框中选择"PLC_1.PROFINET 接口_1"选项，即将 PLC_1 作为 PLC_2 的 IO 控制器。

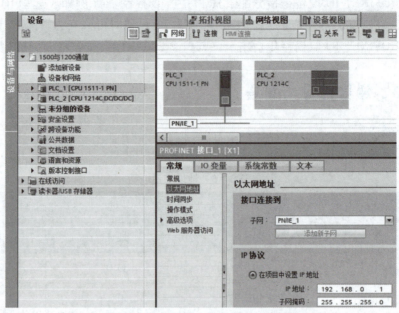

图 8 - 39　PLC_1 的 IP 地址设置

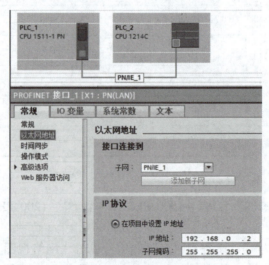

图 8 - 40　PLC_2 的 IP 地址设置

　　(6) 选择"操作模式"→"智能设备通信"选项,在"传输区域"选项组内双击"＜新增＞"单元格,添加两条传输区:传输区_1 和传输区_2,双击"IO 控制器中的地址"或"智能设备中的地址"单元格可以对默认的 IO 地址进行修改,表格内的箭头表示数据传输方向,单击箭头可以改变箭头方向,即改变数据传输方向,如图 8 - 42 所示。

　　(7) 通过以上操作即完成了 S7 - 1500 PLC (IO 控制器) 与 S7 - 1200 PLC (IO 设备) 之间的 PROFINET 现场总线通信配置,最后将项目文件分别下载至两台 PLC。PLC运行后, IO 控制器会实时将 Q50. 0 ~ Q50. 7 的状态传输给 IO 设备中的 I50. 0 ~ I50. 7,IO 设备会实时将 Q50. 0 ~ Q50. 7 的状态传输给 IO 控制器中的 I50. 0 ~ I50. 7。

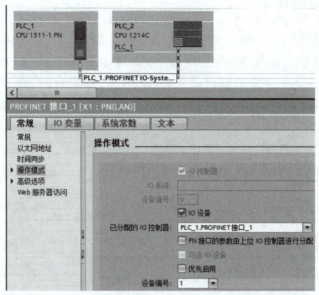

图 8-41　PLC_2 的操作模式设置

图 8-42　PLC_2 的传输区域设置

3. PLC_1 程序设计

PLC_1 中程序如图 8-43 所示，若按下启动按钮使 Q50.0 的状态变为 1，则 PLC_2 中 I50.0 的状态也随之变为 1。同样，若按下停止按钮使 Q50.1 的状态变为 1，则 PLC_2 中 I50.1 的状态也随之变为 1。而 PLC_1 程序中 I50.0 和 I50.1 的状态则随 PLC_2 中 Q50.0 和 Q50.1 的状态变化而变化。

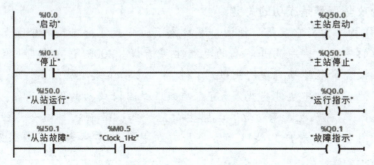

图 8-43　PLC_1 的程序

4. PLC_2 程序设计

PLC_2 中程序如图 8 - 44 所示，当 I50.0 的状态变为 1 时（随 PLC_2 中 Q50.0 的状态变化），电机启动。当 I50.1 的状态变为 1 时（随 PLC_2 中 Q50.1 的状态变化），电机停止。程序中 Q50.0 和 Q50.1 的状态会实时传输给 PLC_1 中的 I50.0 和 I50.1。

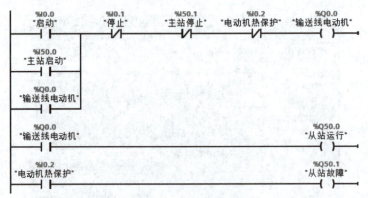

图 8 - 44　PLC_2 的程序

大国工匠：打造国之重器的坚实"铠甲"——毛腊生

大国工匠案例

　　一粒粒沙子，无论是说大漠戈壁，还是说每位航天员工，不就是中国航天人的真实写照吗？航天事业发展进程中，除了大科学家，还有许多平凡而普通又不可缺少的岗位，毛腊生一辈子与沙子作伴浇铸产品器件，就是在一次次给我们演示聚沙成塔、终成大业的航天传奇！

一生专注一事　铸就大国工匠

　　他用满腔热情去读懂冰冷的沙子，以匠心书写着航天工人的精彩篇章，用聪明才智铸造起强大国防的基石……他就是航天科工集团第十研究院贵州航天风华公司的铸造工人毛腊生。

　　只有初中学历的毛腊生，40 年如一日地追求职业技能精细化、极致化，靠着传承和钻研，凭着专注和坚守，缔造了属于他自己的"中国制造"，获得了"全国劳动模范""全国技术能手""中华技能大奖""中国铸造大工匠""大国工匠""首届贵州省金牌工人"等众多荣誉称号。

置心一处攻坚克难是成功的关键

　　"困难像弹簧，你弱它就强。把困难踩在脚下时，我觉得自己的个子好像变高了！"谈到战胜困难的感受时，身高并不高的毛腊生笑着说。2006 年，在单位与一高校共同研发高温耐热镁合金舱体项目多次失败后，毛腊生主动请缨参战。"专家、教授都解决不了的问题，他一个初中生能行吗？"有人质疑。"国内成功的例子不多，别砸了自己'大师'的牌子。"有人也善意劝他。毛腊生心无旁骛，带领项目组全力投入紧张的攻坚克难中，加班加点查看产品缺陷、检查原定工艺、确定技术要求、跟踪生产过程、计算具体数据……

　　那段时间，毛腊生的脑子中装满和该项目有关的问题。

　　一次，在生产现场吃晚饭时，当同事问他要不要添加米饭，他脱口而出的居然是

学习笔记

"加！再加3块。不，是4块冷铁！"。

还有一次，他给女儿已经批改下发的试卷上签字，突然灵光一闪，找到了解决技术问题的答案，他顺手便在试卷的空白处画起了零件造型简图及计算公式，把女儿差点急哭……

真是功夫不负有心人，经过近半个月的忙碌，毛腊生找到了技术问题形成的原因，并提出了具体解决方案，成功完成了该合金应用实际产品的研制任务，使公司跻身于国内极少数掌握该技术的单位之列。"毛腊生个子不高，但在技术上真是'高人'！"参与该项目研制、曾质疑过毛腊生的某大学教授，竖起大拇指由衷地称赞道。

择一事，终一生。如今，毛腊生仍旧奋斗在铸造一线，继续为中国航天事业发展发光发热。他没有很多话，只有一颗不变的匠心。

思考与练习

1. 什么是串行通信？

2. 串行通信格式包括哪些内容？

3. Send_P2P 和 Receive_P2P 指令各输入参数的功能分别是什么？

4. GET 和 PUT 指令各输入参数的功能分别是什么？

5. PROFINET IO 控制器和 IO 设备的功能分别是什么？

6. 完成 S7 – 1200 PLC 的串行通信模块参数配置，模块接口类型为 RS – 232，要求参数为偶校验、8 位数据位、1 位停止位、波特率 19.2 kb/s。

7. 完成两台 S7 – 1200 PLC 的 S7 通信配置，PLC_1 可将 M10.0 ~ M11.7 共 2 字节的数据写入 PLC_2 的 M10.0 ~ M11.7，PLC_1 读取 PLC_2 中 M20.0 ~ M21.7 共 2 字节的数据并存入 PLC_1 的 M20.0 ~ M21.7。

8. 完成一台 S7 – 1500 PLC 与一台 S7 – 1200 PLC 之间的 PROFINET 通信，S7 – 1500 PLC 作为 IO 控制器，S7 – 1200 PLC 为 IO 设备，PLC_1 将 Q10.0 ~ Q11.7 共 2 字节的数据传输给 PLC_2 的 I10.0 ~ I11.7，PLC_2 将 Q10.0 ~ Q11.7 共 2 字节的数据传输给 PLC_1 的 I10.0 ~ I11.7。

参 考 文 献

[1] 陶权. PLC 控制系统设计、安装与调试 [M]. 5 版 北京：北京理工大学出版社，2022.

[2] 黄永红. 电气控制与 PLC 应用技术 [M]. 2 版 北京：机械工业出版社，2022.

[3] 廖常初. S7－1200 PLC 基础教程 [M]. 4 版 北京：机械工业出版社，2019.

[4] 李方圆. 西门子 S7－1200 PLC 从入门到精通 [M]. 1 版 北京：电子工业工业出版社，2018.

[5] Siemens AG S7－1200 系统手册，2022.

[6] Siemens AG S7－1200 产品样本，2022